国家级精品课程配套教材

高等院校信息技术规划教材

计算机软件技术基础

周福才 高克宁 李金双 高 岩 编著

清华大学出版社
北京

内容简介

本书围绕软件开发所需要的知识，系统地介绍算法与数据结构、数据库技术、操作系统技术、软件设计方法以及个体软件过程管理五方面的内容。本书适用于学习程序设计语言之后，想继续深入地学习软件开发相关技术和方法的读者。并与之配套出版了辅导教材《计算机软件技术基础实验指导》和《计算机软件技术基础习题与解答》。

本书可作为高等院校理工科非计算机专业本科生和研究生教材，也可作为计算机培训教材。

本书封面贴有清华大学出版社防伪标签，无标签者不得销售。
版权所有，侵权必究。举报: 010-62782989, beiqinquan@tup.tsinghua.edu.cn。

图书在版编目(CIP)数据

计算机软件技术基础/周福才等编著. —北京: 清华大学出版社，2011.8（2022.8重印）
（高等院校信息技术规划教材）
ISBN 978-7-302-24391-5

Ⅰ. ①计… Ⅱ. ①周… Ⅲ. ①软件开发—技术 Ⅳ. ①TP31

中国版本图书馆 CIP 数据核字(2010)第 259011 号

责任编辑: 战晓雷　顾　冰
责任校对: 白　蕾
责任印制: 丛怀宇

出版发行: 清华大学出版社
　　网　　址: http://www.tup.com.cn, http://www.wqbook.com
　　地　　址: 北京清华大学学研大厦 A 座　　邮　编: 100084
　　社 总 机: 010-83470000　　邮　购: 010-62786544
　　投稿与读者服务: 010-62776969, c-service@tup.tsinghua.edu.cn
　　质 量 反 馈: 010-62772015, zhiliang@tup.tsinghua.edu.cn
　　课 件 下 载: http://www.tup.com.cn, 010-83470236
印 装 者: 涿州市京南印刷厂
经　　销: 全国新华书店
开　　本: 185mm×260mm　　印　张: 21.25　　字　数: 513 千字
版　　次: 2011 年 8 月第 1 版　　印　次: 2022 年 8 月第 9 次印刷
定　　价: 59.00 元

产品编号: 032455-03

前　言

针对理工类专业人才计算机软件开发能力培养的需求，作者根据多年教学以及软件开发实践的经验，以算法与数据结构、数据库技术、操作系统技术、软件设计方法和个体软件过程管理等内容为主线，系统地介绍软件开发过程所涉及的基本方法和技术。

本书从软件开发能力培养的实际目标出发，注重技术的实用性和典型性，将内容分为基础篇、方法篇和工程篇，既紧跟软件开发的技术前沿，又兼顾传统的方法和技术。

基础篇由第 1 章至第 4 章构成，系统地介绍软件开发所需常用算法与数据结构、数据库基础、进程与线程、文件管理、用户界面设计和数据库开发等实用软件开发技术基础。第 1 章从程序、软件到系统的视角，介绍了随着软件开发规模的不断扩大，由程序设计上升为软件开发所涉及的各种知识；第 2 章以程序设计能力培养为目标，介绍了常用的算法与数据结构，包括线性表、堆栈、树、图、查找、排序和递归；第 3 章从数据存储和处理的角度，介绍了数据库相关技术，实现从文件管理到数据库管理的跨越；第 4 章从软件开发实践出发，介绍了软件开发过程所要掌握的操作系统及其接口方面的知识。

方法篇由第 5 章至第 7 章构成，重点介绍基于 UML 面向对象的软件开发方法，同时兼顾了传统结构化开发方法。第 5 章从结构化程序设计入手，系统地介绍结构化软件开发方法；第 6 章在分析了结构化软件开发方法的不足后，系统地介绍主流的面向对象的软件开发方法，主要包括基于 UML 的面向对象的软件设计建模；第 7 章系统地介绍软件工程及项目管理方面的知识。

工程篇由第 8 章和第 9 章构成。在简述软件工程基本概念的基础上，介绍了个人软件过程管理 PSP 和组件技术。第 8 章从软件开发是一个典型工程项目的高度，介绍软件工程基本概念，并从个体软件过程管理能力培养的角度，重点介绍 PSP。第 9 章从软件开发过程的分工与重用角度，介绍软件开发过程中设计的库和组件技术，重点介绍了支持多平台的 CORBA 组件技术。

本书作为国家级网络精品课"软件技术基础"的配套教材，由周福才、高克宁、李金双、赵长宽、柳秀梅和高岩共同完成。其中，精品课课程负责人周福才教授负责本书内容的组织、统稿和审校。高克宁编写第 1、2 章，柳秀梅编写第 3 章，李金双编写第 4、6 章，高岩编写第 5、7 章，赵长宽编写第 8、9 章。

由于作者水平有限，书中难免会有错误或疏漏之处，真诚地欢迎各位专家和读者批评指正，以帮助我们进一步完善教材。

作　者
2011 年 4 月于东北大学

目　录

第1篇　基　础　篇

第1章　软件开发概述 ... 3
1.1　程序与算法 ... 3
1.1.1　程序 ... 3
1.1.2　程序设计语言 ... 4
1.1.3　算法 ... 6
1.1.4　算法描述语言 ... 7
1.1.5　算法设计目标 ... 8
1.2　软件 ... 10
1.2.1　软件的基本概念 ... 10
1.2.2　软件分类 ... 10
1.2.3　软件开发历史与发展趋势 ... 11
1.2.4　软件危机 ... 12
1.2.5　软件生存周期 ... 13
1.3　软件开发技术基础 ... 14
1.3.1　软件开发技术概述 ... 14
1.3.2　数据结构 ... 14
1.3.3　关系型数据库 ... 16
1.3.4　操作系统接口技术 ... 17
1.4　软件工程 ... 17
1.4.1　软件工程方法学 ... 17
1.4.2　软件工程建模 ... 18
1.4.3　软件开发过程管理 ... 19
1.5　软件工程技术基础 ... 20
1.5.1　软件复用技术 ... 20
1.5.2　组件技术 ... 20
1.5.3　C/S系统 ... 21
1.5.4　B/S系统 ... 23

第2章　数据结构及算法 ... 25
2.1　数据结构概述 ... 25
2.1.1　基本概念 ... 25

2.1.2 数据结构	26
2.1.3 数据类型与抽象数据类型	28
2.1.4 算法的评价	29
2.2 线性表	32
2.2.1 线性表的逻辑结构	32
2.2.2 顺序表	33
2.2.3 链表	38
2.3 栈和队列	44
2.3.1 栈	44
2.3.2 队列	49
2.4 串与数组	55
2.4.1 串	55
2.4.2 数组和矩阵	60
2.5 树和二叉树	64
2.5.1 树的定义	64
2.5.2 二叉树	67
2.5.3 线索二叉树	72
2.5.4 哈夫曼树	74
2.6 图	78
2.6.1 图的定义	78
2.6.2 图的存储	80
2.6.3 图的遍历	83
2.6.4 图的应用	86
2.7 查找算法	88
2.7.1 基本概念	88
2.7.2 顺序查找	89
2.7.3 折半查找	90
2.7.4 分块查找	91
2.7.5 二叉排序树	93
2.7.6 哈希表查找	96
2.8 排序算法	99
2.8.1 基本概念	99
2.8.2 插入排序	100
2.8.3 选择排序	101
2.8.4 冒泡排序	102
2.8.5 快速排序	104
2.9 递归算法	105
2.9.1 递归的定义	106

2.9.2 递归的应用 …………………………………………………… 107

第3章 数据库管理技术 …………………………………………… 110
3.1 概述 ……………………………………………………………… 110
3.1.1 基本概念 …………………………………………………… 110
3.1.2 数据库管理技术发展史 …………………………………… 110
3.1.3 关系数据库定义 …………………………………………… 112
3.1.4 面向对象数据库定义 ……………………………………… 112
3.1.5 典型商用数据库管理系统 ………………………………… 113
3.2 关系数据库规范化理论 ………………………………………… 115
3.2.1 数据模型 …………………………………………………… 115
3.2.2 规范化理论 ………………………………………………… 119
3.3 关系数据库标准查询语言 SQL ………………………………… 124
3.3.1 数据定义语言 DDL ………………………………………… 125
3.3.2 数据操纵语言 DML ………………………………………… 128
3.3.3 DCL ………………………………………………………… 132
3.4 数据库设计基本方法 …………………………………………… 133
3.4.1 需求分析 …………………………………………………… 134
3.4.2 概念结构设计 ……………………………………………… 134
3.4.3 逻辑结构设计 ……………………………………………… 135
3.4.4 物理结构设计 ……………………………………………… 136
3.4.5 数据库的实施及运行维护 ………………………………… 136
3.5 数据库保护 ……………………………………………………… 137
3.5.1 安全性和完整性 …………………………………………… 137
3.5.2 并发控制和事务处理 ……………………………………… 139
3.5.3 数据库备份与恢复 ………………………………………… 140

第4章 软件开发技术 ……………………………………………… 143
4.1 操作系统概述 …………………………………………………… 143
4.1.1 操作系统定义 ……………………………………………… 143
4.1.2 操作系统的类型 …………………………………………… 145
4.1.3 典型操作系统 ……………………………………………… 147
4.1.4 操作系统接口开发技术 …………………………………… 149
4.2 进程和线程管理 ………………………………………………… 151
4.2.1 进程与线程定义 …………………………………………… 151
4.2.2 多进程程序开发 …………………………………………… 151
4.2.3 多线程程序开发 …………………………………………… 152
4.2.4 进程通信 …………………………………………………… 154
4.3 内存管理技术 …………………………………………………… 155

4.3.1　内存管理概述 …………………………………… 155
　　4.3.2　内存管理函数 …………………………………… 156
4.4　文件管理技术 …………………………………………… 162
　　4.4.1　文件的定义 ……………………………………… 162
　　4.4.2　文件管理函数 …………………………………… 162
　　4.4.3　文件管理程序开发 ……………………………… 162
4.5　用户界面设计技术 ……………………………………… 164
　　4.5.1　用户界面概念 …………………………………… 164
　　4.5.2　文本界面 ………………………………………… 164
　　4.5.3　图形界面的基本要素 …………………………… 165
　　4.5.4　图形界面的设计原则 …………………………… 165
　　4.5.5　图形界面开发技术 ……………………………… 166
4.6　数据库开发技术 ………………………………………… 170
　　4.6.1　SQL 技术 ………………………………………… 170
　　4.6.2　ODBC 技术 ……………………………………… 171
　　4.6.3　ADO 技术 ………………………………………… 171
　　4.6.4　JDBC 和 ORM 技术 ……………………………… 171

第 2 篇　方　法　篇

第 5 章　传统的软件开发方法 …………………………………… 175
5.1　结构化开发方法概述 …………………………………… 175
5.2　可行性研究 ……………………………………………… 175
　　5.2.1　可行性研究的任务 ……………………………… 176
　　5.2.2　可行性研究的步骤 ……………………………… 177
　　5.2.3　可行性研究报告 ………………………………… 178
5.3　需求分析 ………………………………………………… 178
　　5.3.1　需求分析概述 …………………………………… 179
　　5.3.2　需求分析原则和模型 …………………………… 182
　　5.3.3　功能建模与数据流程图 ………………………… 183
　　5.3.4　行为建模与状态变迁图 ………………………… 190
　　5.3.5　数据字典 ………………………………………… 191
　　5.3.6　软件需求说明书 ………………………………… 195
5.4　系统设计 ………………………………………………… 196
　　5.4.1　软件设计概述 …………………………………… 197
　　5.4.2　软件设计原则 …………………………………… 197
　　5.4.3　结构化设计方法 ………………………………… 202
　　5.4.4　软件设计文档 …………………………………… 210

5.5 系统测试与维护 ………………………………………………………………… 212
　　5.5.1 软件测试概述 ……………………………………………………………… 212
　　5.5.2 软件测试方法 ……………………………………………………………… 214
　　5.5.3 测试实施过程 ……………………………………………………………… 214
　　5.5.4 系统维护 …………………………………………………………………… 217

第6章 面向对象的软件开发方法 ………………………………………………… 220
6.1 面向对象方法概述 ……………………………………………………………… 220
　　6.1.1 传统软件开发方法的问题 ………………………………………………… 220
　　6.1.2 面向对象技术的由来 ……………………………………………………… 222
　　6.1.3 面向对象的基本概念 ……………………………………………………… 223
6.2 统一建模语言——UML 概述 ………………………………………………… 225
　　6.2.1 用例图 ……………………………………………………………………… 226
　　6.2.2 类图和对象图 ……………………………………………………………… 228
　　6.2.3 交互图 ……………………………………………………………………… 231
　　6.2.4 状态图 ……………………………………………………………………… 233
6.3 面向对象建模 …………………………………………………………………… 234
　　6.3.1 系统、模型和视图 ………………………………………………………… 234
　　6.3.2 数据类型、抽象数据类型和实例 ………………………………………… 236
　　6.3.3 类、抽象类和对象 ………………………………………………………… 237
　　6.3.4 事件类、事件和消息 ……………………………………………………… 238
　　6.3.5 面向对象建模过程 ………………………………………………………… 239
6.4 UML 建模实例 ………………………………………………………………… 241
　　6.4.1 问题描述 …………………………………………………………………… 241
　　6.4.2 系统建模 …………………………………………………………………… 241

第7章 软件工程 …………………………………………………………………… 245
7.1 软件工程概述 …………………………………………………………………… 245
　　7.1.1 软件工程原理 ……………………………………………………………… 245
　　7.1.2 软件工程基本目标 ………………………………………………………… 247
7.2 软件开发方法 …………………………………………………………………… 248
　　7.2.1 传统软件开发方法 ………………………………………………………… 249
　　7.2.2 现代软件开发方法 ………………………………………………………… 249
7.3 软件生存周期 …………………………………………………………………… 250
7.4 软件开发模型 …………………………………………………………………… 251
　　7.4.1 线性模型系列 ……………………………………………………………… 252
　　7.4.2 演化模型系列 ……………………………………………………………… 253
　　7.4.3 专用模型系列 ……………………………………………………………… 258
　　7.4.4 新型模型系列 ……………………………………………………………… 258

7.5 软件工程管理 ··· 262
　7.5.1 软件工程项目管理的任务 ··· 262
　7.5.2 软件人员组织与管理 ··· 263
　7.5.3 软件配置管理 ··· 265

第3篇　工　程　篇

第8章　个体软件开发过程管理 ··· 269
8.1 概述 ··· 269
8.2 编码规范定义 ·· 270
8.3 ANSI C 程序编码规范 ··· 270
　8.3.1 代码结构与组织 ··· 270
　8.3.2 注释 ··· 273
　8.3.3 标识符命名规范 ··· 275
　8.3.4 代码风格与排版 ··· 277
8.4 软件生命周期模型 ·· 278
8.5 CMM 简介 ·· 279
8.6 PSP 个体软件开发过程简介 ······································· 280
8.7 PSP0 级 ·· 280
　8.7.1 计划过程管理 ··· 281
　8.7.2 开发过程管理 ··· 282
　8.7.3 总结过程管理 ··· 282
　8.7.4 PSP0 过程文档 ··· 283
　8.7.5 PSP0.1 级 ··· 284
8.8 软件开发计划 ·· 286
　8.8.1 软件开发计划基本内容 ·· 286
　8.8.2 制定个人软件开发计划 ·· 287
　8.8.3 PSP 软件开发计划过程 ·· 288
8.9 PSP1 级 ·· 289
　8.9.1 规模估算 ··· 289
　8.9.2 任务计划 ··· 290
　8.9.3 进度计划 ··· 290
8.10 PSP2 级 ··· 291
　8.10.1 代码评审 ·· 291
　8.10.2 设计评审 ·· 292
　8.10.3 缺陷预防 ·· 292
　8.10.4 PSP2 改进 ·· 293

第 9 章 组件技术 …… 294
9.1 概述 …… 294
9.2 代码重用技术 …… 295
9.2.1 源程序文件 …… 295
9.2.2 静态库 …… 296
9.2.3 动态链接库 …… 298
9.3 组件技术简介 …… 300
9.4 体系结构与组件模型标准 …… 301
9.5 CORBA 技术 …… 302
9.5.1 CORBA 结构基础 …… 302
9.5.2 CORBA 运行机制 …… 303
9.5.3 IDL 约定 …… 305
9.5.4 IDL 数据类型 …… 306
9.5.5 构建 CORBA 应用程序 …… 312

参考文献 …… 325

第1篇

基 础 篇

第1章

软件开发概述

1.1 程序与算法

1.1.1 程序

程序(program)是为实现特定目标或解决特定问题而采用计算机语言编写的、可以连续执行并能够完成一定任务的指令序列的集合。程序具有以下特点。

1. 程序是程序设计语言抽象符号的集合

程序设计语言既有面向机器的汇编语言,又有面向过程和面向对象的高级语言。程序设计的过程就是将待解决的问题转化为程序设计语言的表达式、语句、过程/函数、对象,并进一步编译、链接、执行的过程。

2. 程序是对数据施行算法的过程

使用面向过程程序设计语言提供的符号和语法编写程序,需要按照一定的算法(解题的具体方法)编写程序的执行步骤。同样的数据采用不同的实现算法,所需要的时间和所占据的存储空间的开销大不相同。应根据实际问题的需求,选择最优算法以达到效率和质量上的最佳。

使用面向对象程序设计语言编写程序同样需要算法。面向对象语言提供了更高的抽象层次的对象。从对象的角度而言,程序是对象属性、状态、行为以及对象间关系的描述。其中,数据表示状态和属性,行为方法包含了改变状态的算法。

3. 程序是层次化的调用结构

从计算机系统结构的角度来说,由高到低的程序层次结构为应用软件、工具集、操作系统、计算机硬件。高层程序可以利用低层系统提供的服务为自身服务。例如,应用软件利用操作系统和工具集提供的服务实现应用功能(如字处理软件 Word、VC++ 编程环境等),系统软件工具集利用操作系统提供的服务实现服务功能(如数据库系统等)。当高层程序需要调用低层服务时,高层程序暂停执行继而转向执行低层服务程序,在低层服务程序执行结束后返回其调用层次继续执行。

1.1.2 程序设计语言

程序设计语言实际是编写程序所要遵循的一系列操作规则。按照这些规则,人们编写程序与计算机进行信息交流。因此计算机程序设计语言是人与计算机进行信息交换的语言工具。随着计算机技术的发展,计算机程序设计语言也在不断地发展,形成了功能、特点不同的各类程序设计语言。

1. 程序设计语言的分类

可以从不同的角度对计算机程序设计语言进行分类。从语言的发展历程,可分为机器语言、汇编语言和高级语言。从语言的应用范围,可分为通用语言与专用语言,或细化为系统程序设计语言、科学计算语言、事务处理语言、实时控制语言及解决非确定性问题的语言等。从程序设计的方法,可分为结构化语言、面向对象语言、函数式语言以及逻辑型语言等。

机器语言是由计算机硬件只能识别的0、1所组合的二进制机器指令序列组成,是最基本的计算机语言。由于机器指令是特定计算机系统所固有的、面向机器的语言。因此,利用机器语言编写程序需要了解实现程序的计算机体系结构。

对程序设计者而言,机器语言程序难于编写,而且更难以理解、修改和维护。为了提高计算机程序编写的效率,人们采用符号(英文单词)代表机器指令(如用 ADD 代表加法),即出现了汇编语言。汇编语言是机器语言的符号化,它的书写格式在很大程度上仍然依赖于特定的计算机机器指令,不同的计算机在指令长度、寻址方式、寄存器数目、指令表示等方面都不相同,汇编语言同样面向计算机结构。人们将机器语言和汇编语言统称为低级语言。

由于汇编语言不便于进行数学描述,且不可移植,因此人们开发出功能更强、抽象程度更高、面向各类应用的程序设计语言,称为高级语言。

高级语言作为面向计算过程和面向问题的语言,只与解题的实现步骤有关。用高级语言编写的程序称为源程序,源程序不能直接在计算机上运行,需要将高级语言翻译为机器语言,才能在机器上运行。把高级语言程序翻译为机器语言程序有编译和解释两种方式。编译程序(编译器)将源程序翻译成目标程序,然后在机器上运行目标程序;解释程序(解释器)直接解释执行源程序。两种处理方式的区别在于:编译方式下的编译器将源程序翻译成独立的目标程序,机器运行的是与源程序等价的目标程序,源程序和编译程序都不再参与目标程序的执行过程;而在解释方式下,解释器在解释源程序时不生成独立的目标程序,解释程序和源程序都要参与到程序的运行过程中,运行程序的控制权在解释器。

结构化语言是基于操作过程的语言,著名的计算机科学家 N. 沃思曾给出结构化的程序公式:程序＝算法＋数据结构。数据结构是对数据形式的表示或描述(数据流),即指定程序所使用数据之间的关系和存储方式。算法是针对数据所进行的操作(控制流),操作的步骤即程序设计的算法。该公式说明了结构化程序的两大要素是数据结构和算法,二者相辅相成,缺一不可。没有数据,算法就没有运算处理的对象。第一个结构化语言是

FORTRAN 语言，C 语言是典型的结构化语言，它体现了结构化程序设计方法的关键思想。

面向对象语言运用对象、类、继承、封装、聚合、消息传递、多态性等概念构造程序系统。将具有相同属性、操作和访问机制的多个对象抽象为一个对象类。对象的实体中封装了属性和操作，用户可以发送消息查询或修改对象的属性。代表性的面向对象语言有 C++、Java 等。

函数式语言是一类以 λ 演算为基础的语言，代表语言为 LISP，λ 演算的函数可以接受函数当作输入（引数）和输出（传出值）。在函数式编程语言中强调函数的计算比指令的执行重要，并且函数的计算可随时调用。

逻辑型语言是一类以形式逻辑为基础的语言，代表语言为 PROLOG。PROLOG 建立在关系理论和一阶谓词理论的基础上，是一系列事实、数据对象和事实间关系规则的集合。

2. 程序设计语言的基本元素

程序设计语言的基本成分包括数据、运算、控制、数据的输入/输出和函数（或过程）。

数据是程序操作的对象，具有存储类型、数据类型、名称、作用域以及生存期等属性。使用数据时要为其分配存储空间，存储类型说明数据在内存中的位置；数据类型说明数据占用内存的字节个数以及存放形式；作用域说明程序可以使用数据的范围大小；生存期说明数据占用内存的时间长短。根据上述属性，程序中的数据可分为常量和变量、全局变量和局部变量、动态变量和静态变量。大多数程序设计语言的数据类型包括基本类型、构造类型、用户定义类型或其他类型。

数据运算必须明确运算使用的运算符号以及运算规则。为了明确运算结果，对运算符号规定了优先级和结合性，运算符号的使用还与数据类型密切相关。

控制表明程序语句运行的次序关系，使用控制语句构造程序的流程控制结构。理论上已证明，任何一个可计算问题的程序都可以由顺序、分支和循环三种基本结构构成。三种基本结构如图 1.1 所示。

顺序结构表示程序执行的序列。程序从第一个操作开始，按顺序依次执行其后的操作，直到序列的最后操作为止；分支结构表示在多种条件（两个或多个）中选择其中一个分支序列执行，条件成立与否关系到执行不同的语句序列；循环结构表示在满足循环条件时重复执行一段语句序列。三种基本结构相互嵌套，可以实现更加复杂的程序。

一个完整的程序由一系列子处理程序段组成（如 C 语言中的函数及其他语言中的过程）。以 C 语言为例，C 程序由一个或多个函数组成，函数是 C 程序模块的主要成分，是一段具有独立功能的程序。每个函数都有一个确定的名字，其中名字为 main 的函数是程序的入口函数。函数使用时要进行函数定义、函数声明及函数调用。

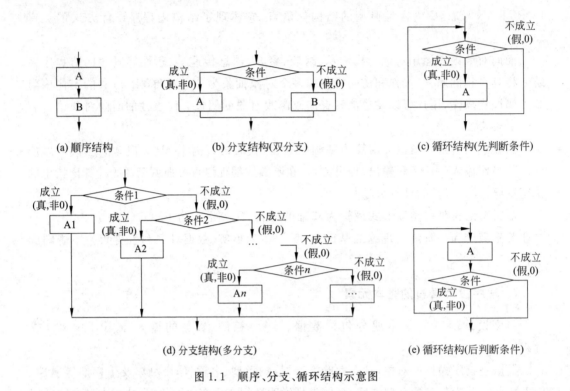

图 1.1 顺序、分支、循环结构示意图

1.1.3 算法

当利用计算机解决一个具体问题时,首先需要从具体问题中抽象出一个适当的数学模型,其次设计一个解决此数学模型的算法(algorithm),最后利用计算机语言编出实现算法的程序,并进行测试、调整,直至得到最终结果。

数学模型的抽象是获得正确结果的基础和保障,寻求数学模型的实质是通过对实际问题的分析,从中提取出操作对象,找出操作对象之间所隐含的关系,并采用数学的语言加以描述。

算法是为了解决一个特定问题而采取的确定的、有限的、按照一定次序进行的、缺一不可的执行步骤。从算法的应用领域,算法分为数值算法和非数值算法。数值算法主要进行数学模型的计算,科学和工程计算方面的算法都属于数值算法,如求解微/积分、代数方程等数值计算问题。非数值算法主要进行比较和逻辑运算,数据处理方面的算法都属于非数值算法,如各种排序、查找、插入、删除、遍历等非数值运算问题。

从算法的实现技术划分,算法可分为递归算法和非递归算法。理论上,任何递归算法都可以通过循环、堆栈等相关技术转化为非递归算法(递推或迭代)。

作为对特定问题处理过程的精确描述,算法应该具备以下特性:

1. 有穷性

有穷性是指解决问题应在"合理的限度之内",即一个算法应包含有限次的操作步骤,不能无限地运行(死循环)。因此在算法中必须指定结束条件。

2. 确定性

算法中的每一个步骤都是确定的,只能有一个含义,对于同样的输入必须得到相同的输出结果,不允许存在二义性。

3. 有效性

算法中所有的运算都必须是计算机能够实现的基本运算,算法的每一个步骤都能够在计算机上被有效地执行,并得到正确的结果。

4. 输入

一个算法可以有零个、一个或多个特定的输入。当计算机为解决某类问题需要从外界获取必要的原始数据时,要求通过输入设备输入数据。当然,如果计算机解决问题的数据是在算法内设定的,则不需要从外界获取数据。

5. 输出

一个算法必须有一个或多个输出。利用计算机的目的就是为了求得对某个事件处理的结果,这个结果必须被反映出来,这就是输出结果。没有输出的算法没有任何实际意义。

算法具有通用性,它脱离于语言之外,是程序设计的灵魂。

1.1.4 算法描述语言

算法可以采用约定的符号描述,如流程图或 N/S 图,用图示符号规定了算法的执行过程,如图 1.1 中利用流程图的约定符号描述了程序设计的三种基本结构。算法还可以借助程序设计语言描述,如 C 语言或伪代码(类语言)等。算法也可以利用自然语言描述,但因可能产生二义性而很少使用。算法描述语言描述的程序不能直接在计算机上执行,必须转换为某种具体的语言形式,经过编译系统的处理才能在计算机上运行。

类语言形式接近于程序设计语言又不是严格的程序设计语言,具有程序设计语言的一般语句格式又剔除了语言中的细节,采用类语言描述算法仅关注于描述算法的处理步骤。由于 C 语言广泛应用于计算机科学研究、系统开发、教学以及应用开发中,成为计算机专业与非计算机专业必修的高级程序设计语言,本教材中的各类算法的描述采用类 C 的算法描述语言。

例 1.1 在长度为 n 的数组 array 中,使数组中的元素由小到大排序。

本题使用选择排序算法:首先,将数组中元素值最小的元素与数组中第 1 个元素交换位置;其次,从余下的 $n-1$ 个元素中找出次小元素与第 2 个元素对换……,直到数组中所有元素为由小到大的有序序列为止。

类 C 语言算法描述语言：

```
/*对长度为 n 的数组 r 中元素进行递增排
    序*/
SELSORT(array[], n)
  for i=1 to n-1
    k←i
    for j=i+1 to n
    if(array[j]<array[k])
      then k←j  /*记录当前最小元素
                  序号/
    /*array[i]与 array[k]对换*/
    if(k>i)
      then array[i]←→array[k]
  return
```

用 C 语言实现的源程序代码：

```c
void selectSort(int array[],int n)
 { int i,j,temp,k;
   for(i=0;i<n-1;i++)
    { k=i;
      for(j=i+1;j<n;j++)
        { if(array[j]<array[k])
           k=j;
        }
      if(k>i)  /*array[i]与 array[k]
                  对换*/
       { temp=array [k];
         array [k]=array [i];
         array [i]=temp;
       }
    }
 }
```

通过例 1.1 可以看出：算法描述语言主要为了表达算法本身，省略了各种参量、变量的定义。对应的 C 语言源程序必须严格按语言规则对参量、变量作相应的定义；对于算法描述语言通过 array[i]←→array[k] 表示两个数据交换的处理过程，C 语言源程序中需用一组语句(加以辅助变量 temp)实现。因此必须根据实际语言的特性对算法描述语言作相应的处理。

1.1.5　算法设计目标

一个好的算法，其设计要达到的目标是：正确、可读、健壮、高效率、低存储量。

1. 正确性

算法正确性是指算法应该满足解决具体问题的基本需求，这是算法设计最起码的目标。通常一个大型的需求会以特定的规格说明方式，辅以自然语言描述给出，包括对于输入、输出、处理等无歧异性的描述。设计的算法应能正确地反映出这种需求；否则，算法正确与否的衡量准则就不存在了。

算法的正确性体现在四个层次上：

(1) 所设计的程序没有语法错误；

(2) 所设计的程序对于几组输入数据能够得出满足要求的结果；

(3) 所设计的程序对于精心选择的典型、苛刻而带有刁难性的几组输入数据能够得到满足要求的结果；

(4) 程序对于一切合法的输入数据都能产生满足要求的结果。

软件开发过程中，要想达到第 4 层含义下的正确非常困难。就一般情况而言，常以保证第 3 层含义的正确作为衡量一个程序是否正确的标准。

例如，计算 n 个整数中最小值的源程序代码段如下：

```
min=0;
for(i=1;i<=n;i++)
    { scanf("%d", &x);
        if(x<min)min=x;
    }
```

该段代码作为计算最小值的算法没有语法错误，当输入的 n 个数全部为负数时或输入的 n 个数包含有正数和负数时，结果正确；但是，当输入 n 个数全部为正数时，计算的最小值为 0，显然这个结论错误。该例说明了算法正确性的内涵。

2. 可读性

算法的设计与实现，并非仅由算法设计者本人使用。因此，一个好的算法首先应当便于人们理解、阅读和相互交流，其次才是机器的执行。一个容易读懂的算法有助于人们理解算法以及排除算法中隐藏的错误，更有助于算法的移植和功能扩充。隐晦难懂的算法易于隐藏错误且难于调试和修改。

3. 健壮性

当输入非法数据时，一个健壮的算法，应当做出适当的反应或进行相应的处理，从而避免产生不可预测的输出结果。处理错误的方法包括报告输入错误的性质以及中止程序的执行，其目的是在更高的抽象层次上进行处理，而不仅仅是简单地打印错误信息或报告异常。

4. 高效率

算法的效率一般指算法的执行时间。解决一个具体问题可以有多种解决方法（算法），应尽可能选择执行时间短的算法，执行时间短的算法表明该算法的执行效率更高。

5. 低存储量

算法的存储量需求是指算法执行过程中所需要的最大存储空间，它与实际问题的规模有关。对于同一个问题，如果存在多个算法可供选择，应尽可能选择存储量需求低的算法。

因此，按照算法设计的目标，算法设计的基本步骤如下：

(1) 找出与求解有关的数据元素之间的对应关系，建立其结构关系。

(2) 确定数据元素的合理存储表示方式。

(3) 确定在某一数据对象上所施加的运算操作，选择描述算法的语言。

(4) 设计实现求解的具体算法，并用确定的程序语言加以描述。

1.2 软　　件

1.2.1 软件的基本概念

软件作为一种脑力劳动的产品,管理其生产过程是一项困难的工作,为了生产出优秀的软件,就要了解究竟什么是软件,软件的特点以及软件开发中所面临的问题,并针对这些问题找出合适的解决方法。

软件与硬件一起组成了完整的计算机系统,一般认为软件由程序、数据和文档三个部分组成。

软件主要有以下几个特性:

(1) 复杂性:随着计算机应用范围的不断扩大以及程序规模的不断增大,软件变得越来越复杂。

(2) 难描述性:体现在软件需求难描述以及某些软件算法难描述两个方面。

(3) 不可见性:软件不同于其他产品,可以看得见、摸得到,软件仅存在于存储介质上,无论将计算机进行怎样的解剖,都不可能看到软件的实体,只有通过程序的运行才能看到软件执行的结果。

(4) 变化性:软件通常会随着时间的推移以及应用环境的变化而需要不断地调整。

(5) 易复制性:一旦生产出软件之后,随之而来的复制过程非常简单,仅仅需要拷贝即可。

1.2.2 软件分类

对软件进行科学的分类非常困难,到目前为止,还找不出一个统一的、严格的分类标准。最常见的软件分类有按功能分类和按规模分类两种方式。

1. 按功能分类

软件按功能可分为系统软件、支撑软件和应用软件。

1) 系统软件

系统软件用于帮助计算机系统和相关的程序操作和维护的软件,例如操作系统、数据库管理系统、设备驱动程序等,系统软件是计算机系统中必不可少的部分。

2) 支撑软件

支撑软件是用于辅助开发或维护其他软件的工具性软件,如编译程序、装入程序等。

3) 应用软件

应用软件用于实现用户的特定需要而非解决计算机本身问题的软件,应用软件被广泛应用,如Office软件、浏览器、网上商店系统、人事管理系统、视频播放软件等。

2. 按规模分类

软件按规模可分为微型、小型、中型、大型、极大型、巨大型等几类。

1) 微型软件

微型软件指 1 个人在 4 周以内就能开发出的软件,其程序代码行数一般在 500 行左右。

2) 小型软件

小型软件指 1 个人在半年内就能开发出的软件,其程序代码行数一般在 2000 行以内。

3) 中型软件

中型软件需要 5 人在两年内能开发出的软件,其程序代码行数一般在 5 万行以内。

4) 大型软件

大型软件一般需要 5～20 人,开发 2～3 年时间,其程序代码行数一般在 5～10 万行左右。

5) 极大型软件

极大型软件一般需要 100～1000 人参加,开发时间为 4～5 年,其程序代码行数一般在 100 万行左右。

6) 巨大型软件

巨大型软件需要 2000 人以上参加,开发时间为 5～10 年,其程序代码行数一般在 100～1000 万行左右。

规模的划分标准基本上按照参加人员数量、开发周期以及程序代码行数进行。但由于软件设计和开发技术的发展,以及开发人员编程水平和编程习惯等的不同,可能导致不同开发人员开发同一软件功能时其所编写的代码行数不同,同一开发人员使用不同编程语言开发同一功能时所编写的代码行数也可能不同,因此,目前较少使用实际程序代码行数来衡量软件的规模,而是使用一种逻辑代码行数来衡量软件的规模。一行逻辑代码可能对应多行实际代码,可以尽可能减少编程过程中的主观因素,更客观地对软件的规模进行评价。事实上,随着软件规模的不断变化,其分类情况也可能随时调整。

1.2.3 软件开发历史与发展趋势

程序随着计算机的问世而产生,但软件的概念却是随着人们对计算机和程序认识的深入而逐步产生的。不同的计算机发展阶段,人们对软件的认识也各不相同,一般将软件的开发历史分为三个阶段。

1. 程序设计阶段

从计算机诞生到 20 世纪 60 年代初期,人们主要关注于如何使用计算机解决某些领域的科学计算问题。当时的程序设计者和使用者往往是同一个人,仅能使用汇编语言或机器语言编制程序,由于硬件的限制,程序的编制更多地需要利用技巧以便解决内存小、速度慢等问题。该阶段尚未形成软件的概念,仅关注于程序的开发,无法保留各种文档资料。

2. 程序系统阶段

20世纪60年代初到70年代初,随着计算机硬件技术的发展,程序设计方法发生了很大变化,提出了结构化程序设计方法,随之产生出一批基于结构化程序设计的高级程序设计语言,同时,计算机的应用逐渐从仅解决科学计算问题到开始尝试为商业用户提供服务。该阶段的程序规模逐渐增大,程序设计者和使用者开始分离,出现了软件的概念。但此时人们对软件的认识仅停留在"程序+说明"阶段。

3. 软件工程阶段

20世纪60年代末期,人们在程序系统开发过程中遭遇到软件危机,从而提出使用软件工程的方法解决软件危机。从20世纪70年代开始,软件开发进入软件工程阶段,直至今日,一批软件工程方法的诞生并形成了完整的软件开发方法体系,同时软件开发工具也在不断完善,可以生产出更大规模的软件,软件的应用范围也越来越广。此时,人们对软件的认识逐步演变为"程序+文档+数据"模式。

随着Internet的发展以及商业业务需求的变更,人们对应用软件的要求越来越高。随着计算机硬件设备的大量增加,能源的消耗日益增大,人们希望通过软件手段来对硬件进行科学的优化配置和管理,以便使用较少的硬件资源完成更多的任务,从而降低能源的消耗;人们也希望企业内部甚至不同企业间不同的软件能够相互整合以便能够担当更大的任务。同时,人们还希望改变软件的使用方式,按需求应用软件,不再购买价格昂贵而功能利用率低的软件。随着网格计算、SOA与服务计算、云计算等各种新兴计算模式的出现,计算机应用的各个领域都体现了服务的概念,可以将计算机的硬件和软件资源通过各种手段包装为服务提供给用户按需使用和付费。应用软件的构建也不再局限于本地环境,而是能将跨越Internet的各相关软件实体整合起来,软件之间能够基于标准化的沟通手段进行相互通信。软件的开发也将变为灵活的组装模式,其应用变为可按需裁剪模式。目前,已经在软件编程技术以及软件设计方法论上产生很多新的模型,如面向方面的编程模型(AOP)及面向服务的建模和体系结构(SOMA)等,随着软件技术的发展,将会出现更多新的软件设计方法论。

1.2.4 软件危机

软件的固有特性使得软件开发比较困难,随着软件规模及应用范围的增大,这种困难大大增加,继而形成了软件危机。软件危机主要表现为:周期长、成本高、质量低、维护难。

1. 周期长

到目前为止,绝大多数的软件开发仍然采用程序员手工编写源程序代码的方式完成,生产效率低,开发周期长。

2. 成本高

由于软件开发周期长,势必导致软件开发成本的升高。

3. 质量低

软件质量以是否符合需求以及符合到什么程度进行衡量,它是一个相对的概念。在实际软件项目开发过程中,由于需求获取的困难、理解的偏差以及程序编写过程中出现的失误、错误等,都将影响软件的质量。

4. 维护难

使用中的软件是不断变化的,软件维护是实现这种软件变化的常用方法。但由于开发者的水平、文档资料的不全以及维护人员的组成等多种原因,导致软件维护工作比较困难。

为克服软件危机,人们提出使用工程学方法指导软件开发,从而形成软件工程。

1.2.5 软件生存周期

同硬件产品一样,软件产品也会经历从产品的构思开始,到设计与开发,再到交付使用,直至最终退役为止的整个过程,这个过程被称为软件生存周期(又称为软件生命周期)。软件生存周期的概念非常重要,是软件项目管理、进度控制、质量管理的基础。

软件生存周期一般包括定义、开发、维护、退役四个阶段,每个阶段又包含一个或多个活动,每个活动都将完成某项具体任务。在软件生存周期所经历的四个阶段中,每个阶段的任务各不相同,各有侧重。

1. 定义阶段

定义阶段的主要任务是弄清楚系统开发的总体目标以及约束和限制条件,并通过一系列活动确定系统所要完成的具体功能性需求和非功能性需求,并制定切实可行的开发实施计划。定义阶段包含问题定义、可行性研究、需求分析三个主要活动。

2. 开发阶段

开发阶段的主要任务是在定义阶段的成果之上,应用一系列过程、方法和工具开发出一个可运行的、高质量的软件系统的过程。开发阶段主要包含设计、编码、测试、安装验收四个活动。

3. 维护阶段

针对正在运行的软件,根据软件运行过程中出现的各种问题、环境变化以及用户新的需求,对软件进行必要的修改工作。

4. 退役阶段

由于各种原因导致软件不再使用,此时将终止软件的运行,并进行数据的转换和迁移、垃圾数据清理等各种善后工作。

1.3 软件开发技术基础

1.3.1 软件开发技术概述

利用计算机进行软件开发,大致需要经过以下步骤:首先,要从具体问题中抽象出一个适当的数据表示模型;其次,设计一个(多个)解决相关问题的算法,利用相关语言编出程序;最后在系统开发环境中对程序进行测试、调试直至完成系统功能。其中,算法的设计取决于处理数据的逻辑结构,算法的实现依赖于采用的存储结构。在程序的设计中,数据结构的选择是一个需要认真考虑的因素。许多大型系统的构造经验表明,系统实现的困难程度和系统构造的质量都严重地依赖于是否选择了最优的数据结构。数据结构的学习是编好程序的基本要求之一。

现代软件开发离不开超大数据量的存取,数据库是针对大量数据存取而设计的最佳实现方式。掌握必要的数据库设计知识,熟悉具体的计算机语言与数据库之间的接口,对于编写此类程序十分必要。

在软件开发过程中,遵循一些经过实践验证的开发方法,将会减少软件开发失败的可能。软件工程为软件系统的开发提供了指导性原则,并给出了相应的解决方案。具体的开发方法包括结构化方法、面向问题分析法、原型化方法、面向对象软件开发方法、可视化开发方法等。其中以结构化方法和面向对象软件开发方法影响最大。这些方法对复杂系统的分析和设计提供强有力的技术保障。

基于团队的软件开发过程中,由于团队中程序开发人员水平不同、团队的理念不同、采用的软件开发方法不同、对软件应用需求的理解不同等诸多原因,没有一个软件工程方案可以应用到所有系统,必须采用合适的软件工程管理方案才能最大限度地发挥团队的作用。

无论是软件开发团队,还是个人软件编程,个人的软件开发习惯都会对软件的开发产生重大的影响,如果能严格按照PSP个人软件过程的要求编写软件,必然会最大限度地发挥个人的软件开发的能力。

基于上述原因,一个好的软件开发(管理)人员应该具备以下能力:熟练掌握常用的算法和数据结构,熟悉数据库设计技术,能够自觉地用成熟的软件设计方法开发软件,熟悉软件工程的基本原则,并能严格按照良好的软件编程习惯编写程序。

1.3.2 数据结构

数据结构是计算机程序设计的重要理论和技术基础,数据结构所讨论的问题和提倡的技术方法对软件技术的开发有着重要的作用。

计算机发展初期，计算机主要应用于数值计算，数据量小且结构简单，数据仅进行算术运算与逻辑运算。随着计算机软件/硬件技术的发展，计算机应用领域的不断扩大，特别是微型机的普及、数据库技术以及人工智能等领域研究的深入，计算机非数值运算处理的比例越来越大，目前已达到 90% 以上。而数据的概念发展为包括数值、字符、声音、图像等一切可以输入到计算机中的符号集合。面对大量的、复杂的非数值数据处理，数据的组织形式至关重要。例如：

（1）如果需要计算两个整数之和，编程实现时只需要定义两个普通变量存储数据，并执行求和计算即可。

（2）如果需要统计某个班级"数据结构"课程的成绩。实现时需要定义一维数组存储数据(顺序表)，并利用循环语句完成操作。

（3）如果统计某个班级所有门课程的成绩。实现时需要定义二维数组存储数据(顺序表)，采用双重循环结构描述操作过程。

（4）如果对班级学生的信息进行查询或排序，学生的信息包括学号、姓名、性别、年龄、每学期成绩等。实现时需要定义结构体数组或链表以存储学生信息(线性链表)，并选择某种算法编写相关程序，实现对学生信息的查询、排序等操作。

（5）如果采用文件管理器管理数据文件，如 Windows 的文件管理方式(树结构)，树的存储主要采用链表方式，可进行插入、删除、查找、排序等操作。树是一种较为复杂的非数值计算，树应用非常广泛，特别是在大量数据处理方面，如在文件系统、编译系统、目录组织等方面显得尤为突出。

（6）如果根据数据生成一个城市的电子地图(图结构)，图的存储结构通常采用数组和链表两种方式。图是另一种复杂的非数值计算，图同样被广泛地应用于多个技术领域，诸如系统工程、控制论、计算机人工智能、编译系统等。

描述上述问题的数据表示模型有集合、表、树和图等。对问题的求解中不仅有简单的数值计算，还包括对表进行插入、删除、排序、查找；对树、图进行遍历与转化等较为复杂的非数值计算。因此，需要运用科学方法探索数据和程序之间的关联关系。

数据结构的主要研究内容包括实际问题中所涉及的数据逻辑组织方式、数据在计算机中的物理存储方式以及可对数据实施的操作。其核心是数据的各种处理方法和技巧。数据结构不仅是一般程序设计的基础，而且在设计和实现编译程序、操作系统、数据库系统及其他系统程序和大型应用程序时，数据结构知识亦非常重要。

数据结构是指数据元素(或数据对象)的集合以及元素间的相互关系和构造方法，结构就是元素之间的关系。在数据结构中，数据元素之间的相互关系是数据的逻辑关系(结构)，将逻辑关系映射到物理内存中产生了数据的物理结构(存储结构)。数据结构按照逻辑关系的不同分为线性结构(如数组、链表等)和非线性结构(如图、树等)两大类。

对数据结构的操作既包括定义在逻辑结构上的操作功能，又包括定义在具体存储结构上的操作实现。一般情况下，定义在逻辑结构上的操作功能称为运算，它是独立于计算机外的功能描述；定义在具体存储结构上的操作实现称为算法，是对特定问题求解步骤的一种高级程序设计语言描述。算法与数据结构密不可分，数据结构是算法的基础，算法总是建立在数据结构基础之上,合理的数据结构可使算法简单而高效。

分析和研究计算机处理数据的结构特性,以便在应用中为所涉及的数据选择合适的逻辑结构、存储结构以及相应的操作方法,并利用时间复杂度和空间复杂度选择出最优算法。

1.3.3 关系型数据库

数据库技术是 20 世纪 60 年代开始出现的一门信息管理自动化的新兴学科,是计算机科学中的一个重要分支。20 世纪 50 年代中期开始,计算机应用由科学计算扩展到企业、行政部门等机构的信息管理,数据处理很快上升为计算机应用的一个重要方面。到 20 世纪 60 年代中期,数据库技术得到迅猛发展。数据库技术主要研究如何有效地存储、使用和管理大量的数据资源。

关系数据库是建立在关系模型基础上的数据库,借助于集合代数等数学概念和方法来处理数据库中的数据。E.F.科德于 1970 年首先提出关系模型,并在其后对关系代数、关系演算和关系规范化理论等做出重要贡献,为关系数据库系统的理论和实践奠定了基础。目前尽管对关系模型还存在一些不同意见,但关系模型仍然是数据存储的传统标准。标准数据查询语言 SQL 就是一种基于关系型数据库的语言,这种语言统一了关系数据库中数据检索和操作。

在关系模型中,现实世界的实体以及实体间的各种联系均用单一的数据结构表示。数据的逻辑结构形式为二维数据表,表的每一行称为一个元组,每一列对应于实体的一个属性。一个元组中的某一属性值称为一个分量。关系模型中关系的每一个分量,必须是不可分的数据项,如表 1.1 所示。

表 1.1 书籍目录表样例

书籍名称	作者	出版社	价格/元	出版日期
夏鼐文集	夏鼐	社会科学文献出版社	¥120.00	2008-08-29
现代建筑理论	刘先觉	中国建筑工业出版社	¥12.00	2007-06-13
英语词汇突破 3000	李维佳	世界图书出版社	¥25.00	2006-03-09
资治通鉴	司马光	中国文学出版社	¥10.00	2007-01-09

由于关系模型数据库借助了集合代数的相关概念和方法,因此针对关系模型数据库的操作采用集合操作方式,即操作的对象和结果都是集合。常用的关系操作包括交、并、差、选择、投影、连接等。而可以进行关系操作的关系数据语言,可分为关系代数语言、关系演算语言和介于两者之间的语言。

关系模型的完整性规则是对关系的某种约束条件。关系模型中可以有三类完整性约束:实体完整性、参照完整性和用户自定义的完整性。其中实体完整性和参照完整性是关系模型必须满足的完整性约束条件,被称作关系的两个不变性,应由系统自动支持。

关系数据理论是研究关系模型中数据依赖及规范化的理论。关系模型建立在严格的数据理论基础上,并且可以等价地转换为其他数据模型,因此关系数据理论的研究常以关系模型为基础。

在关系型数据库系统中,关系模型可以包含一组关系,各关系之间不是完全孤立的。如何设计一个适合的关系型数据库系统,关键是关系数据库中关系模式的设计,一个好的关系型数据库模式应该包括多少个关系,而每个关系中应该包括哪些属性,又如何将这些相互关联的关系组建成一个适合的关系模型,这些设计工作将决定整个系统运行的效率,所以关系型数据库的设计必须在关系数据库规范化理论的指导下逐步完成。

关系数据库的规范化理论主要包括三个方面的内容:函数依赖、范式及关系模式设计。其中,函数依赖具有核心的作用,是关系模式分解和设计的基础,而范式的定义给出了判别关系模式好坏的准则,使数据库设计有了评价模式的理论依据。关系数据理论不仅是数据库的理论基础,而且是数据库设计的指南和工具。

随着计算机网络技术和多媒体技术的迅猛发展,数据处理越来越占主导地位,现代数据库技术融合了多种技术的应用,数据库新技术正在不断发展。

1.3.4 操作系统接口技术

众所周知,计算机的应用软件不是孤立存在的,它必须运行在某个操作系统之上,因此也必然受到操作系统的影响和制约。尽管许多快速开发工具封装了大量常用的操作系统接口函数,但是一旦需要更好地利用操作系统接口函数完成某些特殊的功能,如提高程序的运行效率、编写系统服务程序等,就必须掌握操作系统提供给应用程序的编程接口。

Windows 操作系统是目前最为广泛使用的操作系统,基于 Windows 的程序设计也是影响最为广泛的程序设计,其关键是掌握 Windows 的应用程序接口——Windows API。从本质上讲,Windows API 的函数调用方式与 C 语言中调用其他库函数的方式一样,但由于操作系统的复杂性,在使用 Windows API 时将涉及大量的结构类型,并要对 Windows 的底层运行机制有所了解。

1.4 软 件 工 程

1.4.1 软件工程方法学

为克服软件危机,北大西洋公约组织(NATO)的专家于 1967 年首次使用了"软件工程"这个术语,并于 1968 年 NATO 软件工程会议上正式确定"软件工程",主张采用将其他工程领域的原理和范例运用到软件开发领域中,以解决软件危机。因此软件工程就是为解决软件开发过程中所面临的周期长、成本高、质量低、维护难等问题而提出的一整套工程化的方法和原则,其核心是保障所开发软件的质量。

同计算机领域的许多概念一样,"软件工程"同样没有一个统一的、公认的定义,很多专家从不同的侧面对其进行了定义。著名软件工程专家 Roger S. Pressman 指出,软件工程是一种层次化技术,其核心为质量焦点,向上层依次涉及软件工程的三个要素:过程、方法和工具。

软件工程方法学关注于软件工程三要素中的方法要素,是一种通过一系列有次序的步骤,将软件开发工作划分为若干个阶段,并为每个阶段定义若干个任务,从而为软件开发提供"如何做"的技术。一般情况下,软件工程方法学主要研究软件开发方法,目前最常用的软件工程方法学为传统软件工程方法学和面向对象方法学。

传统软件工程方法学主要针对如何使用面向过程的程序设计开发语言开发出软件这一问题而提出的,主要有结构化方法、Jackson方法、Parnas方法、DSSD方法等,其代表是结构化方法。传统软件工程方法学的特点是关注系统的功能和算法,采用自顶向下、逐层分解的原则进行分析和设计。

随着面向对象的程序设计语言的出现,人们逐步将面向对象的思想和技术应用到系统的分析和设计方法中,形成了面向对象方法学。面向对象方法学尽可能模拟人类的思维方式,使得软件开发过程尽可能地与人类分析与解决问题的过程相一致。与传统软件工程方法学不同,面向对象方法学并不是从功能上或算法上考虑问题,而是将数据和算法封装为对象,从对象的角度分析和解决问题。

面向对象开发提出之初,很多专家提出了各种不同的实施方案,如Coad/Yourdon方法、Booch方法、Jacobson方法、Rumbaugh方法、Wirfs-Brock方法等。1993年,Grady Booch、James Rumbaugh和Ivar Jacobson开始尝试将这些方法进行汇集,直到1996年形成了统一建模语言UML,1997年OMG将UML 1.1作为行业标准。UML经过不断演变,目前已成为面向对象方法学的标准建模语言。

1.4.2 软件工程建模

在建造房屋时,如果不事先进行细致的规划和设计,不可能建造出一个令人满意的房屋。同样,在程序开发过程中,也要像建造房屋一样,事先要对开发的系统进行详细的描述,这就是软件工程建模。

软件产品是对客观事物认知结果的描述,反映了软件开发人员对客观事物的思维结果,同时包含了人和物的因素,从而导致软件的开发过程和软件产品本身具有明显的不确定性。软件工程建模就是为了更好地理解所要建造的软件系统,通过对系统进行语义抽象而实现对现实世界的简化。通常整个系统模型由若干个模型构成,一个模型从某一个建模角度出发,抓住被建模系统的主要方面而忽略或简化其他方面。可从功能描述、分析、设计、实现、计算、工程和组织等角度建立模型,它们都是系统的一个阶段或一个方面的模型。在可视化上,模型由图及一些详细说明构成。模型元素与图元素不同,图中的可视化元素是构造模型的符号,所提供的信息有助于理解模型,由于只反映出了相应的模型元素的部分语义,每个可视化元素的背后还应该有详细描述。在构建模型时,还要考虑模型的语境,模型的语境包括模型所对应的问题域和系统责任部分、模型与其所处环境中的其他模型之间的关系以及关于模型存在的假设条件等。

软件开发团队通过严格的、经过统一定义的模型进行交流、指导程序开发,避免了自然语言描述的二义性,同时,能够更好地理解软件的细节,是软件系统成功开发的有力保证。

1.4.3 软件开发过程管理

软件开发目标是在有限的资源和时间限制内,开发出满足需求的高质量软件产品。在软件开发过程中,需要在已有的技术储备、人员、财力等资源基础上,合理控制软件开发的风险,确保项目成功。有报告指出"一半以上的软件项目严重拖期且超过预算,而四分之一的项目没有完成就被取消,只有低于30%的项目是成功的"。软件开发过程管理是按照项目管理思想指导软件开发过程。目前软件开发过程管理是当前软件工程领域的专家和学者研究的热点问题。

软件开发过程管理包括软件开发模型和软件开发过程控制两个方面的内容。软件开发模型从软件开发过程的总体建模,偏重研究构建合理的过程模型。软件开发过程控制从项目管理的角度,偏重于软件开发过程中具体管理制度和规范的研究。简而言之,前者关注于"应该如何做",后者关注于"应该做到什么"。

软件开发模型是指导软件开发过程管理的结构性框架,对软件开发全过程中主要活动、任务和开发策略进行规范。软件开发模型也称为软件过程模型或软件生命周期模型。传统软件设计模型有瀑布模型(waterfall model)、渐进模型(increamental model)、演化模型(evolutionary model)、螺旋模型(spiral model)、喷泉模型(fountain model)及智能模型(intelligent model)等。最新的一种模型为灵巧模型(agile modeling),极限编程(XP)属于此模型的一种具体实现。

另外,由Rational提出的统一软件开发过程(Rational Unified Process,RUP)是目前影响较大的、面向对象的软件开发模型,RUP以UML作为软件开发基础,在吸收各种面向对象分析与设计方法的基础上,为软件开发提供一种普遍适用的软件开发过程框架。

软件开发过程控制是管理软件开发过程的规范和标准。目前的标准是由美国卡内基·梅隆大学软件研究所提出的能力成熟度模型(Capability Maturity Model for Software,CMM)。经过20余年的发展,已经成为软件开发过程控制的标准,CMM认证现已成为软件行业最权威的评估认证体系。CMM以过程管理视角,从项目的定义、实施、度量、控制和改进软件过程五个方面规范软件开发项目的过程,确保软件项目的成功。由于软件开发是由多人构成的团队共同承担的项目,因此CMM建议从个体和团队两个方面的开发过程管理入手,其中个体软件过程管理(personal software process)是基础,团队软件过程管理(team software process)是保证。

PSP为个体软件过程提供指导,例如如何制订计划,如何控制质量,如何与其他人相互协作等。在软件设计阶段,PSP的着眼点在于软件缺陷的预防,具体办法是强化设计结束准则而不是设计方法的选择。

TSP的基本思想是确保软件工程团队可以承担非常规工作。高效的TSP团队应是经过正确组建的、由技能型人才组成的、受到合适训练的、实施有效领导的团队。TSP为构建和指导这样的团队提供工作准则。TSP强调团队合作,重点解决如何克服协同工作中的问题,如何对待压力、领导、协调、合作、参与、拖延、质量、功能和评价等问题。

1.5 软件工程技术基础

1.5.1 软件复用技术

大型主机、工作站、PC、嵌入式设备等多种设备会构成复杂的硬件环境，多种操作系统或多种基础应用软件会构成复杂的软件环境。因此，软件开发、使用和维护面临着巨大的挑战。现代的软件开发，必须解决好分工合作和重用问题。分工合作是指如何将软件系统分解为独立的多子系统或独立模块。而重用是指在应用软件的开发过程中，存在大量的重复开发问题，减少重复开发，提高软件的可重用性，可以大幅降低软件开发的成本，提高产品的质量。

软件可重用问题，包括源程序代码重用、静态库重用、动态库重用和组件重用。源程序代码重用是直接将其他项目或系统开发完成的代码复制过来，直接使用。限制源程序代码重用技术使用的关键因素是要考虑代码的语言实现，以及源代码公开可能带来的知识产权问题。静态库重用技术实现将程序代码的二进制方式重用，由于二进制代码不便于理解和读取，在一定程度上，保护了程序设计的技术秘密。静态库重用技术仍然存在部分的语言实现问题，如C++完成的静态库在Basic程序中可能不能使用，与源程序代码重用技术类似，静态库中的代码将成为应用程序的一部分，当库较大时将造成编译后的可执行程序过于庞大。动态库重用技术是解决库的动态加载和共享问题，其避免了静态库技术带来的库重复加载问题，减小了应用程序大小。动态库重用技术同样面临语言实现问题，以及动态库的维护问题。动态库的维护问题是指当动态库更新后，其对应用程序的影响，例如是否要重新编译、重新部署。组件技术在重用技术基础上，借鉴了电子产品设计中的集成电路芯片的技术思想，即建立一种可重用的单元级别软件，通过组件的创建和利用解决大规模软件的设计问题。一个组件相当于集成电路中的IC。

1.5.2 组件技术

组件技术是20世纪90年代，在面向对象技术的基础上发展起来的一种技术。组件技术重点解决不同厂商、不同语言软件开发中的二进制级别的重用问题。组件的定义是"一个软件组件是仅由契约性说明的接口和明确的上下文相关性组合而成的单元。一个软件组件可以被独立地部署"。

组件技术作为一种技术规范，实现多厂商、多程序设计语言、多操作系统和多硬件环境的软件开发问题，其核心需要解决组件的复用问题和组件的互操作性问题。组件复用的实质是部件具有通用的特性，所提供的功能可以为多种系统使用。重点解决对多种程序设计语言和多操作系统的支持问题，相同功能的组件可以由不同的语言实现，甚至可以运行于不同的操作系统上。组件的互操作性是组件之间能够相互通信和调用，重点解决组件的合作能力问题，即由不同程序设计语言实现的、在不同操作系统下运行的组件可以相互调用。

目前主流的组件技术包括 OMG 组织提出的 CORBA 技术、Microsoft 公司提出的 COM/DCOM 组件技术以及 Sun 公司提出的 EJB 技术等。

公用对象请求代理体系结构（Common Object Request Broker Architecture，CORBA）组件技术是 OMG（Object Management Group）负责执行和维护的组件体系结构和组件接口标准，OMG 由 IBM、HP 等众多知名计算机公司参与组织。与 CORBA 技术相对应，Microsoft 独立设计并实现了 COM（Component Object Model）组件技术以及在 COM 基础上的 DCOM（Distributed Component Object Model）技术，主要用于 Windows 平台程序的开发。近年来，Microsoft 提出的.NET Framework 技术，将组件模型提升为.NET 组件技术。随着 Windows Vista 和 Windows 7 操作系统发布，Microsoft 建议基于.NET 组件技术开发 Windows 应用程序。EJB 技术是 Sun 提出的基于 Java Bean 的企业级的组件技术，主要解决基于 Java 虚拟机环境下，组件重用和分布式调用问题。

1.5.3 C/S 系统

软件体系结构设计在软件开发过程中占有非常重要的地位。体系结构在英文中是建筑的意思，如果将软件系统比作一座楼房，软件的各部分之间只有在一定的组织结构下，才能更好地组合在一起。在软件设计开发过程中，逐渐形成了一些针对特定应用领域的软件系统组织方式的惯用模式，如比较典型的 C/S（Client/Server，客户/服务器）模式和 B/S（Browser/Server，浏览器/服务器）模式。相应地，基于 C/S 模式和 B/S 模式开发的系统被称为 C/S 系统和 B/S 系统。开发时，可根据其应用领域的特性选择一种适合的模式进行软件体系结构的设计。

C/S 系统在计算机系统发展过程中占据着非常重要的位置，经历了从宿主式集中模式到 C/S 模式的发展过程。

典型的宿主式集中模式中，采用大中型机或小型机作为主机，所有任务均为主机完成。一台主机可配置多台终端，一般可同时支持多个用户，所有用户的应用程序以及数据都存储在主机上。用户通过终端与主机交互，终端本身几乎没有处理能力，只负责接收用户的输入及显示主机的处理结果。

20 世纪 80 年代，个人计算机（PC）得到广泛的应用，PC 不但可提供与用户交互的能力，同时也提供了数据存储及数据处理能力。但数据在多台 PC 之间的共享成为一个大问题，而局域网技术能够提供对 PC、打印机以及大中型机或小型机之间的资源集成起来的有效通信支持。局域网中的各计算机之间的资源具有不对等性。基于资源的不对等以及便于共享数据和应用，人们提出一种新的计算模式——C/S 模式，并成熟于 20 世纪 90 年代。

在 C/S 模式中，客户和服务器是指进程而不是指机器硬件。进程是一个具有独立功能的程序关于某个数据集合的一次运行活动，可以把进程简单理解为一个可执行文件的一次执行。服务器指的是驻留在服务器所在计算机上的不断运行的进程，该进程可以向其他的进程提供服务，而客户就是期待使用服务的进程。C/S 模式是非对称的，不断运行的服务器进程在网络上等待着客户的服务请求。由于客户决定什么时候向服务器提出请求,因此服务器实际上是一个总在等待接收请求并提供服务的"从"进程,客户则是提出服务请求的"主"进程,如图1.2(a)所示。

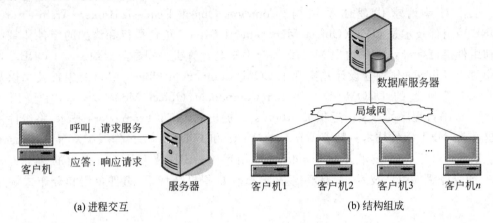

(a) 进程交互　　　　　　　　　　(b) 结构组成

图1.2　C/S系统结构图

典型的C/S系统主要由客户应用程序、数据库服务器和网络三部分组成,服务器端主要是数据库服务器,负责接收并执行客户端有关数据的增加、删除、修改、查询等请求,而客户端依据业务逻辑对数据进行处理,并负责界面展示,如图1.2(b)所示。

客户应用程序面向用户,可以向服务器提出服务请求并将所得到的响应传递给用户。数据库服务器是服务的提供者,负责管理数据库并响应用户的请求。其中客户应用程序和数据库服务器指的都是软件,不是真正的计算机硬件设备。尽管可在同一台计算机中同时安装客户应用程序和数据库服务器,但在实际的软件开发过程中一般不会采用该方式。

C/S模式具有以下优点:

(1) 更好地保护原有资源并共享资源

C/S模式是一种开放式的结构,可有效地保护原有的软硬件资源;之前在其他环境上积累的数据和软件均可在C/S中通过集成而得以保留和使用;用户不仅可以存取服务器上的资源,也可存取其他客户机上的资源。

(2) 快速处理信息

当用户提出一项请求时,可由多个服务器并行进行处理,提高响应速度;也可将一项任务分解,由客户和服务器分别处理,共同合作完成。

(3) 客户机和服务器均可单独自由升级

随着C/S模式的不断发展,其带来的缺点也十分明显:

(1) 将任务分开处理,系统本身也被分为若干部分,增大系统开发和管理的复杂程度与难度,增加了服务器的管理和支持人员的开销。

(2) 客户与服务器数据库之间的互连支持能力有限,不同的数据库管理系统之间难以共享数据。同时,由于客户端集成了对数据的处理和显示功能,如果更新程序,则每台客户机上的软件都要更新,否则就会出错,无形中加大了软件分发和更新困难,增加了工作量和出错的概率。

1.5.4 B/S系统

只包含客户端和服务器端两个部分的C/S系统又称为传统的二层C/S系统,主要是针对局域网中的数据共享问题而提出的,随着企业规模的扩大以及Internet的迅速发展,这种体系结构逐渐暴露出局限性:

(1) 客户端程序一般是直接访问数据库服务器,则该程序所在客户机上的其他应用程序也可能通过某种手段可以直接访问数据库服务器,导致数据库中的数据安全受到威胁。

(2) 当客户端程序任务较多,既要负责业务逻辑的处理,又要负责显示画面的生成,将导致耦合度比较高。

此外,传统的二层C/S系统所采用的产品大都缺乏开放标准,一般不能跨平台使用,当将一个传统的二层C/S系统放到Internet上,会产生各种问题。

为了克服上述局限性,在传统的二层C/S模式基础上,将负责业务处理以及与数据库交互的部分从客户端程序中分离出来,形成一个应用程序服务器,并放置在客户机和服务器之间,只将界面显示处理部分放到客户端程序中,从而形成三层C/S体系结构模式,如图1.3所示。

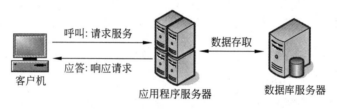

图1.3 三层C/S体系结构示意图

三层C/S体系结构模式既可以减轻客户端程序的负担,同时也可以降低耦合程度。由于客户端程序不再直接与数据库服务器进行交互,从而在一定程度上提高了数据库的安全性。

B/S系统就是三层C/S模式在Internet上的一种典型应用。根据三层C/S模式,B/S系统由浏览器、Web服务器、数据库服务器组成。客户端程序由浏览器实现,应用程序服务器由Web服务器实现,Web服务器与数据库服务器之间也可跨越Internet进行连接,如图1.4所示。

图1.4 三层B/S系统结构示意图

一般情况下,二层 C/S 系统称为 C/S 系统,而基于 B/S 模式构建的系统称为 B/S 系统。

B/S 系统主要利用了标准规范的 WWW 页面浏览技术。除数据库服务器外,应用程序以网页文件的形式存放在 Web 服务器上,当用户需要调用某个应用程序时,只需要在浏览器中输入该应用程序所对应的网址,即可调用位于 Web 服务器上的应用程序以完成对数据的存取以及对业务的处理操作,生成的处理结果也以网页形式反馈给浏览器并通过浏览器显示给用户。

B/S 系统相对于传统的二层 C/S 系统具有以下优点:

(1) 由于客户端都是基于浏览器进行界面显示的,因此具有统一易用的用户界面。

(2) 所有数据和应用均存储在服务器上,能保证数据的一致性和完整性。客户端程序并不直接与数据库服务器直接进行交互,从而可在一定程度上提高数据库的安全性。

(3) 解决了传统的二层 C/S 系统不能解决的软件分发问题和跨平台问题。降低了各层之间的耦合程度,使得软件可维护性更好。

第 2 章

数据结构及算法

2.1 数据结构概述

随着计算机技术的发展,计算机的应用已从单纯的科学计算扩展到控制、管理以及数据处理等诸多非数值计算。与此相应,计算机处理的对象也已由纯粹的数值发展到字符、表格、图像等各种具有一定结构的数据。由于数据的表示方法和组织形式直接关系到程序对数据的处理效率,当应用程序的规模较大,结构相对复杂,处理对象为非数值型数据时,仅依靠程序设计人员的经验和技巧已很难设计出高质量、高效率、高可靠性的程序。这就要求人们对计算机程序加工的对象进行系统的研究,数据结构是研究数据组织、存储和运算处理的一般方法的学科。本章中各类算法的描述采用类C语言的算法描述方式。

2.1.1 基本概念

数据是信息的载体,数据的概念因计算机的发展而不断扩展。早期的计算机主要用于科学和工程计算(数值计算),数据就是数值。随着计算机硬件和软件技术的不断发展,计算机的应用领域也在迅速扩大,数据的含义变得非常广泛,诸如字符、文字、表格、图形、图像、声音等一切可以输入到计算机中,且能被处理的各种符号集合,都归属于数据的范畴。

在计算机科学中,数据对客观事物采用计算机能够识别、存储和处理的形式进行描述。例如,一个学生信息管理程序所要处理的数据可能是一张如表 2.1 所示的表格。

表 2.1 学生信息登记表

学 号	姓名	性别	民族	出生年月	籍 贯	专 业
20092000	张一	男	汉	1989 年 12 月	辽宁沈阳	计算机科学
20092101	杨雨虹	女	汉	1991 年 01 月	吉林长春	软件工程
⋮	⋮	⋮	⋮	⋮	⋮	⋮

数据元素又称为结点,是数据组成的基本单位。数据元素是数据集合中的个体,程序中通常把数据元素作为一个整体进行考虑和处理。

一般情况下，一个数据元素可由一个或多个数据项(字段)组成，数据项是构成数据的最小单位。此时的数据元素通常称为记录。例如表2.1所示的表格数据中，每一个学生的信息作为一个数据元素，每个数据元素都由学号、姓名、性别、民族、出生年月、籍贯和专业等字段构成。

数据对象是性质相同的数据元素的集合，是数据的一个子集。例如，整数数据对象是集合 $N=\{0,\pm1,\pm2,\cdots\}$，大写英文字符数据对象是集合 $C=\{'A','B',\cdots,'Z'\}$，表2.1也是由若干个记录组成的数据对象。因此，数据元素集合不论是无限集(如整数集)，或是有限集(如字符集)，或是由多个数据项组成的复合数据集(如学生信息登记表)，只要性质相同，都是同一个数据对象。

数据处理是指对数据进行简单计算、查找、插入、删除、合并、排序及统计等操作的过程。据有关统计资料表明，现代计算机用于数据处理的时间比例达到80%以上，随着计算机应用的进一步普及，计算机用于数据处理的时间比例必将进一步增大。

数据结构研究的内容是计算机所处理的数据元素间的结构关系以及对其操作运算的算法。数据结构关注的是数据元素之间存在的一种或多种相互关系、组织方式及其施加的运算及运算规则，并不涉及数据元素的具体内容值。由此可见，计算机处理的数据并不是数据的杂乱堆积，而是具有内在联系的数据集合。

2.1.2 数据结构

数据结构(data structure)是指同一类数据元素中各数据元素之间存在的关系。数据结构的概念包括三个组成部分：数据之间的逻辑关系、数据在计算机中的存储结构以及在这些数据上定义的运算集合。

1. 数据的逻辑结构

数据的逻辑结构抽象地反映出数据元素间的逻辑关系，与计算机系统结构没有关系，又直接称为数据结构。

根据数据元素间关系的不同特性，分为以下四种基本类型。

(1) 集合：数据元素同属于一个集合，元素之间是一种平等的关系，没有其他约束条件。

(2) 线性结构：数据元素之间存在前后顺序的关系。数据元素一个接一个排列，除第一个元素和最后一个元素外，其他每个元素都有唯一的一个前驱元素和一个后继元素。第一个元素只有后继元素，最后一个元素只有一个前驱元素。结构中的数据元素之间存在一对一的关系。

(3) 树形结构：数据元素之间存在顺序关系，除一个称为根结点的元素外，其他每个元素都有一个直接前驱元素。同时，可以有多个后继元素。树结构中的数据元素之间存在一对多的关系。

(4) 图状结构：任何一个数据元素都可以有多个前驱元素和多个后继元素。图结构中的数据元素之间存在多对多的关系。

其中，树形结构和图状结构的数据元素之间的逻辑关系不能采用一个线性序列表示，称为非线性结构。非线性结构的特征是元素间的前驱与后继关系不具有唯一性。

综上所述,数据结构是相互间存在一种或多种特定关系的数据元素的集合。可用一个二元组表示:

$$\text{Data-S} = \{D, R\}$$

其中:D 为数据元素的非空集合;R 为定义在 D 上的关系的非空集合。

2. 数据的存储结构

存储结构(storage structure)是数据的逻辑结构在计算机存储设备中的映像,又称为物理结构。一个数据在计算机中可以有多种存储方式。如表 2.1 中的表格数据,既可以利用数组表示存储于内存,又可以采用文件表示存放在磁盘上。

对应一个完整的逻辑结构,存储表示应包括结点本身值以及结点之间关系两个方面的内容。

由于计算机中表示信息的最小单位是二进制数的一位(bit),因此可用一个由若干位组合的位串表示数据元素(data element)或结点(node),当数据元素(结点)由多个数据项组成时,位串中对应于各个数据项的子位串称为数据域。

计算机存储器对数据的逻辑结构存储有顺序存储和链接存储两种常用方式,多数存储表示都采用其中的一种方式或两种方式的结合。

顺序存储将逻辑上相连的数据元素(结点)存储于物理上相邻的存储单元中,数据元素(结点)之间的关系由存储单元的邻接关系体现。存储空间地址由起始地址和元素所占用的存储单元决定。地址计算方法如下:

$$\text{Loc}(i) = \text{Loc}(1) + (i-1) * H = S + (i-1) * H$$

(S 是起始地址,H 是每个元素所占的空间)

高级程序设计语言中的数组采用的是顺序存储结构。数组是若干个相同性质数据元素的集合,是一种构造数据类型。数组的类型确定了每个数据元素占用的存储单元的个数,数组的大小规定了数组元素的个数,系统将为用户程序中的一个数组分配一段内存空间。其大小是单个数组元素需要占用的存储单元个数与数组元素个数之积。几乎所有的高级语言都支持数组类型。

顺序存储的优点是数据元素中只有自身信息域,通过地址计算确定数据结构中第 i 个数据元素的位置,可随机(直接)存取,使用方便;存储密度大,利用率高。缺点是必须预先分析出所需要的存储空间大小,由于必须存储在一段地址连续的存储单元中,可能产生较多的碎片现象;插入和删除操作时需要移动大量数据元素。

链接存储结构将数据元素(结点)分为数据域和指针域两个部分,数据域存放结点本身的信息,指针域存放与其相邻的后继结点所对应的存储单元的地址。在链接存储中,既可以把逻辑上相邻的结点存储于物理上不相邻的存储单元中,也可以将非线性关联的结点存放在线性编址的存储单元中。高级程序设计语言实现链式存储,需要具有指针功能和内存空间的动态申请功能,通过指针可以高效地在内存中直接找到目的地址。

链接存储的优点是在不连续的存储单元中进行存储,逻辑上相邻的结点在物理上不邻接,内存资源使用合理,适用于复杂的逻辑结构;只要修改指针域的值即可实现插入和删除操作,操作灵活方便。缺点是操作的实现过程比顺序存储结构复杂。C语言中利用结构体表示链接存储结构。

数据的存储方式还包括索引方式(利用结点的索引号确定结点存储地址)和散列方式(根据结点的值确定它的存储地址)。

线性结构可以使用顺序、链接(或索引、散列)等多种存储方式。由于树形结构的每一个结点可能有多个后继结点,图状结构中的每个结点可能有多个前驱结点和多个后继结点,因而非线性结构(树、图)一般采用链接存储。

3. 数据结构的运算

数据结构的运算是指对数据结构中结点进行操作的集合。运算与数据结构的逻辑结构和物理结构有直接的关系,不同的数据结构采用的存储结构不同,操作规则和方法也不尽相同,引用型操作只是进行存储结构的查询或引用某个结点单元的值,而加工型操作将改变存储结构内部的值。数据操作利用计算机程序实现,又称为算法实现。常用的运算包括:

(1)插入:在数据结构的指定位置插入新的结点。

(2)删除:根据一定的条件,将某个结点从数据结构中删除。

(3)更新:更新数据结构中某个指定结点的值。

(4)检索:在给定的数据结构中,找出满足一定条件的结点,条件可以是一个或多个数据项的值。

(5)排序:根据给定的条件,将数据结构中所有结点重新编排次序。

总之,数据结构是研究数据元素之间抽象化的相互关系以及这种关系在计算机中的存储表示;为了避免产生混淆,通常将数据的逻辑结构统称为数据结构,将数据的物理结构统称为存储结构。相同的逻辑结构可以具有不同的存储结构,因而有不同的实现算法。

2.1.3 数据类型与抽象数据类型

数据类型是高级程序设计语言中的一个基本概念,是指程序设计过程中各变量可取的数据种类,它和数据结构的概念密切相关。

在程序设计语言中,数据类型用以刻画程序操作对象的特性,显式或隐式地规定了数据的取值范围、存储方式以及允许进行的运算。每一个数据(变量、常量或表达式)都必须属于某种确定的数据类型。例如,一个基本整型数据的取值范围根据具体的语言版本,可能是$-2^{15} \sim 2^{15}-1$(2个字节)或$-2^{31} \sim 2^{31}-1$(4个字节)之间;它所允许的操作包括加(+)、减(-)、乘(×)、整除(/)和取余(%)。所以数据类型是一个值的集合以及定义在这个值集上的一组操作的总称。数据类型是程序设计语言中已实现的数据结构,可以借助编程语言所提供的基本数据类型构造新的数据结构。对于用户而言,数据在机器内部的存储方式以及整数的运算算法都是隐藏的,用户只需要了解整型数据能够提供的运算即可。

抽象数据类型(Abstract Data Type,ADT)是用户在现有的基本数据类型基础上新定义的数据类型,是一个数学模型以及定义在该模型上的一组操作。抽象数据类型的概念类似于面向对象程序设计中类的概念。类由存放数据值的成员和存取数据的运算(方法)组成,将数据和方法封装一体,结构上隐蔽应用细节并严格限制对其数据和操作的外部访问,抽象数据类型是数据和数据使用者之间的接口。

抽象数据类型的定义包括数据对象定义、数据关系定义和基本操作定义三部分。

定义格式:

```
ADT 抽象数据类型名
{    数据对象:<数据对象的定义>
     数据关系:<数据关系的定义>
     基本操作:<基本操作的定义>
}
```

其中,数据对象定义应该在已有数据类型或已定义数据对象的基础上定义;基本操作定义主要包括操作名、参数表、初始条件以及操作结果等。无论其内部结构如何变化,只要数学特性不变,都不影响其外部使用。

例如,一个线性表的抽象数据类型的描述:

```
ADT Linear_list
{    数据元素:所有 ai 属于同一数据对象,i=1,2,…,n,n≥0;
     逻辑结构:所有数据元素 ai(i=1,2,…,n-1)存在次序关系<ai,ai+1>
              a1 无前驱,an 无后继;
     基本操作:Initial(Linear_list)初始化空线性表
              Length(Linear_list)求线性表表长
              Get(Linear_list,i)取线性表的第 i 个元素;
              Insert(Linear_list,i,m)在线性表的第 i 个位置插入元素 m;
              Delete(Linear_list,i)删除线性表的第 i 个元素;
}
```

在 ADT 中,数据元素所属的数据类型是抽象的,没有局限于一个具体的整型、实型或其他类型,所有的操作也没有具体到使用何种计算机语言与程序编码。

ADT 的具体实现依赖于所选择的高级语言的功能。首先要用适当的方式说明数学模型在计算机内部的表示方法,通常借助于高级语言中已有的基本数据类型或构造类型(如数组、结构体等)表示;其次根据选择的表示方法,建立一组函数/过程实现这个模型上的一组运算。实现运算的过程因选用的表示方法不同而各异。

数据结构是抽象数据类型的一个实体,体现抽象数据类型的内在模型(逻辑结构),这个模型上定义的各种运算以及在目前系统中的表示(存储结构)。数据结构的实现则基于目前的计算机系统和现有的高级语言,不同的表示方法决定了不同的实现算法和不同的算法开销。

2.1.4 算法的评价

数据结构与算法之间存在本质联系,算法依附于具体的数据结构,数据结构直接关系到算法的选择和效率。

　　数据结构的操作由计算机完成,需要给出每种结构类型所定义的运算算法。一种数据结构的优劣主要由实现各种运算的算法具体体现,对数据结构的分析实质上是对其算法的分析。除了验证算法是否能够正确解决问题外,还需要对算法的执行效率进行性能评价。

　　程序设计中,解决一个实际问题可以有多个解决方法(算法),虽然这些算法都是正确的,都可以得到期望的结果,但不同的算法为获取结果所耗费的资源大不相同,算法的效率是指执行算法所消耗资源的多少。通过算法分析与评价可从这些可行的算法中找出最有效的算法。评价一个算法,通常从正确性、运行时间、占用空间和简单性等多个方面加以衡量。

　　(1) 正确性:算法是否能够正确执行。

　　(2) 运行时间:一个算法在计算机上运算所花费的时间,采用算法的时间复杂性度量。时间复杂性是指算法中包含简单操作的次数,一般不必精确计算算法的时间复杂度,只需大致计算出相应的数量级。

　　(3) 占用空间:一个算法在计算机存储器上所占用的存储空间,包括存储算法本身所占用的存储空间、输入/输出数据所占用的存储空间以及算法运行过程中临时占用的存储空间,由算法的空间复杂性度量。空间复杂性是指算法在运行过程中所占用的存储空间大小,包括局部变量所占用的存储空间和系统为了实现递归所使用的堆栈两个部分。算法的空间复杂性一般也是采用数量级的表现形式。

　　(4) 简单性:算法的可读性、简单性可以使算法正确性的证明比较容易,同时便于编写、修改、阅读和调试。对于经常使用的算法,高效性(尽量减少运行时间和压缩存储空间)比简单性更为重要。

　　由于语句的执行过程由源程序经编译程序翻译成目标代码、目标代码经装配再执行,语句执行一次实际所需要的时间与机器的软/硬件环境(机器速度、编译程序功能、输入数据量等)密切相关,仅仅从执行时间上分析算法的效率容易掩盖算法本身的优劣。因此,算法分析不是针对实际执行时间精确计算出算法执行具体时间,而是根据算法中语句的执行次数做出估算,从中得到算法执行时间的信息。

1. 时间复杂度

　　时间复杂度是度量算法的时间效率指标。

　　某一算法的时间复杂度 $T(n)$ 是以该算法中频度最大的语句频度 $f(n)$ 作为该算法的时间复杂度,也就是该算法执行次数的数量阶。记作:

$$T(n) = O(f(n))$$

　　语句频度 $f(n)$ 是该语句重复执行的次数,一个算法中所有语句的频度之和构成了该算法的运行时间。在时间复杂度分析中,以问题规模趋于无穷大的情形作为分析背景,引入符号 O,以此简化时间复杂度 $T(n)$ 与求解问题规模 n 之间的函数关系,简化后的关系是一种数量级关系。

例 2.1 分析下面程序段的语句频度和时间复杂度。

```
for(i=1;i<n;i++)
  { x=x+1;                    /*语句A*/
    for(j=1;j<(2*n);j++)
      y=y+1;                  /*语句B*/
  }
```

语句 A 的频度是 $n-1$；语句 B 的频度是 $(n-1)\times(2n-1)=2n^2-3n+1$；当求解规模 n 趋于无穷大时，有 $T(n)/n^2 \to 0$，表示该算法的时间复杂度与 n^2 成正比，所以时间复杂度为：

$$T(n) = 2n^2 - 3n + 1 = O(n^2)$$

例 2.2 分析下面程序段的语句频度和时间复杂度。

```
x++;                          /*语句A*/
for(i=1;i<=n;i++)
  x++;                        /*语句B*/
for(i=1;i<=n;i++)
  for(j=i;j<=n;j++)
    x++;                      /*语句C*/
```

语句 A 执行 1 次，频度是 1，时间复杂度为 $O(1)$，称为常量阶；语句 B 在一个 $1 \sim n$ 的循环内部执行，语句频度是 n，时间复杂度为 $O(n)$，称为线性阶；语句 C 在一个双重循环内部执行，频度为 $n+(n-1)+(n-2)+\cdots+3+2+1 = n(n+1)/2$，即该语句执行次数关于 n 的增长率为 n^2，时间复杂度为 $O(n^2)$。

数据结构中常用的时间复杂度频率计数有：

$O(1)$ 常数阶 $\leqslant O(\log_2 n)$ 对数阶 $\leqslant O(n)$ 线性阶 $\leqslant O(n\log_2 n)$ 二维阶 $\leqslant O(n^2)$ 平方阶 $\leqslant O(n^3)$ 立方阶 $\cdots\cdots \leqslant O(2^n)$ 指数阶

对于大多数的应用问题，时间复杂度多是多项式函数。对于这类问题，即使所处理的数据规模 n 较大，计算机耗费的运行时间也是可以接受的。但对于时间复杂度为指数阶（如 $O(2^n)$ 算法等）的应用问题，当处理的数据规模 n 较大时，计算机几乎不能在可接受的时间范围内获取结果。

时间复杂度虽不能精确地确定一个算法的执行时间，但可以看出随着问题规模 n 的增大，算法所耗费时间的增长趋势。

2. 空间复杂度

一般情况下，一个程序执行时，除了需要存储本身所用的指令、常数、变量和输入数据以外，对数据进行操作时还需要辅助存储空间，其中对于输入数据所占用的具体存储量仅取决于问题本身，与算法无关。空间复杂度是与应用问题的规模以及算法输入数据相关的函数，需要分析该算法在实现时所需要的辅助存储空间。

空间复杂度作为算法所需存储空间的量度，记作：

$$S(n)=O(f(n))$$

类似于算法的时间复杂度,也是考虑当问题规模趋于无穷大的情况,符号 O 被用作描述空间复杂度 $S(n)$ 与求解问题规模 n 之间的数量级关系。若算法执行时所需要的辅助空间相对于输入数据量而言是个常数,则称这个算法为原地工作,辅助空间为 $O(1)$。例 2.1 中,与算法有关的辅助空间为变量 $i、j$,它们与数组的大小 n 无关,因此该算法的空间复杂度为 $O(1)$。

一般情况下,算法执行时间上的节省一定是以增加空间存储为代价的,反之亦然。因此算法的时间复杂度和空间复杂度两者难以兼得,通常以算法执行时间作为算法优劣的主要衡量指标。

2.2 线 性 表

线性结构的特点是,除了第一个和最后一个数据元素外,数据元素之间存在一种线性关系,是对具有单一前驱结点和后继结点关系的描述。线性表是最简单、最基本、最常用的一种线性结构,程序设计中的数组和字符串就是线性表的典型应用。线性表通常用于对大量数据元素进行随机存取的情况,基本操作包括插入、删除和查找等。

2.2.1 线性表的逻辑结构

线性表由一组具有相同属性的数据元素构成。

线性表(Linear_list)是 $n(n \geqslant 0)$ 个数据元素的有限序列,表示为 $(a_1, a_2, \cdots, a_n)$。

其中,数据元素个数 n 称为表的长度,当 $n=0$ 时,线性表为空表,表示无数据元素;若线性表为非空表,则线性表由有限 n 个数据元素组成,这里数据元素又称为线性表的结点,a_1 为开始结点,a_n 为终端结点。

线性表结构的数据元素具有相对位置有序的特点,即第 i 个元素 a_i 处在第 $i-1$ 个元素 a_{i-1} 的后面和第 $i+1$ 个元素 a_{i+1} 的前面。线性表中相邻数据元素之间存在序偶关系 $<a_i, a_{i+1}>$,即 $a_i(1<i<n)$ 是 a_{i+1} 的直接前驱结点,a_{i+1} 是 a_i 的直接后继结点,且第一个元素 a_1 无前驱结点,最后一个元素 a_n 无后继结点。

数据元素的含义广泛,在不同情况下,线性表的每个数据元素 a_i 的具体含义不同,可以是一个数值,或一个符号,或更复杂的信息。但是,同一个线性表中的数据元素必须具有相同的类型。例如英文字母表(A,B,C,…,Z)是一个长度为 26 的线性表,其中的每一个字母是一个数据元素。在一些复杂的线性表中,每一个数据元素又可以由若干个数据项组成,表 2.1 所示的学生信息登记表是一个线性表,表中每一个学生的全部信息称为一个记录,也是一个数据元素,每个记录包含学号、姓名、性别、出生年月、籍贯、专业等数据项。

线性表作为灵活的数据结构,其长度可以根据需要增减,操作也比较灵活方便。线性表的基本操作包括:

(1) Initiate_list(L)初始化:构造一个空的线性表 L。

(2) Length_list(L)求长度：计算给定的线性表 L 的数据元素个数。

(3) Get_list(L,i)存取元素：若 1≤i≤Length(L)，则函数值为给定线性表 L 中第 i 个数据元素，否则为空元素 NULL。

(4) Insert_list(L,i,x)插入：在线性表 L 中的第 i 个位置上插入元素 x，运算结果使得线性表的长度增加 1。

(5) Delete_list(L,i)删除：若 1≤i≤Length(L)，删除给定线性表 L 中的第 i 个数据元素，使得线性表的长度减 1。

(6) Locate_list(L,x)查找：对给定的值 x，若线性表 L 中存在一个元素 a_i 与之相等，则返回该元素在线性表中的位置的序号 i，否则返回 NULL(空)。

(7) Traverse_list(L)遍历：对给定的线性表 L，依次输出 L 的每一个数据元素。

线性表还有一些基于上述操作的复杂操作，例如将两个线性表连接合并为一个线性表；或将一个线性表拆分成两个或两个以上的线性表；或复制一个线性表；或将线性表中的元素排序等。

线性表主要有顺序存储结构和链式存储结构两种存储结构。

2.2.2 顺序表

在计算机中，采用一组地址连续的存储单元依次存储线性表的各个数据元素，从而使线性表中逻辑结构相邻的两个元素在物理位置上也相邻，称作线性表的顺序存储结构。采用顺序存储结构的线性表通常称为顺序表。

顺序表是一种紧凑结构，存储元素间的逻辑关系无须占用额外空间，如图 2.1 所示。

数据元素物理位置的相邻关系反映出数据元素之间逻辑上的相邻关系，在存储空间中相邻的两个元素，前驱元素一定存储在后继元素的前面。由于顺序表的所有数据元素属于同一数据类型，所以每个元素在存储器中占用的空间大小相同。

存储地址	内存空间状态	逻辑地址
Loc(a_1)	a_1	1
Loc(a_1)+(2−1)k	a_2	2
⋮	⋮	⋮
Loc(a_1)+(i−1)k	a_i	i
⋮	⋮	⋮
Loc(a_1)+(n−1)k	a_n	n

图 2.1 顺序表存储示意图

一般情况下，将顺序表第一个数据元素的存储地址表示为 Loc(a_1)，通常称作顺序表的起始地址或者基地址。每一个数据元素占 k 字节，则第 i 个元素 a_i 的存储位置为：

$$\text{Loc}(a_i) = \text{Loc}(a_1) + (i-1) * k$$

顺序表中每个元素的存储地址是该元素在表中序号的线性函数，只要确定了顺序表的起始地址，顺序表中任一数据元素都可以随机存取。

在程序设计语言中，通常利用数组表示顺序表的存储结构，原因是由于数组中所有元素的数据类型相同以及元素间的地址连续。例如 C 语言的一维数组的元素下标与顺序表中的序号相对应。二维数组按照行优先方式存储，即先存储第一行元素，再存储第二行元素……，直至存储所有行的元素。存储格式如图 2.2 所示。

顺序表的存储结构定义：

内存地址	数组元素
2C80	a[0]
2C84	a[1]
2C88	a[2]
2C8C	a[3]
2C90	a[4]

(a) 一维数组a[5]

内存地址	数组元素
2C80	a[0][0]
2C84	a[0][1]
2C88	a[0][2]
2C8C	a[1][0]
2C90	a[1][1]
2C94	a[1][2]

(b) 二维数组a[2][3]

图 2.2 数组内存分配示例

```
#define TRUE 1
#define FALSE 0
#define MAXNUM <线性表最大长度>        /*例如 100 */
Elemtype SeqList[MAXNUM];
```

其中，Elemtype 可以是任意的数据类型，如 int、float、char 等。C 语言规定数组的下标从 0 开始。

顺序表包括创建、插入、删除、查找等基本运算操作。

1. 创建

通过输入 n 个数据，产生存储这 n 个数据元素的顺序表。

算法实现：

```
void Create_list(Elemtype SeqList[],int n)
  { int i;
    for(i=0;i<n;i++)
      scanf("%d",&SeqList[i]);
  }
```

2. 插入

假设顺序表有 n 个元素 $(a_1,a_2,\cdots,a_{i-1},a_i,\cdots,a_n)$，将一个新元素 x 插入到原来顺序表的第 $i(0 \leqslant i \leqslant n-1$，C 语言规定数组下标从 0 开始) 个位置上。插入过程是：首先将第 $n-1$ 个至第 i 个元素依次后移一个元素的存储位置，空出第 i 个位置；其次将 x 插入到第 i 个位置；最后将顺序表的元素个数加 1。当 $i=n$ 时，则在顺序表的 a_n 后插入元素，无须移动元素。

算法实现：

```
int Insert_List(Elemtype SeqList[],int i,int n,ElemType x)   /*在顺序表 SeqList
```

中第 i 个数据元素之前插入一个元素 x。插入前表长 n=MAXNUM-1,i 的合法取值范围是 $1 \leqslant$

```
                i≤MAXNUM-1*/
  { int j;
    if((i<1)||(i>MAXNUM))           /*首先判断插入位置是否合法*/
     { printf("插入位置 i 值不合法");
       return(FALSE);
     }
    else
     { for(j=MAXNUM-1;j>=i-1;j--)
            SeqList [j+1]=SeqList [j] ;    /*为插入元素而移动位置*/
       SeqList [i-1]=x;                    /*C 数组的第 i 个元素的下标为 i-1*/
       n=n+1;                              /*表长度增加 1*/
       return(TRUE);
     }
  }
```

3. 删除

假设顺序表有 n 个元素($a_1,a_2,\cdots,a_{i-1},a_i,\cdots,a_n$),删除第 i($0 \leqslant i \leqslant n-1$,数组下标从 0 开始)个元素,应将第 $i+1$ 个元素至第 $n-1$ 个元素依次前移一个元素的存储位置,共移动 $n-i-1$ 个元素。顺序表的元素个数减 1。

算法实现:

```
int Delete_List (Elemtype SeqList[],int i,int n)  /*在顺序表 SeqList 中删除第 i 个
                   数据元素。i 的合法取值范围是 1≤i≤MAXNUM-1*/
  { int j;
    if((i<0)||(i>MAXNUM-1))         /*首先判断删除位置是否合法*/
     { printf("i 值不合法");
       return(FALSE);
     }
    else
     { for(j=i;j<=n-1;j++)
            SeqList [j]=SeqList [j+1];     /*为删除元素移动位置*/
       n--;                                /*表长度减 1*/
       return(TRUE);
     }
  }
```

4. 查找

假设顺序表有 n 个元素($a_1,a_2,\cdots,a_{i-1},a_i,\cdots,a_n$),查找顺序表中与给定值 x 相等的数据元素。即从第一个元素开始,依次将表中元素与 x 比较,若相等,则查找成功,返回该元素在表中的序号;若 x 与表中的所有元素都不相等,则查找失败并返回-1。

算法实现:

```
int Locate_List (Elemtype SeqList[],int n,ElemType x)   /*在顺序表中查找与 x 相等
                                                           的元素,若 SeqList [i]==x,则找到该元素,并返回 i+1,否则返回-1*/
   { i=0;                                               /*从第一个元素开始比较*/
     while((i<=n-1)&&(SeqList [i]!=x))                  /*顺序扫描表,或扫描到表尾而没找到*/
           i++;
     if(i<=n-1)
           return(i+1);                                 /*找到元素 x,返回其序号*/
         else
           return(-1);                                  /*没找到,返回-1*/
   }
```

在顺序表中的某个位置插入或删除一个数据元素时必须移动元素,以反映出结点间逻辑关系的变化。其时间主要耗费在移动元素上,而移动元素的个数取决于插入或删除元素的位置。

在表长为 n 的顺序表 $(a_1,a_2,\cdots,a_{i-1},a_i,\cdots,a_n)$ 中插入新元素时,共有 $n+1$ 个插入位置,在位置 1(元素 a_1 所在位置,数组元素下标为 0)插入元素时需要移动 n 个元素,在位置 $n+1$(元素 a_n 所在位置之后)插入元素时不需要移动元素,由于表的任意位置插入新元素的概率相等,因此在第 i 个元素之前插入一个新元素的概率为:

$$p_i = \frac{1}{n+1}, \quad i=1,2,\cdots,n+1$$

设 E_{insert} 为在长度为 n 的表中插入元素所需移动元素的平均次数,则:

$$E_{\text{insert}} = \sum_{i=1}^{n+1} p_i(n-i+1) = \frac{1}{n+1}\sum_{i=1}^{n+1}(n-i+1) = \frac{n}{2}$$

在表长为 n 的顺序表 $(a_1,a_2,\cdots,a_{i-1},a_i,\cdots,a_n)$ 中删除新元素时,共有 n 个可删除元素,删除元素 a_1 时需要移动 $n-1$ 个元素,删除元素 a_n 时不需要移动元素,等概率下删除第 i 个元素的概率为:

$$q_i = \frac{1}{n}, \quad i=1,2,\cdots,n$$

设 E_{delete} 为在长度为 n 的表中删除一个元素时所需移动元素的平均次数,则:

$$E_{\text{delete}} = \sum_{i=1}^{n} q_i(n-i) = \frac{1}{n}\sum_{i=1}^{n}(n-i) = \frac{n-1}{2}$$

通过上述分析可以看出,在顺序表中进行插入或删除一个数据元素时,平均要移动一半的数据元素。若表长为 n,则插入和删除算法的时间复杂度都为 $O(n)$。当线性表较大(数据元素个数多,且每个元素的数据项多)时,花费在移动元素上的时间较长,算法的执行效率低。所以顺序表适合处理表中数据元素变动较少的线性表。

顺序存储结构中,任意数据元素的存储地址可由公式直接导出,可以随机存取元素。程序设计语言提供的数组类型可以直接定义顺序存储结构,使程序设计十分方便。但是,顺序存储结构也存在不方便之处,主要表现在以下几个方面:

(1) 由于高级程序设计语言编译系统需要预先分配相应的存储空间,因此需要预先确定顺序表的数据元素个数(最大值)。该做法导致顺序表的存储空间不便于扩充,当顺

序表的存储空间已满,但还需要插入新元素时,将发生"上溢"错误。

(2) 为了保证顺序表中数据元素的顺序,进行插入和删除操作时需移动大量数据,对于频繁插入、删除操作的顺序表,或每个数据元素占用较大空间,都将导致系统的运行速度难以提高,使得插入与删除运算的执行效率很低。

例 2.3 将两个有序顺序表 $L_a = \{2,4,5,6,6,9\}$,$L_b = \{1,3,7,8\}$,合并为一个顺序表 $L_c = \{1,2,3,4,5,6,6,7,8,9\}$。

表 L_a 和表 L_b 中的数据元素均为有序递增,表 L_c 中的数据元素来自于 L_a 和 L_b 表。首先将表 L_c 设为空表,其次将 L_a 或 L_b 中的元素逐个插入到 L_c 中。设两个指针 i、j 分别指向表 L_a 和 L_b 中的元素(指针 i 和 j 的初值均为1),若 i 当前指向的元素为 a,j 当前指向的元素为 b,则当前应插入到 L_c 中的元素 c 为:

$$c = \begin{cases} a, & a \leqslant b \\ b, & a > b \end{cases}$$

在所指向元素插入 L_c 后,i 或 j 在 L_a 或 L_b 中顺序后移。如此进行,直到其中一个表的所有数据元素全部插入到 L_c 中,然后将未处理结束表中剩余的所有元素放到表 L_c 中。

算法实现如下:

```
void Merge_List(SeqList * La,SeqList * Lb,SeqList * Lc)
    { int i,j,k;
      int La_length,Lb_length;
      i=j=0;
      k=0;
      La_length=Length_list(La);Lb_length=Length_list(Lb);
                                                /* 取表 La,Lb 的长度 */
      Initiate_list(Lc);                        /* 初始化表 Lc */
      while(i<=La_length&&j<=Lb_length)         /* 将 La 和 Lb 的元素插入到 Lc 中 */
      { a=Get_list(La,i);
        b=Get_list(Lb,j);
        if(a<b)
                { Insert_list(Lc,++k,a);
                  i++;
                }
            else
                { Insert_list(Lc,++k,b);
                  j++;
                }
      }
      while(i<=La_length)              /* 将 La 中剩余的元素直接插入到 Lc 尾部中 */
        { a=Get_list(La,i);
          Insert_list(Lc,++k,a);
          i++;
        }
```

```
        while(j<=Lb_length)              /*将 Lb 中剩余的元素直接插入到 Lc 尾部中*/
          { b=Get_list(La,i);
            Insert_list(Lc,++k,b);
            j++;
          }
      }
```

2.2.3 链表

链接存储是最常用的存储方法之一,既可以表示线性结构,也可以表示各种非线性结构。线性表的链式存储是一种物理存储单元上非连续、非顺序的存储结构,又称为线性链表(简称链表)。

链表可以实现动态分配,无须事先申请数据元素的存储空间。各数据元素既可以连续存储也可以不连续存储,即逻辑上相邻的元素在物理位置上不一定相邻。为了正确反映元素的逻辑顺序,数据元素存储时,一方面要存储数据元素的值,另一方面也要存储各数据元素之间的逻辑顺序,即在存储每个元素的同时,存储其直接后继元素的存储位置,以指出存储元素的逻辑关系。

因此,链表中每一个存放数据元素的存储结点分为两部分:一部分用于存储数据元素的值,称为数据域;另一部分用于存储下一个数据元素的存储结点的地址(指向后继结点),称为指针域或链域。数据元素的逻辑顺序通过链表中的指针域实现。

| 数据域 |
| 指针域 |

高级语言中,通过定义结构体类型(或记录类型)建立结点结构。

链表的结点结构定义:

```
typedef struct Node
{ Elemtype data;
  struct Node * next;
} LNode, * LinkList;
```

其中,Node 为被定义结点的结构体类型名;data 为结点的数据域名;Elemtype 表示数据域 data 的类型;next 是结点的指针域名,它的类型是指向结构体 Node 的类型。例如指向结构体 Node 的指针变量 p:

```
struct Node * p;
           /*指针变量 p 指向 Node 结构,数据域内容为 p→data,指针域内容为 p→next*/
```

C 语言中利用 malloc 函数向系统申请分配链表结点的存储空间,该函数返回存储区的首地址,例如:

```
p=(LinkList)malloc(sizeof(LNode));      /*指针 p 指向一个新分配的结点*/
```

同时,利用函数 free(p)释放链表结点。

只含有一个指针域形式的链表称为单向链表,简称单链表。一个典型的非空单链表 $(a_1,a_2,\cdots,a_n)$ 如图 2.3 所示。

图 2.3 单链表结构示意图

链表的最后一个结点不再指向其他结点,称为"链尾"(尾结点),它的指针域为 NULL 值,表示链表结束。

通常,为了操作方便,在单链表的第一结点之前附设一个称为头结点的结点。头结点的数据域可以不存放任何数据,也可以存放链表的结点个数信息。头结点的指针域存储指向第一个结点的指针(即第一个结点的存储位置),带头结点单链表的头指针(head)不再指向表中第一个结点而是指向头结点。即使链表中没有任何数据元素存在(空链表),头结点始终存在。此时头结点的指针域为空(NULL 或 0,用 ∧ 表示)。单链表结构如图 2.4 所示。

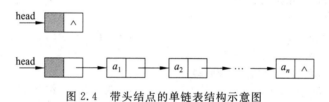

图 2.4 带头结点的单链表结构示意图

链表的各种基本操作必须从头指针开始,操作的实质是修改相关指针。假设定义变量 head 作为链表的头指针,则对该链表各结点的引用方式如下:

```
head->data              /*结点 1 的数据域*/
head->next              /*结点 1 的指针域,结果为结点 2 的地址*/
head->next->data        /*结点 2 的数据域*/
head->next->next        /*结点 2 的指针域,结果为结点 3 的地址*/
```

下面是以带头结点的单链表为数据结构的单链表实现算法。

1. 创建链表

单链表头结点的 next 域用来存放链表第一个结点的地址信息,如果此链表为空链表,这个域就被设置成 NULL 值。首先创建头结点并设置 next 域为 NULL;其次创建链表中的第一个结点,设置头结点的 next 域为此结点的内存地址,从而将此结点插到链表头;最后在第一个结点后面,重复上一步的操作,创建链表中的其他结点。

算法实现:

```
LinkList CreateList_L(LinkList L,int n)
    { int i;
      LinkList p;                                      /*头结点*/
```

```
        L=(LinkList)malloc(sizeof(LNode));        /* 头结点 */
        L->next=NULL;                              /* 空链表 */
        for(i=n;i>0;i--)
           { p=(LinkList)malloc(sizeof(LNode));    /* 创建新结点 */
             scanf("%d",&p->data);                 /* 设置新结点的值 */
             p->next=L->next;    /* 新结点指向当前链表的第一个结点 */
             L->next=p;         /* 将新结点插入到链表最前边,成为第一个结点 */
           }
        return L;                                  /* 函数返回头结点地址 */
    }
```

2. 遍历链表

遍历链表时,首先要获得第一个结点的地址,然后根据第一个结点获得第二个结点地址,以此类推,访问所有结点的地址。

算法实现:

```
void ListDisp_L(LinkList L)
    { LinkList p;
      p=L->next;                     /* 获得第一个结点的地址 */
      while(p)
      { printf("%d\n", p->data);
        p=p->next;                   /* 获得下一个结点的地址 */
      }
    }
```

3. 插入结点

链表中要插入一个结点,根据插入的位置不同,分为表头插入、表中插入及表尾插入,表头插入只需将头指针赋值给插入结点的地址域,并令头指针指向该插入结点。表尾插入时,令插入结点的地址域为 NULL,并将该结点地址(malloc 函数分配)赋值给原链表的最后一个结点的地址域。插入时,首先获取第一个结点的地址,从该地址开始搜索插入结点的位置;其次,创建新的结点,将当前结点的 next 域信息存储到新创建结点的 next 域,将新结点的地址存储到当前结点的 next 域中,如图 2.5 所示。

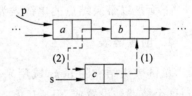

图 2.5 单链表的插入

算法实现:

```
LinkList ListInsert_L(LinkList L,int i,Elemtype newnode)
    { LinkList p=L;
      LinkList s;
      int j=0;
      while(p&&j<i-1)
         { p=p->next;
```

```
            j++;
        }
    if(!p||j>i-1)   /*如果要插入的结点小于1或大于当前链表结点个数,返回错误信息*/
        {  printf("位置小于1或大于表长。\n");
            return L;
        }
    s=(LinkList)malloc(sizeof(LNode));     /*创建新结点并插入此结点*/
    s->data=newnode;
    s->next=p->next;
    p->next=s;
    return L;
    }
```

4. 删除结点

删除链表中的结点,需要获得第一个结点的地址,以此找到将被删除结点的位置;保存被删除结点的地址,并将被删除结点的后继结点的地址存储到其前驱结点的指针成员中;释放删除结点的内存,如图2.6所示。

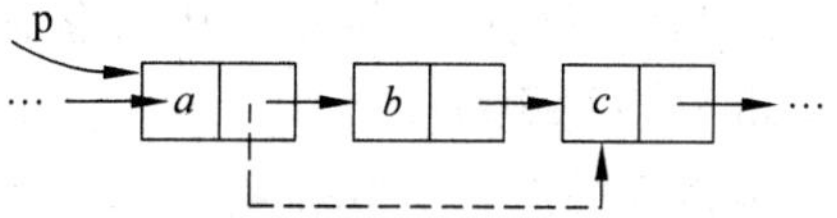

图2.6 单链表的删除

算法实现:

```
LinkList ListDelete_L(LinkList L,int i)
    {  LinkList p=L;
        LinkList s;
        int j=0;
        while(p->next&&j<i-1)
            {  p=p->next;
                j++;
            }
        if(!(p->next)||j>i-1)    /*如果要删除的结点小于1或大于当前链表结点个数*/
            return L;
        s=p->next;
        p->next=s->next;
        free(s);                 /*释放被删除结点所占据的存储空间*/
        return L;
    }
```

由于链式存储结构不是随机存储结构,不能直接存取单链表中的某个结点。当链表中插入与删除某个结点时,必须从链表的头结点开始一个一个地向后查找。虽然在单链表中插入或删除结点不需要移动其他结点,但寻找第 $i-1$ 个或第 i 个结点的时间复杂度为 $O(n)$。

链式存储结构克服了顺序存储结构的缺点,链表结点空间可以动态申请和释放;数据元素的逻辑次序通过结点的指针指示,插入和删除等运算操作无须移动数据元素。但是

41

链式存储结构也有不足之处:

(1)每个结点中的指针域需额外占用存储空间。当每个结点的数据域所占字节很少时,指针域所占存储空间的比重显得很大。

(2)链式存储结构是一种非随机存储结构。对任一结点的操作都要从头指针依指针链查找到该结点,增加了算法的复杂度。

根据结点中指针的实现方式(即结点链接方式),还有双链表、循环链表、静态链表等几种链表结构。

1. 双链表

单链表的每个结点只有一个指示后继结点的指针域,从任何一个结点都能通过指针域找到它的后继结点,在单链表中查找某结点的后继结点的执行时间为 $O(1)$。但是,如果需要查找该结点的前驱结点,则需要从表头重新查找,查找其前驱结点的执行时间为 $O(n)$。

为了从线性表中快速确定某一个结点的前驱与后继结点,较好的解决方法是对线性表的每个结点设定两个指针域:一个指针(next)指向该结点的后继结点,另一个指针(prior)指向它的前驱结点。从而形成的链表包含两条不同方向的链,称为双(向)链表(Double Linked List)。

双链表结点的基本结构如下:

前驱指针域 (pront)	数据域 (data)	后继指针域 (next)

双链表的结构定义:

```
typedef struct node
{   Elemtype data;
    struct node * pront, * next;
} dlnodetype;
```

其中,pront 和 next 指针域分别表示当前结点的直接前驱和直接后继。与单链表类似,双链表也是由头指针唯一确定,增加头结点能使双链表的某些运算变得方便。其结构如图 2.7 所示。

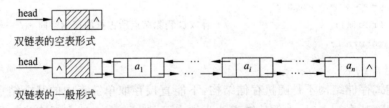

图 2.7 单循环链表结构示意图

若 p 为指向双链表中的某一个结点 a_i 的指针,则有:

```
p->next->pront==p->pront->next==p
```

双链表的计算表长度、存取元素以及查找等操作,仅涉及一个方向的指针,其算法与单链表的操作相同。但是在进行插入和删除操作时,则需要同时修改两个方向上的指针。

在双链表中插入结点 s 时,首先搜索插入位置,找到第 i 个结点,然后申请新结点并改变链接。操作过程如下:

(1) s->front=p->front;   /* 指针 p 指向找到的结点 i */
(2) p->front->next=s;   /* 或者表示为 s->front->next=s; */
(3) s->next=p;
(4) p->front=s;

在双链表中删除结点 s 时,首先找到删除结点并由 p 指示,改变链接,释放被删结点 p。操作过程如下:

(1) p->front->next=p->next;
(2) p->next->front=p->front;

双链表的插入和删除操作算法的时间复杂度均为 $O(n)$。操作时指针变化如图 2.8 所示。

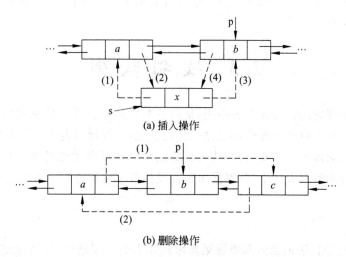

图 2.8　双链表的插入/删除操作示意图

2. 循环链表

循环单链表(circular linked list)是将单链表的表中最后一个结点的指针域由 NULL 改为指向链表的表头结点,从而形成一个首尾相接的链表,简称循环链表。

在循环单链表中,整个链表形成一个环,这样从表中任一结点出发都可找到表中其他的结点。为了使操作实现方便,也可在循环单链表中设置一个头结点。空循环链表仅由一个自成循环的头结点表示。带头结点的循环单链表结构如图 2.9 所示。

循环单链表的操作算法与单链表的操作算法类似,差别在于算法中的条件:单链表中为 p!=NULL 或 p->next!=NULL;而循环单链表中应改为 p!=head 或 p->next!=head。

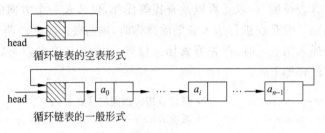

图 2.9　循环单链表结构示意图

在循环单链表中,除了头指针 head 外,有时还增加一个尾指针 rear,尾指针指向最后一个结点,从最后一个结点的指针又可立即找到链表的第一个结点。尾指针代替头指针使得某些操作更简单。如用头指针表示的循环单链表中,查找开始结点 a_1 的时间复杂度是 $O(1)$,而查找终端结点 a_n,则需要从头指针开始遍历整个链表,其时间复杂度是 $O(n)$。如果利用尾指针表示循环单链表,则开始结点和终端结点的存储位置分别是 rear→next→next 和 rear,查找时间复杂度都是 $O(1)$。

循环双链表是令头结点的前驱指针指向链表的最后一个结点,令最后一个结点的后继指针指向头结点。

2.3　栈和队列

栈和队列的逻辑结构与线性表相同,是两种特殊的线性表。栈按照"后进先出"规则在表的一端进行插入或删除操作,队列按照"先进先出"规则在表的一端进行插入操作,而在另一端进行删除操作。因此,栈和队列也称之为操作受限的线性表。堆栈技术被广泛应用于编译软件和程序设计中,队列技术则在操作系统和事务管理中广泛应用。

2.3.1　栈

栈(stack)将线性表的插入和删除运算限制在表的一端进行,是通过访问它的一端实现数据存储和检索的一种线性数据结构。例如学校食堂的快餐盘,洗净后一个接一个地摞在一起存放(线性结构),使用时,若一个一个地取快餐盘,一定最先取走最上面的那个快餐盘,最后取出最下面的那个快餐盘。在程序设计中,栈通常用于数据逆序处理,如对数据进行首尾元素互换的排序操作、函数递归调用时返回地址的存放、编译过程中的语法分析等。

顺序表中允许进行插入、删除操作的一端称为栈顶(top),栈顶的当前位置随插入或删除运算可动态变化,并由一个称为栈顶指针的位置指示器指示。与之对应,表中不能操作的另一端被称为栈底(bottom)。

栈的插入操作通常称为入栈或进栈(push),而栈的删除操作则称为出栈或退栈(pop)。当栈中无数据元素时,称为空栈。

设栈中有元素序列 $S=\{a_1,a_2,a_3,\cdots,a_n\}$,数据元素以 $a_1,a_2,a_3,\cdots,a_n$ 的顺序入栈

(a_1 为栈底,a_n 为栈顶),而以 $a_n,\cdots,a_3,a_2,a_1$ 的次序出栈。通常用指针 top 指示栈顶的位置,用指针 bottom 指向栈底。栈顶指针 top 动态反映栈的当前位置,如图 2.10 所示。

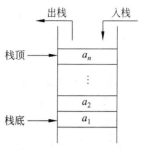

根据栈的定义,栈顶元素总是最后入栈的,即每次进栈的元素都被放在原栈顶元素之上而成为新的栈顶,而优先出栈的总是最后进栈的元素。而栈底元素则最先入栈,最后出栈。所以,栈按照先进后出(First In Last Out,FILO)的原则组织数据,又称为"先进后出"线性表。

栈既可采用顺序存储结构存储(顺序栈),也可使用链式存储结构存储(链栈)。

图 2.10 栈的示意图

顺序栈利用一组地址连续的存储单元依次存放自栈底到栈顶的数据元素。因此可以使用一维数组作为栈的顺序存储空间。由于栈操作的特殊性,设指针 top 指向栈顶元素的当前位置,动态地指示栈顶元素在顺序栈中的位置;将数组下标小的一端作为栈底。

栈的顺序存储结构定义:

```
#define TRUE 1
#define FALSE 0
#define MAXNUM <最大元素数>
typedef struct
   { StackElementType stack[MAXNUM];    /*用来存放栈中元素的一维数组*/
     int top;                            /*用来存放栈顶元素的下标*/
   } SeqStack;
```

使用 C 语言的一维数组处理栈时,应设栈顶指针 top=-1 时为空栈(C 语言规定下标从 0 开始)。当数据元素进栈时指针 top 不断地加 1,当 top 等于数组的最大下标值时栈满。顺序栈中数据元素与栈顶指针的变化如图 2.11 所示。

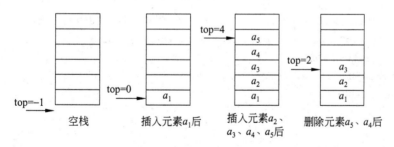

图 2.11 顺序栈中数据元素与栈顶指针的变化示意图

链栈采用链式存储结构表示。链栈实质是一个只允许在表头进行插入和删除操作的单链表。链栈的各种基本运算的实现过程与单链表的处理类似,应注意使用链栈结束后需要释放其空间。

链栈的栈底就是单链表的最后一个结点,栈顶总是单链表的第一个结点。新入栈的元素作为链表新的第一个结点,只要系统还有存储空间,就不会发生栈满的情况。

链栈的结点结构定义:

```
typedef struct Stacknode
    {
        StackElementType data;
        Struct Stacknode * next;
    } LinkStackNode;
```

链栈中数据元素与栈顶指针 top 的关系如图 2.12 所示。

链栈的单链表的表头指针称为栈顶指针(top)，一个链栈可由 top 唯一确定，top 始终指向当前栈顶元素前面的头结点。当 top 为 NULL(top->next=NULL)时为空栈。

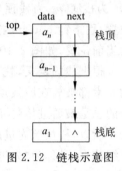

图 2.12 链栈示意图

栈的应用非常广泛。例如有 T1、T2、T3 三列火车需要按顺序进入一个单站台的车站，并且进站过程中允许已进站的火车出站，则 T1、T2、T3 可能的出站序列为：

(1) T1(I)→T1(O)→T2(I)→T2(O)→T3(I)→T3(O)；
(2) T1(I)→T1(O)→T2(I)→T3(I)→T3(O)→T2(O)；
(3) T1(I)→T2(I)→T2(O)→T1(O)→T3(I)→T3(O)；
(4) T1(I)→T2(I)→T3(I)→T3(O)→T2(O)→T1(O)；
(5) T1(I)→T2(I)→T2(O)→T3(I)→T3(O)→T1(O)。

使用顺序栈时，由于对栈空间大小难以准确估计而有可能造成栈满溢出。采用链栈不必预先估计栈的最大容量。

栈的基本运算包括：初始化、栈的非空判断、入栈、出栈、取栈顶元素以及置栈空操作等。下面是关于顺序栈的基本运算算法。

1. 初始化栈

将未初始化的栈 s 初始化为新的栈(空栈)。

算法实现：

```
int initStack(SeqStack * s)                /*创建一个空栈由指针 s 指出*/
{   if((s=(SeqStack *)malloc(sizeof(SeqStack)))==NULL)
        return FALSE;
    s->top=-1;
    return TRUE;
}
```

2. 入栈

在栈 s 的顶部插入数据元素 x，如果栈满，则返回 FALSE；否则，返回 TRUE。

算法实现：

```
int push(SeqStack * s,Elemtype x)          /*将元素 x 插入到栈 s 中,作为 s 的新栈顶*/
{   if(s->top>=MAXNUM-1)
        { printf("上溢!\n");
          return FALSE;                    /*栈满*/
```

```
            }
        else
            { s->top++;                    /*栈指针增1*/
              s->stack[s->top]=x;          /*将 x 赋给栈顶元素*/
              return TRUE;
            }
    }
```

3. 出栈

如果栈 s 非空,从栈顶中弹出该元素(删除栈顶元素),否则给出相应信息。出栈操作的实质是将栈顶指针下移。

算法实现:

```
void pop(SeqStack * s)                     /*若栈 s 非空,删除栈顶元素*/
{   if(s->top<0)
        printf("下溢!\n");                 /*栈空,显示相应信息*/
    else
        s->top--;                          /*栈指针减 1,即栈顶为下一个元素*/
}
```

4. 取栈顶元素

若栈 s 非空,函数返回栈顶元素;否则,返回 NULL 值。

算法实现:

```
Elemtype gettop(SeqStack * s)              /*若栈 s 非空,则返回栈顶元素*/
{   if(s->top<0)
        {   printf("下溢!\n");             /*栈空,显示相应信息*/
            return NULL;
        }
    else
        return(s->stack[s->top]);          /*返回栈顶元素*/
}
```

取栈顶元素与出栈不同之处在于出栈操作改变栈顶指针 top 的位置,而取栈顶元素操作不改变栈的栈顶指针。

5. 判断栈是否为空

若栈 s 非空,则返回 TRUE;否则,返回 FALSE。

算法实现:

```
int Empty(SeqStack * s)                    /*栈 s 为空时,返回 TRUE;非空时,返回 FALSE*/
{   if(s->top<0)
        return TRUE;
```

```
        else
            return FALSE;
}
```

6. 置栈为空栈

算法实现：

```
void setEmpty(SeqStack * s)        /*将栈 s 的栈顶指针 top,置为-1*/
{   s->top=-1;
}
```

无论顺序栈亦或链栈，存储结构和基本操作上都类似于线性表，尽管在操作上有所限制，但其算法比较容易实现。

例 2.4 分析计算机系统如何实现阶乘计算的递归方法。

采用递归方法求解阶乘问题，可以根据阶乘公式 $n!=n(n-1)!$，将求解 $n!$ 的问题转化为求 $(n-1)!$ 的问题，求 $(n-1)!$ 的问题转化为求 $(n-2)!$ 的问题，以此类推，n 越来越小，当 $n=1$ 时，$1!$ 为 1（确定数据）。根据 $2!=2\times 1!$ 可以计算出 $2!$ 的结果，依次是 $3!$ 的结果……最终得到 $n!$ 的结果。计算 $n!$ 的递归公式：

$$n! = \begin{cases} 1, & n=0,1 \\ n\times(n-1)!, & n>1 \end{cases}$$

保证当 $n==0$ 或 $n==1$ 时完成正向分解。如果不能保证经过有限步骤完成此分解过程，则造成死递归。

算法实现（C 语言描述）：

```
long fac(int n)                    void main()
    { long m=1;                       { int n=0;
      if(n==0||n==1)                    long m=1;
         m=1;                           scanf("%d",&n);
      else                              m=fac(n);
         m=n*fac(n-1);                  printf("%d!=%ld",n,m);
      return m;                       }
    }
```

如果通过 scanf 函数得到输入变量 n（假设输入 4），程序的递归调用执行过程如图 2.13 所示。

其中，fac 函数共被调用 4 次，即 fac(4)、fac(3)、fac(2)、fac(1)。其中，fac(4)为主函数调用，其他的则作为 fac 函数内的调用。与每次调用相关的一个重要概念是递归函数运行的"层次"。假设调用该递归函数的主函数为第 0 层，则从主函数调用递归函数为进入第 1 层；从第 i 层递归调用本函数为进入"下一层"，即第 i+1 层。每一次递归调用只是进一步地深度递归调用，并未立即得到结果，直到 n=1 或 n=0 时，函数 fac 才有结果（为 1）。然后再一一回退计算，退出第 i 层递归应返回至"上一层"，即第 i-1 层，当回退到第 0 层时，得到最终结果。

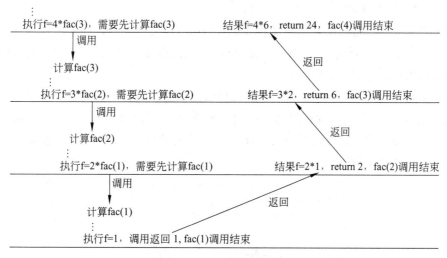

图 2.13 fac 函数的递归调用过程

计算机系统处理上述过程时,需要正确处理执行过程中的递归调用层次以及返回路径,即保存每一次递归调用时的返回地址。因此,系统需设立一个递归工作栈作为整个递归函数运行期间使用的数据存储区。每层递归所需信息构成一个工作记录(包括所有的实际参数、所有局部变量以及上一层的返回地址)。每进入一层递归,都将产生一个新的工作记录压入栈顶。每退出一层递归,也将从栈顶弹出一个工作记录。因此,递归工作栈栈顶的工作记录为活动记录,由栈顶指针指示。系统动态保存工作记录的处理原则为:

(1) 在开始执行程序前,建立一个栈,初始状态为空。
(2) 当发生调用(递归)时,将当前的被调用函数的返回地址插入到栈顶。
(3) 当调用(递归)返回时,从栈顶取出其返回地址。

根据以上的原则,递归调用 n 值变化时栈中的元素变化状态如图 2.14 所示。

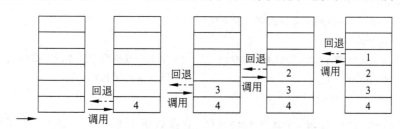

图 2.14 递归调用时栈的状态变化

由于递归工作栈由系统管理,无须用户关注,使用递归方法编写程序非常方便。

2.3.2 队列

队列(queue)是另一种操作受限的线性数据结构,它只允许在表的一端插入元素,而在表的另一端删除元素。日常生活中队列很常见,例如人们排队购物或购票,最早进入队列的人最早离开,新来的人总是排到队尾。

对于表中只允许进行删除的一端称为队头(front),只允许进行插入的一端称为队尾(rear)。队列的插入操作称为入队(列)或进队,队列的删除操作则称为出队(列)或退队。当队列中无数据元素时,称为空队列。

假若队列 q=$\{a_1, a_2, \cdots, a_{n-1}, a_n\}$,进队列的顺序为 $a_1, a_2, \cdots, a_{n-1}, a_n$,则队头元素为 a_1,队尾元素为 a_n。退出队列按照同样的次序依次出队,只有在 $a_1, a_2, \cdots, a_{n-1}$ 都离开队列之后,a_n 才能退出队列。通常用指针 front 指示队头的位置,用指针 rear 指向队尾。队列的示意图如图 2.15 所示。

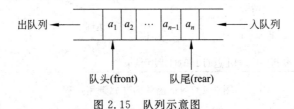

图 2.15 队列示意图

队列按照"先进先出"(First In First Out,FIFO)的原则组织数据,又被称为"先进先出"表。队头元素总是最先入队,最先出队;队尾元素总是最后入队,最后出队。

同栈一样,队列同样可以采用顺序存储结构存储(顺序队列)和链式存储结构存储(链队)。

顺序队列利用一组地址连续的存储单元存放队列中的数据元素。由于队列中元素的插入和删除操作限定在表的两端进行,因此为队列设置两个指针:队首指针(front,指示队首元素位置)和队尾指针(rear,指示队尾元素位置)。

队列的顺序存储结构定义:

```
#define TRUE 1
#define FALSE 0
#define MAXNUM <队列中允许最多元素个数>
typedef struct
{   QueueElementType queue[MAXNUM];     /*用来存放队列中元素的一维数组*/
    int front,rear;                     /*队首和队尾指针*/
} SeqQueue;
```

当初始化队列时,可设 front=rear=0(C 语言数组下标从 0 开始)。为了降低运算的复杂度,在顺序队列中插入新数据元素时,只需修改队尾指针(rear 加 1),新插入的元素称为新的队尾,入队时必须保证队列仍存在可以容纳新元素的空间,否则队列将产生队列满上溢。队首元素出队时,同样只需修改队首指针(front 加 1)。原来队首的直接后继元素称为新的队首,出队时必须保证队列不能为空(front=rear),否则也将产生溢出。因此,在非空顺序队列中,队首指针始终指向当前的队首元素,而队尾指针始终指向真正队尾元素后面的单元。队列的顺序存储结构及出入队列操作如图 2.16 所示。

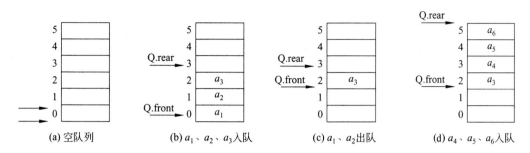

图 2.16　顺序队列的头、尾指针与队列元素之间的关系

链队采用链式存储结构存储队列元素。当用户无法预计所需队列的最大空间时,可采用链队方式,链队不存在队列满上溢的现象。

链队只允许在单链表的表头进行删除操作,表尾进行插入操作。设定队首指针 front 和队尾指针 rear 分别指向队列的队首和队尾。为了便于操作,采用带有头结点的链表结构,并令队首指针始终指向头结点,队尾指针指向当前最后一个元素。因此,链队列为空时队首指针和队尾指针的值相同,且均指向头结点。

链队的结点结构定义:

```
typedef struct node
    { QueueElementType queuedata;
      struct node * next;
    }QNODE;
QNODE * front, * rear;
```

链队的存储结构如图 2.17 所示。

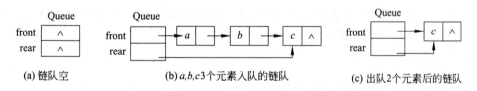

图 2.17　链队的头、尾指针与队列元素之间的关系

队列在计算机系统中的应用非常广泛。如操作系统中的作业排队问题,在允许多道程序运行的计算机系统中,可以同时有几个作业运行,它们运行的结果需要通过通道输出,因此,凡是申请输出的作业根据请求输出的先后次序进行作业排队。若通道尚未完成输出,后来的作业从队尾进入队列等待,每当通道完成一个输出,就从队列的队头取出作业进行输出操作。

队列的基本操作包括:队列初始化、队列非空判断、入队、出队、读取队头元素操作、队列置空操作、队列销毁操作、计算队列长度等。下面是关于顺序队列的基本运算算法。

1. 初始化

创建由指针 q 指示的一个空队列,并将队首指针 front 和队尾指针 rear 均设置为 0 值。

算法实现:

```
void initQueue(SeqQueue * q)
{   q->front=q->rear=0;
}
```

2. 入队

在队列 q 不满的条件下,先将元素 x 插入到队尾指针位置,使元素 x 成为新的队尾,然后将队尾指针 rear 增加 1。若在队列 q 的队尾成功插入 x,返回值为 TRUE,否则返回值为 FALSE。若队列满,则不进行入队,返回 FALSE。

算法实现:

```
int appendQ(SeqQueue * q,QueueElementType x)
{   if(q->rear>=MAXNUM-1)
        return FALSE;                    /*队列上溢出*/
    q->queue[q->rear]=x;                 /*新元素 x 赋给队尾指针*/
    q->rear++;                           /*队尾指针后移*/
    return TRUE;                         /*若原队列为空队列,将队首指针置 1*/
}
```

3. 出队

若队列 q 非空,则指向队首元素并从队首删除该元素(队列 q 的队首元素出队),改变队首指针指向原队首的直接后继元素,返回原队首元素。

算法实现:

```
QueueElementType deleteQ(SeqQueue * q)
{   QueueElementType x;
    if(q->rear==q->front)
        return NULL;                     /*队列空的情况*/
    else
        {x=q->queue[q->front];
         ++q->front;
        }
    return x;
}
```

4. 读取队首元素

若队列 q 非空,返回队首元素;否则返回 NULL。

算法实现:

```
QueueElementType getHead(SeqQueue * q,QueueElementType x)
{   if(q->rear==q->front)
        return NULL;                         /*队列空*/
    else
        x=q->queue[q->front];
    return(x);
}
```

5. 判断队列非空

若队列 q 非空,则返回 TRUE;否则返回 FALSE。
算法实现:

```
int Empty(SeqQueue * q)
{   if(q->front==q->rear)
        return TRUE;
    return FALSE;
}
```

6. 计算队列长度

计算队列的长度即统计队列中元素的个数,并返回统计结果。
算法实现:

```
int length(SeqQueue * q)
{   int x;
    x=(q->rear)-(q->front);
    return(x);
}
```

顺序队列的存储空间是指定的一组地址连续的存储单元(如利用一维数组 queue[MAXNUM]),用于依次存放从队首到队尾的元素。因此,当队尾指针已经执行超出队列定义的最大存储空间时,若仍有元素入列,队列将发生"上溢出"。

然而,由于顺序队列中的队首和队尾位置的动态变化,随着部分元素的出队,数组前面会出现一些空单元。例如在图 2.16(d)中,虽然队尾指针已经指向超出最后一个位置的地方,但事实上队列中还有 2 个空位置。由于不能使用队尾指针实现新元素的入队操作,使得上述空单元无法使用。于是出现队列中有存储空间但无法使新元素入队的"假溢出"现象。解决"假溢出"的方法有以下两种。

(1) 采用平移法解决"假溢出"。即当发生假溢出时,将当前队列的所有元素平移到初始队列存储区域,然后使用队尾指针插入新元素。这种方法需要移动大量元素,实现效率低。

（2）构建循环队列，通过整除求余运算将顺序队列假想为一个首尾相接的环状队列，称为循环队列，如图 2.18 所示。

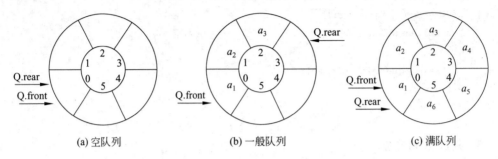

(a) 空队列　　　　　　(b) 一般队列　　　　　　(c) 满队列

图 2.18　循环队列的头、尾指针与队列元素之间的关系

循环队列结构定义：

```
#define MAXNUM <队列中允许最多元素个数>
typedef struct
{   Elemtype queue[MAXNUM];
    int front;              /*队头指示器*/
    int rear;               /*队尾指示器*/
    int flag;               /*队列标志位*/
}Seqqueue;
```

然而，当队列空和队列满时，循环队列的队首指针和队尾指针的指向完全一样。为了区分循环队列空和队列满，一般采用两种处理方式：

（1）在循环队列中牺牲一个数据元素空间，当队尾指针所指向位置的下一个位置是队首指针时，即 (rear+1)％MAXNUM=front；表示队列已满。

（2）设置一个标志位，利用标志值区分当 q->front = q->rear 时队列是空或是满。例如，flag=0 时为空队列，flag=1 时队列非空。

当循环队列中的第 MAXNUM-1 个位置被占用以后，如果队列的前端还有可用空间，假想 q->queue[0] 接在 q->queue[MAXNUM-1] 的后面，新元素可插入到第一个位置 queue[0] 上。采用循环队列方法不需要移动元素，操作效率和空间利用率都很高。

假设循环队列的容量为 MAXNUM，初始时队列为空，且 q->front = q->rear=0。

对于非满、非空的循环队列，插入一个新元素时，修改队尾指针沿顺时针方向移动一个位置。"即 rear=(rear+1)％ MAXNUM；删除一个元素时，就把队首指针沿顺时针方向移动一个位置。即 front=(front+1)％ MAXNUM；当因出队操作导致队列变空时，则有 q->front = q->raer；当入队操作导致队列满时，也有 q->front = q->rear。

2.4 串 与 数 组

计算机处理的对象分为数值数据和非数值数据,字符串是最基本的非数值数据。计算机中通常将串作为一个整体进行处理,广泛应用于语言编译、信息检索、文字编辑等领域。在高级语言中,既可以利用字符数组描述字符串的存储结构,也可以利用二维数组解决科学计算中的矩阵问题。

2.4.1 串

串是字符串的简称,它的数据元素仅由一个字符组成,是一种取值范围受限的特殊线性表。串具有自身的特点,程序中将串作为一个整体处理而不是单个字符处理。

串是由零个或多个字符组成的有限序列,通常记作:

$$s = "a_1 a_2 \cdots a_n" \quad (n \geqslant 0)$$

其中,s 是串名,用双引号(C 语言规定)括起来的部分是串值,$a_i(1 \leqslant i \leqslant n)$ 可以是字母、数字或其他字符,串中所含的字符个数 n 称为串的长度。双引号为串值的定界符,不是串的一部分,作用是避免与变量名或常量混淆。

串有以下几种特殊形式:

(1) 空串(Null string):长度为 $0(n=0)$ 的串,空串不包含任何字符。通常以两个相邻的双引号表示空串,如:s=""。

(2) 子串:由一个串序列中任意长度的连续字符组成的子序列称为该串的子串,包含该子串的串称为主串。一个字符在串序列中的序号为该字符在串中的位置,子串在主串中的位置是指子串首次出现时该子串的第一个字符在主串中的位置。空串是任意串的子串。例如,串 A="Shenyang China",B="Shenyang",C="China",则它们的长度分别为 14、8 和 5。B 和 C 是 A 的子串,B 在 A 中的位置是 1,C 在 A 中的位置是 10。

(3) 空格串:仅由空格组成的串,如 s=" "。空格也是一个字符,如果串中含有空格,计算串长时,空格应计入串的长度中,如 s="I'm a student"的长度为 13。"空格串"和"空串"是两个不同的概念。

串值的存储是指存储该串的字符序列。C 语言中采用两种方式存储串值:

(1) 定义字符型数组存储字符串,数组名就是串名,编译时分配串的存储空间,程序运行时不能更改。这种方式为串的静态存储,采用顺序存储结构。

(2) 定义字符指针变量,存储串值的首地址,通过字符指针变量访问串值,程序运行时动态分配串的存储空间,这种方式称为串的动态存储,采用链式存储结构和堆存储结构。

顺序存储采用一组地址连续的存储单元存储串的字符序列。一个字符只占 1 个字节,然而目前多数计算机的存储器地址采用字编址,即一个字(一个存储单元)占多个字节,因此串有紧缩和非紧缩两种顺序存储结构。

紧缩格式采用一个字节存储一个字符。该存储方式可以在一个存储单元中存放多个字符,充分地利用了存储空间。但在串的操作运算时,若要分离某一部分字符时,则变得非常困难。

非紧缩格式采用一个存储单元存放 1 个字符。该方式以浪费存储空间为代价,方便了操作运算。

例如一个字(4 个字节)作为一个存储单元可以存放 4 个字符。字符串"data structure"的存储长度为 15(C 语言中采用字符'\0'作为串值的结束符,占 1 个字节),采用紧缩格式时,只需 4 个存储单元。采用非紧缩格式时,则需要 15 个存储单元。

当采用字符数组存放字符串时,串的顺序存储结构定义:

```
typedef struct
{   char string[MAXNUM];      /*存放字符串,最大串长度为 MAXNUM*/
    int length;               /*存放串长度*/
} Seqstring;
```

利用顺序存储结构存储串时,需要在程序运行前预先定义串的最大长度。

串的各种运算与串的存储结构有着很大的关系,如随机取子串运算,顺序存储方式使得操作比较方便,但对串进行插入、删除等操作时会变得很复杂。此外,由于预定义了串的最大长度,不可改变,如果出现串值序列的长度超过指定的最大长度 MAXNUM 时,将丢弃超出 MAXNUM 部分的字符序列,使得串的某些操作受限。

串的链式存储采用单链表,每个结点包含字符域和指针域,字符域存放字符,指针域存放指向下一个结点的指针。由于串的每个元素只有一个字符,链式存储时,每个结点既可以存放一个字符,也可以存放多个字符。但两者在存储密度和算法实现上有着很大的区别。

存储一个字符的单链表的结构定义:

```
typedef struct Snode
  { char data;
    struct Snode * next;
  }Snodetype;                 /*与线性链表结点结构相同*/
```

每个结点仅存储一个字符,由于每个结点的指针域所占空间大于字符域所占空间,造成存储空间的浪费。然而链表的存储密度较小,形式简单,只需用修改有关结点的链域就可以实现串的插入和删除操作。

为提高存储空间的利用率,一般采用每个结点存放四个字符的链表方式,每个结点称为块,整个链表称为块链结构。

存放四个字符的单链表结构定义:

```
#define NODENUM 4             /*每个结点四个字符 */
typedef struct Snode
  { char data[NODENUM];
    struct Snode * next;
  }Snodetype;
```

例如串 string="data structure"的两种链式存储结构如图 2.19 所示。

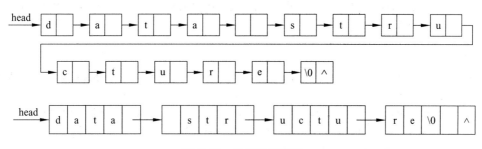

图 2.19 串的存储结构

显然,一个结点存放一个字符的单链表所占的存储空间远比一个结点存放四个(甚至更多个)字符所占的存储空间大。也就是说,一个结点存放数个字符的存储效率要远高于一个结点存放一个字符。但高效率的存储结构,又必将给算法设计带来不便并将影响算法的时间效率。

尽管串的逻辑结构和线性表极为相似,然而串作为数据元素已约束为字符的一种特殊线性表,基于其逻辑结构的基本运算与线性表有着很大差别:在串的基本运算中,操作对象是串或子串这样的一个整体,而不是多个数据元素(线性表)。串的基本运算包括复制、连接、计算串长、计算子串、判断子串在主串中出现的位置、判断两个串是否相等、删除子串等。下面是关于顺序串的基本运算。

1. 串的复制

字符串复制(拷贝)是将待复制的字符串 str2 复制到指定的 str1 中。当 str2 是一个字符串常量时,又称字符串赋值。函数中应保证 str1 的长度大于等于 str2 的长度。

算法实现:

```
void StrCopy(Seqstring * str1,Seqstring * str2)      /*将 str2 复制到 str1 中*/
{   int i;
    for(i=0;str2.string[i]!='\0';i++)
        str1.string[i]=str2.string[i];
    str1.string[i]='\0';
    str1.length =str2.length;
}
```

2. 串的连接

两个字符串连接时,首先需要确定前一个串 str1 的结束符'\0'的位置,并从该位置开始复制后一个串 str2(包括 str2 的结束符'\0')。串进行连接时,要注意以下三种情况:

(1) 如果连接后串长小于或等于 MAXSIZE,则直接将 str2 加在 str1 的后面。

(2) 如果连接后串长大于 MAXSIZE,并且原 str1 串的长度 str1.length 小于 MAXSIZE,

则 str2 将有超出(str1.length+str2.length−MAXSIZE)部分的字符被舍弃。

（3）如果连接后串长大于 MAXSIZE，并且原 str1 串的长度 str1.length=MAXSIZE，则将舍弃 str2 的全部字符（不连接）。

算法实现：

```
int StrConcat(Seqstring * str1,Seqstring * str2)      /*将串 str2 连接在串 str1 之后*/
{ int i,flag;
  if(str1.length+str2.length<=MAXSIZE)              /*连接后串长小于 MAXSIZE*/
    { for(i=str1.length;i<str1.length+str2.length;i++)
        str1.string[i]=str2.string[i-str1.length];
      str1.length+=str2.length;
      flag=1;
    }
  else if(str1.length<MAXSIZE)
                          /*连接后串长大于 MAXSIZE,但串 str1 的长度小于 MAXSIZE*/
    { for(i=str1.length;i<MAXSIZE;i++)
        str1.string[i]=str2.string[i-str1.length];
                          /*串 str2 的部分字符序列将被舍弃*/
      str1.length=MAXSIZE;
      flag=0;
    }
  else
    flag=0;               /*串 str1 的长度等于 MAXSIZE 时,串 str2 不被连接*/
  return(flag);
}
```

3. 串的比较

两个字符串的比较用以确定两个字符串之间存在的大于、小于或等于的关系。判定的条件以字符的 ASCII 码为标准。当两个串的长度相同，且每一个对应位置上的字符一致时，表示这两个串相等；当出现第一个对应位置上的字符不一致时，比较该位置上两个字符的 ASCII 码值的大小，若 str1 串字符的 ASCII 码值大于 str2 字符的 ASCII 码值，表示 str1 串大于 str2 串；否则，表示 str1 串小于 str2 串。

算法实现：

```
int StrCompare(Seqstring * str1, Seqstring * str2)   /*比较 str1 和 str2 的大小,若
           str1 和 str2 相等,返回 0;若 str1 大于 str2,返回正数;若 str1 小于 str2,返
           回负数*/
{ int i;
  for(i=0;i<str1.length&&i<str2.length;i++)
    if(str1.string[i]!=str2.string[i])
      return(str1.string[i]-str2.string[i]);
  return(str1.length-str2.length);
}
```

4. 串长度的计算

计算字符串的长度既是统计字符串 str 中字符的个数(不包括'\0'),并返回统计值,若 str 为空串,则返回值为 0。

算法实现：

```
int StrLength(Seqstring * str)          /*返回串 str 的长度*/
{
    return(str.length);
}
```

5. 子串的提取

针对字符串 str,从中提取从第 $i(1 \leqslant i \leqslant n)$ 个字符开始,由连续 j 个字符组成的一个子串;若有 strlen(str)$<i$ 或 $j \leqslant 0$,则返回 0。

算法实现：

```
SubString(Seqstring * substr,Seqstring * str,int i,int j)
                            /*将 str 中 i 开始的 j 个字符复制到 SubString*/
{   int n;
    if(i<0‖i>str.length‖j<1‖j>str.length-i)
       { substr.length=0;
         return(0);
       }
    else
       {  for(n=i-1;n<i+j-1;n++)
            substr.string[n-i+1]=str.string[n];
          substr.length=j;
          return(1);
       }
}
```

6. 子串的删除

从字符串 str 中,删除从第 $i(1 \leqslant i \leqslant n)$ 个字符开始的长度为 j 的子串。若 strlen(str)$<i$ 或 $j \leqslant 0$,则返回 0。

算法实现：

```
int StrDelete(Seqstring * str,int i,int j)
                            /*在 str 中删除从序号 i 开始的 j 个字符*/
{   int n;
    if(i<0‖i>str.length‖i+j>str.length+1)
       return(0);                       /*参数错误,返回 NULL*/
    for(n=i+j;n<str.length;n++)
```

```
        str.string[n-j]=str.string[n];
    str.length=str.length-j;
    return(1);
}
```

7. 子串定位

如果在主串 str1 中存在和子串 str2 相等的子串,则返回主串 str1 中第一次出现子串 str2 的首字符地址,否则返回 NULL。

算法实现:

```
StrIndex(Seqstring * str1,Seqstring * str2)    /* str1 中确定 str2 第一次出现的位置 */
{   int n,m;
    if(str2.length==0)
        return(0);
    n=0;m=0;
    while(n<str1.length && m<str2.length)
      if(str1.string[n]==str2.string[m])
        { n++;
          m++;
        }
      else
        { n=n-m+1;
          m=0;
        }
    if(m>=str2.length)
        return(n-m);
    else
        return(0);
}
```

2.4.2 数组和矩阵

数组是线性表的推广,是一种被几乎所有的高级语言支持的数据类型。线性表中的每个数据元素都是不可再分的原子类型,数组中的每个数据元素仍然是一个线性表。从逻辑结构上,数组是定长线性表在维数上的拓展。例如一个 $m \times n$ 的二维数组,可以看作是由 m 个行元素构成线性表,每一个行元素又可以看成是长度为 n 的线性表,即线性表的数据元素仍然是一个线性表。

1. 数组

数组(array)是由 $n(n \geqslant 1)$ 个数据类型相同的数据元素 $a_1, a_2 \cdots, a_n$ 组成的有限序列集合。n 维数组是一种"同构"的数据结构,每个数据元素类型相同,结构一致。一维数组($n=1$ 时)是一个定长的线性表。

一个 n 维数组 $a[m_1,m_2,\cdots,m_n]$ 的每一维的下界都定义 1(即下标从 1 开始,C 语言下标从 0 开始),m_i 是第 i 维的长度($i=1,2,\cdots,n$)。a 中的每个元素 $a[j_1,j_2,\cdots,j_n]$($1\leqslant j_i\leqslant m_i$)都唯一的对应一组下标,并受 n 个关系的约束,n 个关系中的每一个关系 i($1\leqslant i\leqslant n$)都是线性关系。在每个关系中,除第一个和最后一个数据元素外,其余元素都只有一个直接前驱元素和一个直接后继元素。例如二维数组 A:

$$A_{m\times n}=\begin{bmatrix} a_{11} & a_{12} & a_{13} & \cdots & a_{1n} \\ a_{21} & a_{22} & a_{23} & \cdots & a_{2n} \\ \cdots & \cdots & \cdots & \ddots & \cdots \\ a_{m1} & a_{m2} & a_{m3} & \cdots & a_{mn} \end{bmatrix}$$

可以将 A 看成定长的线性表,它的每一个元素也是一个定长的线性表。即可以将 A 看成是一个行向量形式的线性表(A 中的每一行看作一个数据元素),即:

$$A_{m\times n}=((a_{11},a_{12},\cdots,a_{1n}),(a_{21},a_{22},\cdots,a_{2n}),\cdots,(a_{m1},a_{m2},\cdots,a_{mn}))$$

其中,每个元素 $[a_{i1},a_{i2},\cdots,a_{in}]$($1\leqslant i\leqslant m$)又是一个定长的线性表。也可以将 A 看成一个列向量形式的线性表(A 中的每一列看做一个数据元素),即:

$$A_{m\times n}=((a_{11},a_{21},\cdots,a_{m1}),(a_{12},a_{22},\cdots,a_{m2}),\cdots,(a_{1n},a_{2n},\cdots,a_{mn}))$$

因此,除边界元素外,二维数组中的任意一个元素 $a[i][j]$ 最多可有两个直接前驱($a[i][j-1]$、$a[i-1][j]$)和两个直接后继元素($a[i][j+1]$、$a[i+1][j]$),是一种典型的非线性结构。

三维以上的数组称为多维数组,多维数组可有多个直接前驱和多个直接后继元素,是一种非线性结构。

高级语言通常将数组看成是具有相同名字的同一类型多个变量的集合。在定义一个数组后,数组元素的下标有序且受到上下界的约束,数组元素的数目和元素之间的关系就不再发生变动,即逻辑结构不再改变。数组适合采用顺序存储结构。

以二维数组为例,数组的顺序存储结构定义如下:

```
#define M <最大行数>           /*行数*/
#define N <最大列数>           /*列数*/
typedef ElemType maxix[M][N]
```

其中,ElemType 可以是 int、float、char 等任何相应的数据类型,C 语言规定 M、N 必须是常数(或宏定义的常量)。

一旦确定了数组的维数和各维的长度,就可以为其分配存储空间。数组元素在计算机内存放在一块连续的存储单元中。由于二维以上数组的元素地址由多个下标构成,它与线性存储空间有多种映射关系,因此,存储多维数组时,必须按照某种规则将数组元素组成一个线性序列,而后将该线性序列顺序存储于存储器中。多维数组的顺序存储有行优先和列优先两种形式。

行优先将每一行看作一个数据元素按行号从小到大的顺序进行存储,首先存储第一行中所有的元素,然后存储第二行元素……,以此类推,最后存储第 m 行的元素。同理,列优先将每一列看作一个数据元素按列号从小到大的顺序进行存储,首先存储第一列中所有的元素,再存储第二列元素……,以此类推,最后存储第 n 列的元素。多维数组按行优先或列优先存放到内存后,映射为一个线性序列(线性表)。二维数组的行优先和列优先两种形式的顺序存储结构如图 2.20 所示。

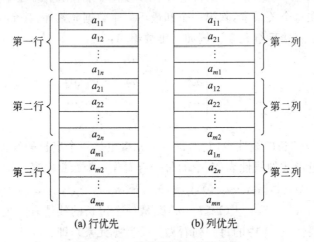

(a) 行优先　　(b) 列优先

图 2.20　二维数组顺序存储结构

多维数组按行优先存储时,最左边下标变化最慢,最右边下标变化最快;而按列优先存储时,最右边下标变化最慢,最左边下标变化最快。在 C/C++ 等大多数程序设计语言中,采用行优先方式顺序存储;而 FORTRAN 等程序设计语言采用列优先处理。

对于顺序存储的多维数组,只要给出一组下标就可以计算相应数组元素的存储位置。即在顺序存储结构中,数组元素的位置是其下标的线性函数。例如二维数组 $A_{m\times n}$ 的每个元素占用 L 个存储单元,第一个数组元素的存放地址为 $\text{Loc}(a_{11})$,在行优先方式计算任一元素 a_{ij} 存储地址的公式为:

$$\text{Loc}(a_{ij}) = \text{Loc}(a_{11}) + ((i-1) \times n + (j-1)) \times L$$

同样,列优先方式计算任一元素 a_{ij} 存储地址的公式为:

$$\text{Loc}(a_{ij}) = \text{Loc}(a_{11}) + ((j-1) \times m + (i-1)) \times L$$

2. 矩阵

矩阵是科学与工程计算,特别是数值分析中研究的数学对象。在高级程序设计语言中,矩阵采用二维数组的形式描述。矩阵可以采用行优先或列优先的方法顺序存储,阶数较高的矩阵将占用大量的存储空间。

在实际问题的求解过程中,矩阵常以特殊的形态出现,如数据元素值呈规律性分布;或者存在很多值相同的元素;或者存在大量零元素且零元素个数远远大于非零元素个数。对于这类特殊的高阶矩阵,若仍采用二维数组行优先或列优先顺序存储,只有很少一部分存储空间可存储有效数据,将造成大量存储空间的浪费。为提高存储空间的利用率,需要对这类矩阵进行压缩存储。压缩存储的原则是:对有规律的元素和多值相同的元素只分配一个存储单元,对于零元素不分配单元。

假如元素的值相同或零元素在矩阵中按一定的规律分布,这类矩阵称为特殊矩阵。常见的特殊矩阵有对称矩阵、三角矩阵、对角矩阵等。对于特殊矩阵,根据其规律性,可以将其压缩存储在一维数组中,并建立每个非零元素在矩阵中的位置与其在一维数组中位置之间的对应关系,使存储空间仅存储非零元素和一个零元素。

矩阵 $A_{n \times n}$ 中元素满足条件 $a_{ij} = a_{ji}(1 \leqslant i, j \leqslant n)$,称 A 为 n 阶对称矩阵。例如一个 4×4 的对称矩阵 $A_{4 \times 4}$ 如图 2.21 所示。

$A_{4 \times 4}$ 矩阵是关于主对角线对称的矩阵,存储时可以使对称的元素共享一个存储空间,此时只需存储对称矩阵中的上三角或下三角,则将矩阵中 n^2 个元素压缩存储到 $n(n+1)/2$ 个元素的存储空间中。假设以一维数组 B_array$[n(n+1)/2]$ 作为 n 阶对称矩阵 A 的存储结构,则矩阵 A 中任一元素 a_{ij} 和数组元素 B_array$[k](1 \leqslant k \leqslant n(n+1)/2)$ 之间存在一一对应关系:

$$k = \begin{cases} \dfrac{i(i+1)}{2} + j, & i \geqslant j \\ \dfrac{j(j-1)}{2} + i, & i < j \end{cases}$$

非零元素的个数远远少于零元素的个数,且非零元素的排列没有一定规律,这类矩阵称为稀疏矩阵。稀疏矩阵的绝大多数元素都为零。通常,当一个矩阵中的非零元素个数占矩阵元素总数的 30% 以内时即为稀疏矩阵。如图 2.22 所示的矩阵 A 中,非零元素个数为 7 个,矩阵元素总数为 $5 \times 6 = 30$,非零元素个数占矩阵元素总数的 23.3% 小于 30%,A 是稀疏矩阵。

$$A_{4 \times 4} = \begin{bmatrix} 1 & 2 & 3 & 4 \\ 2 & 5 & 6 & 8 \\ 3 & 6 & 7 & 2 \\ 4 & 8 & 2 & 9 \end{bmatrix}$$

图 2.21 对称矩阵示意图

$$A = \begin{bmatrix} 3 & 0 & 0 & 0 & 6 \\ 0 & 0 & 7 & 0 & 0 \\ 1 & 2 & 0 & 0 & 0 \\ 0 & 0 & 0 & 0 & 0 \\ 0 & 0 & 0 & -1 & 0 \\ 0 & 1 & 0 & 0 & 0 \end{bmatrix}$$

图 2.22 稀疏矩阵示意图

由于稀疏矩阵没有特定规律可循,存储非零元素时必须同时存储其位置(元素所对应的行下标和列下标),才能迅速确定一个非零元素位于矩阵中哪一个位置。所以矩阵中的每个非零元素用一个三元组(行下标 i、列下标 j、数组元素 a_{ij})唯一确定。即在压缩存储稀疏矩阵非零元素的同时,还需要存放该元素所在的行号(行下标)和列号(列下标)。稀疏矩阵中的所有非零元素构成三元组线性表。线性表中的每个结点对应稀疏矩阵中的一个非零元素,结点间的次序按矩阵的行优先顺序排列。图 2.22 中矩阵 A 中非零元素的三元组表如表 2.2 所示。

表 2.2 矩阵三元组表示

序号	行号	列号	元素值	序号	行号	列号	元素值
1	1	1	3	5	3	2	2
2	1	5	6	6	5	4	−1
3	2	3	7	7	6	2	1
4	3	1	1				

如果在三元组中查找矩阵元素$A[3,1]$时,首先查找三元组中相应的行号,再查找对应行号下的列号,最后得到相应的元素。

为了准确确定稀疏矩阵的大小,还需增加一个描述稀疏矩阵的三元组元素,该元素由行下标最大值、列下标最大值以及非零元素个数三个数据组成。

三元组线性表结构定义:

```
#define MAXNUM <矩阵中非零元素的最大数目>
typedef struct{
    int i;                    /*非零元素行号*/
    int j;                    /*非零元素列号*/
    ElemType elem;            /*非零元素值*/
}TupNode;                     /*定义一个三元组*/
typedef struct{
    int rows;                 /*稀疏矩阵行数*/
    int cols;                 /*稀疏矩阵列数*/
    int terms;                /*稀疏矩阵非零元个数*/
    TupNode data[MAXSIZE];
}TSMatrix;                    /*定义稀疏矩阵的三元素组顺序表*/
```

图 2.22 中稀疏矩阵 A 对应的三元组线性表为$((5,6,7),(1,1,3),(1,5,6),(2,3,7),(3,1,1),(3,2,2),(5,4,-1),(6,2,1))$。稀疏矩阵的三元组线性表可以采用顺序存储。常用的三元组表的链式存储结构是十字链表(参见其他数据结构参考书)。

2.5 树和二叉树

树结构是一种重要的非线性数据结构。在树结构中,结点间存在一对多的关系,具有前驱结点唯一和后继结点不唯一的特点,一个数据元素可能有多个直接后继元素。通常采用树结构描述客观世界中普遍存在的具有层次关系或分支关系的数据,树结构被广泛地应用于诸如文件等大容量数据处理系统中。

2.5.1 树的定义

树是由 n 个($n \geq 0$)结点(数据元素)组成的有限集合(记为 T)。当 $n=0$ 时,称为空树(是树的一种特例)。在任意一非空树($n>0$)中:

(1) 有且仅有一个结点作为树的根结点(Root)。根结点无直接前驱结点,但可以有零个或多个直接后继结点。

(2) 当 $n>1$ 时,除根结点外的其余 $n-1$ 个结点可分为 m 个($m \geq 0$)互不相交的有限集合 $T_1, T_2, \cdots, T_m$,其中每一个集合 T_i 又都是一棵树,并且称为根结点的子树。每棵子树的根结点有且仅有一个直接前驱,但可以有零个或多个直接后继。

树的定义是递归的,在树的定义中又引用树的定义,它表明树本身固有的特性,即一棵树是由若干棵子树构成,而子树又由更小的若干棵子树构成。

树的逻辑关系可以通过树形表示法、文氏图表示法、凹入图表表示法以及嵌套括号表示法等方法描述。采用树形表示法描述的一棵树的逻辑结构如图 2.23 所示,它如同一棵倒长的树。

树的逻辑结构中,元素之间存在明显的层次关系。某层的一个结点只与上一层中的一个结点有直接对应关系,而与下一层的多个或 0 个结点有直接对应关系。如图 2.23 中结点 B 于结点 A、E、F 都有直接对应关系,A 是 B 的直接前驱,而 E 和 F 是 B 的直接后继,所以树结构特别适合处理具有层次关系的数据。

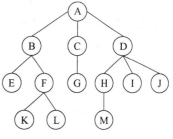

图 2.23 树结构示意图

树结构还包括以下基本概念。

(1) 结点:包含一个数据元素及若干指向其他结点的分支信息。

(2) 叶子和分支结点:度为 0 的结点(无后继的结点),称为叶子结点或终端结点。图 2.23 中的 E、K、M 等结点即是叶子结点。度不为 0 的结点称为分支结点或非终端结点。在图 2.23 中的 B、F、D 等结点即是分支结点。

(3) 孩子、兄弟和双亲结点:一个结点的直接后继称为该结点的孩子结点。图 2.23 中的结点 B、C、D 是结点 A 的孩子结点,结点 H、I、J 是结点 D 的孩子结点。同一双亲结点的孩子结点之间互称兄弟结点。图 2.23 中结点 H、I、J 互为兄弟结点。一个结点的直接前驱称为该结点的双亲结点。图 2.23 中结点 A 是结点 B、C 的双亲结点,结点 F 是结点 K、L 的双亲结点。

(4) 子孙和祖先结点:一个结点的祖先结点是从根结点到该结点的路径上的所有结点。如图 2.23 中,结点 K 的祖先是 A、B、F 结点。一个结点的直接后继和间接后继称为该结点的子孙结点。图 2.23 中 D 结点的子孙是 H、I、J、M 结点。

(5) 结点的度和树的度:一个结点的子树个数称为此结点的度。图 2.23 中 A、D 结点的度为 3。树中所有结点的度的最大值为树的度。

(6) 结点的层次和树的高度(深度):树中每个结点都处于一定的层次上。结点的层次从树根开始定义,规定树的根结点的层次为 1,它的孩子结点的层次为 2,以此类推。即一个结点所在层次为其双亲结点层次数加 1。树中所有结点的最大层次数为树的高度。如图 2.23 中数的高度为 4。

(7) 无序树和有序树:如果一棵树 T 的各子树 $T_1, T_2, \cdots, T_n$ 按照一定次序排列,且相对次序不能随意变换,称树 T 为有序树;否则为无序树。在有序树 T 中,改变子树的相对次序就使之变为另一棵树。

(8) 森林:零棵或 n 棵互不相交的树的集合称为森林。当删除一棵非空树的根结点后,树变成一个森林;反之,只要给独立的 n 棵树提供一个统一的根结点,森林就变为一棵树。

树的存储既可以采用顺序存储(双亲存储结构),也可以采用链式存储(孩子存储结构)。一棵树的度及其每个结点的度不一定完全一致,无论哪一种存储方式都必须既能保存各个结点本身的数据信息,同时还能准确地反映树中各结点间的逻辑关系。

双亲存储根据树中每一个结点(除根结点外)都有唯一的一个双亲结点,利用一组连续的存储空间(一维数组)顺序存储树中所有结点的信息,并为每个结点附设一个指示器,用以指示双亲结点在该存储结构中的位置(结点在数组中的下标)。数组元素为结构体类型,包括结点本身的数据和其双亲在数组中的下标。

双亲存储结构定义：

```
#define MAXNODE <树中结点个数>
typedef struct
    { ElemType data;
      int parent;
    }T[MAXNODE];
```

图 2.23 树的双亲存储结构如图 2.24 所示。

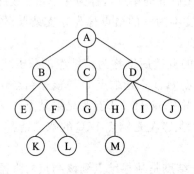

下标	data	parent
0	A	−1
1	B	0
2	C	0
3	D	0
4	E	1
5	F	1
6	G	2
7	H	3
8	I	3
9	J	3
10	K	5
11	L	5
12	M	7

图 2.24 树的双亲存储结构示意图

例如 E、F 的双亲结点为 1(B 所在元素的下标为 1),K、L 的双亲结点为 5(F 所在元素的下标为 5)。

双亲存储法描述了结点的双亲关系,对于计算指定结点的双亲或祖先十分方便,但对于计算指定结点的孩子及后代则需要遍历整个数组。此外,该存储法不能反映各兄弟间的关系。

孩子存储法根据树中每个结点都有零个或多个孩子结点,采用链式存储结构。每个链结点包含一个存储结点数据信息的数据域以及若干个分别指向其孩子结点的指针域,通过各个指针域反映树中各结点之间的关系。

孩子存储结构定义：

```
#define MAXSON <树的度数>
typedef struct tnode
    { ElemType data;
      struct tnode * child[MAXSON];
    }TNODE;
```

孩子链存储结构可以按照树的度设计某一结点的孩子结点指针域个数。例如，图 2.23 中树的度为 3,其孩子链结点的指针域个数应为 3。孩子存储结构如图 2.25 所示。

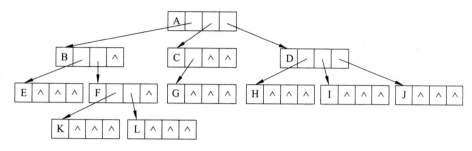

图 2.25　树的孩子存储结构示意图

由于树中可能会存在很多小于树的度的结点,因此孩子存储结构将浪费较多的存储空间。

树还可以采用双亲孩子存储和孩子兄弟存储等其他存储结构。由于树的度的不确定性,导致了树的存储结构表达的复杂化。因此,需要一种较为一致的树形态(如二叉树),以实现树的基本操作。

在应用树结构时,通常按照某种方式访问树中的每一个结点且每一个结点只被访问一次,即树的遍历运算。树的遍历算法主要有先根遍历和后根遍历。先根遍历算法首先访问根结点,其次按照从左向右的次序先根遍历根结点的每一棵子树。例如对图 2.23 中的树,采用先根遍历得到的结点序列为：ABEFKMCGDHIJ。后根遍历算法首先按照从左向右的次序遍历根结点的每一棵子树,其次访问根结点。如对图 2.23 中的树,采用后根遍历得到的结点序列为：EKMFBGCHIJDA。

2.5.2　二叉树

二叉树是 $n(n \geqslant 0)$ 个结点元素的有限集合,当 $n=0$ 时,它是一棵空二叉树;当 $n>0$ 时,它是由一个根结点和两棵互不交叉的、分别称为左子树和右子树的二叉树组成。二叉树的定义同样是一个递归定义。

二叉树是一种特殊形式的树。二叉树与树的区别在于：二叉树的某一结点的子树需要区分左子树和右子树,其次序不能任意颠倒。即使结点只有一棵子树,也要明确指出该子树是左子树还是右子树,而普通树不需要特别指出。此外二叉树结点的最大度为 2,普通树不限制结点的度。

由于二叉树中每个结点的左右子树的次序不能任意颠倒,因此一棵二叉树具有五种基本形态,如图 2.26 所示。

(a) 空二叉树　(b) 单结点二叉树　(c) 左子树为空的二叉树　(d) 右子树为空的二叉树　(e) 左右子树都非空的二叉树

图 2.26　二叉树的基本形态

在一棵二叉树中,若所有分支结点都有左右孩子结点,并且所有叶子结点都集中在二叉树的最底层,则称为满二叉树。一棵满二叉树如图2.27(a)所示。

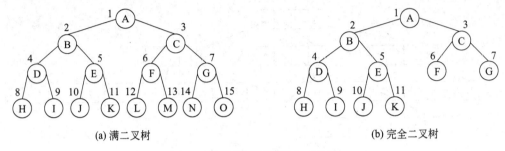

图2.27 满二叉树和完全二叉树

在深度为k的满二叉树中,每层结点都具有最大结点数,共有2^k-1个结点。可以采用连续编号的方式顺序表示满二叉树的结点,编号从二叉树的根结点为1开始,按照层数从小到大,层内从左到右的次序进行编号。图2.27(a)所示的满二叉树结点的顺序表示为$(1,2,\cdots,15)$。

如果在一棵二叉树中,除最下面一层外,其余层结点都具有最大结点数(满的),并且最下面一层的叶子结点或者是满的或者是依次排列在该层最左边的位置上,则称为完全二叉树。一棵完全二叉树如图2.27(b)所示。

同样,可以采用连续编号方式顺序表示完全二叉树的结点,一个深度为k,结点数为n的完全二叉树,其$1\sim n$的位置结点与深度为k的满二叉树的$1\sim n$的位置结点具有同一编号。

显然,满二叉树必为完全二叉树。而完全二叉树不一定是满二叉树。

一个深度为k,结点数为n的完全二叉树,第k层除外,每一层的结点数均为其上一层结点数的2倍。因此,从一个结点的编号可以推断出该结点的双亲、左右孩子结点的编号。假设一个结点的编号为m,则有:

- 若$m=1$,该结点为根结点,无双亲。
- 若$m>1$,该结点的双亲结点的编号为$\lfloor m/2 \rfloor$,即当m为偶数时,其双亲结点的编号为$m/2$,它是双亲结点的左孩子结点;当m为奇数时,其双亲结点的编号为$(m-1)/2$,它是双亲结点的右孩子结点。
- 若m结点有左孩子,则左孩子结点的编号为$2m$;若m结点有右孩子,则右孩子结点的编号为$(2m+1)$。
- 若m为奇数且不为1,则该结点左兄弟的编号为$(m-1)$;若m为偶数且$\leqslant n$,则该结点右兄弟的编号为$(m+1)$。
- 存储二叉树时可以采用顺序存储结构和链式存储结构。

顺序存储利用一组地址连续的存储单元顺序存放二叉树中所有结点的数据信息。首先将树中的每个结点进行编号,然后以各结点的编号作为下标,按自上而下、从左至右的顺序将各结点的数据元素对应存储到一维数组中。即二叉树中所有结点被排列成一个线性序列,通过数据元素位置下标关系反映该序列中的结点之间的逻辑关系。

二叉树的顺序存储结构定义：

#define MAXNUM<二叉树中结点个数的最大值>
Typedef ElemType BT[MAXNUM];

采用顺序存储结构存储一般形态的二叉树时，由于其每个结点不一定存在左右两棵子树，应将其每个结点与满二叉树上的结点相对照，对于非空缺子树，按其位置存储在一维数组的相应元素中，对于空缺子树，则在其对应位置上补 NULL，表示不存在此结点。二叉树的顺序存储结构如图 2.28 所示。

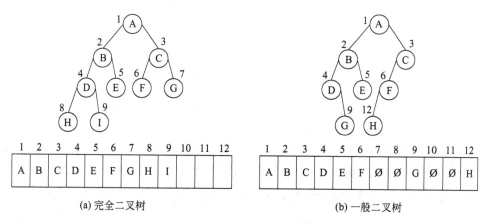

图 2.28　二叉树顺序存储结构示意图

可以看出，完全二叉树或满二叉树，采用顺序存储结构既简单又节约空间。一般形态的二叉树的结点编号与等深度的完全二叉树中对应位置结点的编号一致，并按照完全二叉树的形式存储。顺序存储时，需要添加一些实际并不存在的结点，从而造成空间的浪费。在最坏的情况下，一个深度为 k，结点数为 k 的单支二叉树仍需要 2^k-1 个存储空间，一般二叉树不适合采用顺序存储结构。

根据二叉树中的结点包括数据元素和分别指向其左、右子树的两个指针，二叉树采用二叉链表存储时，为每个结点设置三个域：存放该结点信息的数据域、指向其左、右子树根结点的左、右孩子指针域。结点结构如下：

| lchild | data | rchild |

二叉链表存储结构定义：

```
typedef struct btnode
{   ElemType data;              /*数据元素*/
    struct btnode * lchild;     /*指向左孩子结点*/
    struct btnode * rchild;     /*指向右孩子结点*/
}BTNode, * BTree;
```

采用二叉链表存储二叉树时，设置一个头指针指向二叉树的根结点，与单链表中头指针的作用相似，二叉链表中的头指针可以唯一地确定一棵二叉树。此外，如果某结点的左子树或右子树不存在,其相应的指针域设置为"空"。二叉链表存储结构如图 2.29 所示。

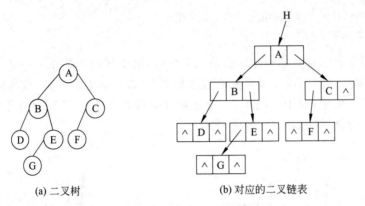

(a) 二叉树　　　　　　　　　(b) 对应的二叉链表

图 2.29　二叉树二叉链表存储结构示意图

对于一般形态的二叉树,二叉链表存储有可能存在大量的空指针,浪费存储空间。但是基于二叉链表的遍历运算算法实现较为简单直观。

二叉树的遍历是指按照某种策略有序地访问树中每一个结点,且每一个结点仅被访问一次的过程。通过遍历能够将二叉树中的所有结点访问一遍,得到一个访问结点的顺序序列。目的在于将非线性化的结构转变为线性化的访问序列。二叉树的遍历算法是二叉树运算的基础。

根据二叉树的递归定义,一棵非空二叉树可以看成是由根结点、左子树和右子树三部分组成。因此,对二叉树的遍历可以由三部分组成:访问根结点、访问左子树、访问右子树。按照从左向右的次序遍历的约定,左子树的遍历应在右子树之前进行,因而根据访问根结点的先后次序不同,有先序(DLR)、中序(LDR)和后序(LRD)三种遍历方式。这三种遍历算法均采用递归定义。

1. 先序遍历

按照先访问根结点,再访问左子树,最后访问右子树的次序访问二叉树中所有结点,且每个结点仅访问一次。例如,图 2.29(a)中的二叉树的先序遍历序列为 ABDEGCF。

算法实现:

```
void PreOrder(BTree root)
                  /*先序遍历二叉树,root 为指向二叉树(或某一子树)根结点的指针*/
{   if(root==NULL)
      return;                       /*二叉树为空树,访问结束,递归出口*/
    else
    {   printf("%d",root->data);    /*访问根结点*/
        PreOrder(root->LChild);     /*先序遍历左子树*/
        PreOrder(root->RChild);     /*先序遍历右子树*/
    }
}
```

2. 中序遍历

按照先访问左子树,再访问根结点,最后访问右子树的次序访问二叉树中所有结点,且每个结点仅访问一次。例如,图2.29(a)中的二叉树的中序遍历序列为DBGEAFC。

算法实现:

```
void InOrder(BTree root)
                    /*中序遍历二叉树,root为指向二叉树(或某一子树)根结点的指针*/
{ if(root==NULL)
    return;                       /*二叉树为空树,访问结束,递归出口*/
  else
  { InOrder(root->LChild);        /*中序遍历左子树*/
    printf("%d",root->data);      /*访问根结点*/
    InOrder(root->RChild);        /*中序遍历右子树*/
  }
}
```

3. 后序遍历

按照先访问左子树,再访问右子树,最后访问根结点的次序访问二叉树中所有结点,且每个结点仅访问一次。例如,图2.29(a)中的二叉树的后序遍历序列为DGEBFCA。

算法实现:

```
void PostOrder(BTree root)
                    /*后序遍历二叉树,root为指向二叉树(或某一子树)根结点的指针*/
{ if(root= = NULL)
    return;                       /*二叉树为空树,访问结束,递归出口*/
  else
  { PostOrder(root->LChild);      /*后序遍历左子树*/
    PostOrder(root->RChild);      /*后序遍历右子树*
    printf("%d",root->data);      /*访问根结点*/
  }
}
```

在先序、中序、后序的遍历过程中,每一次递归调用,都进行一次递归函数的入栈处理,栈的容量就是树的深度。以中序遍历为例,采用一个栈保存需要返回的结点指针,先探查(不是访问)根结点的所有左结点并将它们一一进栈;之后出栈一个结点,很显然该结点没有左孩子结点或左孩子结点已经全部访问过,访问该结点;然后探查该结点的右孩子结点,并将其进栈,再将该右孩子结点看成根结点,并将其所有左结点一一进栈,重复上述过程,直到栈空为止。无论采用哪一种遍历算法,其实质都是访问二叉树的结点,只不过访问结点的顺序不同而已。因此,n个结点的二叉树遍历算法的时间复杂度均为$O(n)$。

基于二叉树的遍历算法思想,适当修改访问的内容,可以解决二叉树的其他运算问题。

例 2.5 计算二叉树中的叶子结点个数。

计算二叉树中叶子结点的个数,就是计算二叉树中左、右子树都为空的结点数。遍历二叉树的所有结点,判断其是否为叶子结点。一棵空二叉树的叶子结点的个数为 0。一棵非空二叉树的叶子结点分为两种情况:

(1) 当二叉树无左、右子树时,叶子结点的个数为 1。

(2) 当二叉树左、右子树中至少有一个不为空时,说明当前结点本身不是叶子结点,将其作为根结点计算该结点的左、右子树中的叶子结点个数。

算法实现:

```
int Leaf(BTree root)
{   int nLeaf;
    if(root==NULL)
        nLeaf=0;
    else if(root->left==NULL)&&(root->right==NULL)
        nLeaf=1;
    else
        nLeaf=Leaf(root->left)+Leaf(root->right);
    return(nLeaf);
}
```

2.5.3 线索二叉树

二叉树遍历的结果是将一个树结构(非线性)中的所有结点转换为一个线性序列。线性序列中的每个结点(第一个和最后一个除外)有且仅有一个直接前驱结点和直接后继结点。然而,在二叉链表中,可以直接找到结点的左、右孩子结点信息,但不能直接得到结点在遍历过程中的前驱和后继结点信息。

为了获取前驱和后继结点的信息,可以利用二叉链表中的空链域,存放分别指向某一种遍历次序的前驱和后继结点的指针。即在遍历二叉树的同时,通过该指针直接找到遍历次序下的前驱结点和后继结点,从而加速遍历过程。这种在结点的空指针域中存放的指向某种遍历次序下的前驱结点和后继结点的指针称为线索。加上线索的二叉树称为线索二叉树。对一棵二叉树中所有结点的空指针域按照某种遍历次序加上线索的过程叫做线索化,线索化的目的是为了提高查找某种遍历次序下前驱结点和后继结点的效率。

针对先序、中序、后序三种遍历方式的不同,规定:当某一结点的 lchild 域为空时,令 lchild 指向按某种遍历次序下得到的前驱结点(左线索),否则 lchild 域指向其左孩子;若结点的 rchild 域为空,令 rchild 域指向按某种遍历次序下得到的后继结点(右线索),否则 rchild 域指向其右孩子。图 2.29(a)中二叉树加上中序线索后的线索二叉树如图 2.30(a)所示。

在一个线索二叉树中,为了区分每个结点的左、右指针域存放的是左、右孩子指针还

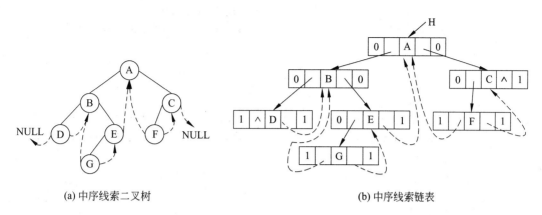

图 2.30 中序线索二叉树及中序线索链表

是前驱或后继结点指针,在结点结构中增加两个线索标志域:左线索标志域(ltag)和右线索标志域(rtag)。ltag 和 rtag 的定义如下:

$$\text{ltag} = \begin{cases} 0 & \text{lchild 域指示结点的左孩子结点} \\ 1 & \text{lchild 域指示结点的某次遍历次序的前驱结点} \end{cases}$$

$$\text{rtag} = \begin{cases} 0 & \text{rchild 域指示结点的右孩子结点} \\ 1 & \text{rchild 域指示结点的某次遍历次序的后继结点} \end{cases}$$

增加线索标志后的结点结构为:

ltag	lchild	data	rchild	rtag

线索二叉树的结点结构定义:

```
Typedef struct Tnode
  { ElemType data;                    /*结点数据域 */
    int ltag,rtag;                    /*左右线索标志 ltag 和 rtag,只能取值 0 或 1*/
    struct Tnode * lchild, * rchild;  /*左右孩子指针 */
  }TBTree;
```

中序线索化二叉树链表存储结构如图 2.30(b)所示。

二叉树线索化的实质是在遍历过程中修改空指针的过程,即二叉链表中的空指针被改为指向前驱或后继的线索。假设有指针 p 和 pre,使 p 指向正在访问的结点,pre 始终指向刚刚访问过的结点,那么在遍历过程中,指针 p 和 pre 记录了访问结点的先后次序。对一棵二叉树中序线索化的算法是:在进行中序遍历的同时建立线索,若访问结点的左子树为空,则建立前驱线索,若右子树为空,则建立后继线索。

算法实现:

```
void InorderThread(TBTree * p, TBTree * pre)   /*中序遍历二叉树 T,并将其中序线索化,p
                     为当前结点,初始值为根结点指针;pre 为 p 的前驱结点,初始值为 NULL */
  { if(p!=NULL)
    { InorderThread(p->left,pre);          /*左子树线索化*/
```

```
        if(p->left==NULL)                    /*当前结点的左子树为空*/
          { p->ltag=1;                        /*建立指向其前驱结点的前驱线索*/
            p->left=pre;
          }
        else
            p->ltag=0;
        if(pre!=NULL&&pre->right==NULL)      /*前驱结点非空且其右子树为空*/
          { pre->rtag=1;                      /*建立该前驱结点指向当前结点的后继线索*/
            pre->right=p;
          }
        else
            p->rtag=0;
        pre=p;                                /*pre指向刚刚访问过的结点,中序遍历前一个结点*/
        InorderThread(p->right, pre);        /*右子树线索化*/
      }
}
```

2.5.4 哈夫曼树

如果在一棵树中,存在一个结点序列 $k_1,k_2,\cdots,k_m$,使得 k_i 是 $k_{i+1}(1\leqslant i\leqslant m)$ 的父亲,则称 $k_1,k_2,\cdots,k_m$ 是从 k_1 到 k_m 的路径,也就是说路径是从树中一个结点到另一个结点之间的通路。路径上所经过的分支个数称为两个结点之间的路径长度。树的路径长度是从根结点到每一个叶子结点的路径长度之和。

实际应用中,通常会对树中结点赋予一定意义的数值,此数值称为该结点的权。从树的根结点到某一结点之间的路径长度与该结点的权的乘积称为该结点的带权路径长度。

树的带权路径长度为树中所有叶子结点的带权路径长度之和。记为:

$$\mathrm{WPL} = \sum_{k=1}^{n} w_k l_k$$

其中,n 为带权叶子结点个数、w 为每个叶子结点的权值。l 为每个叶子结点到根结点的路径长度。

例如,图 2.31 中的二叉树都有 4 个叶子结点,它们的带权路径长度分别为 30、29 和 31。

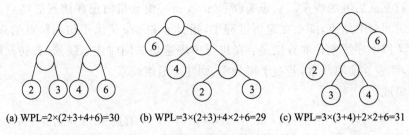

(a) WPL=2×(2+3+4+6)=30　　(b) WPL=3×(2+3)+4×2+6=29　　(c) WPL=3×(3+4)+2×2+6=31

图 2.31　4 个叶子结点的二叉树

其中图 2.31(b)所示的二叉树的带权路径长度最小。

哈夫曼树是指由 n 个带权叶子结点(权值为 $w_1,w_2,\cdots,w_n$)构成的所有二叉树中带权路径长度 WPL 最小的二叉树,又称最优二叉树。

哈夫曼给出了构造这种最优二叉树的一般规律。即如何利用给定的 n 个权值 w_1,$w_2,\cdots,w_n(n\geqslant2)$ 组成的集合,构造一棵具有 n 个带有给定权值的叶子结点的二叉树,使其带权路径长度 WPL 最小,因此称为哈夫曼树。

哈夫曼树的构造步骤如下:

① 根据给定的 n 个权值 $\{w_1,w_2,\cdots,w_n\}$,对应 n 个结点构成了 n 棵二叉树的森林 $F=\{T_1,T_2,\cdots,T_n\}$,其中每一棵二叉树 $T_i(1\leqslant i\leqslant n)$ 都只有一个权值为 w_i 的根结点,其左、右子树为空。

② 在森林 F 中选择两棵根结点权值最小的二叉树,作为左、右子树构造一棵新的二叉树,置新二叉树的根结点的权值为其左、右子树根结点的权值之和。

③ 从 F 中删除被选中的这两棵二叉树,同时把新构成的二叉树加入到森林 F 中。

④ 重复步骤②、步骤③的操作,直到森林中只含有一棵二叉树为止,这棵二叉树就是哈夫曼树。

例如,有权值集合 $w=\{2,3,4,6,7\}$,构造关于 w 的哈夫曼树。按照哈夫曼算法,哈夫曼树的构造过程如图 2.32 所示。

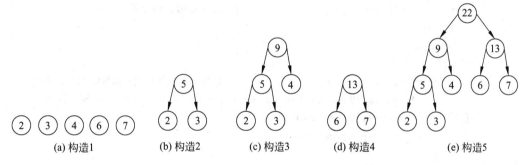

图 2.32 哈夫曼树的构造过程

其中图 2.32(e)就是哈夫曼树,它的带权路径长度为 $\text{WPL}=3\times(2+3)+2\times(4+6+7)=49$。

从哈夫曼树的构造过程可知,哈夫曼树中权值越大的叶子结点离根越近。为获取总体最优,尽量使权值大的结点接近根结点,权值最小的结点远离根结点,以得到最小带权路径长度。由于构造新二叉树时,只是在森林中选择出两棵权值最小的子树,并没有明确指定它们是左子树还是右子树,所以尽管具有 n 个叶子结点的 WPL 值唯一确定,但所构造的哈夫曼树并不唯一确定。

哈夫曼树中没有度为 1 的结点,对于给定 n 个权值的叶子结点,所构造的哈夫曼树共有 $2\times n-1$ 个结点,可以利用一维结构数组(数组长度为 $2\times n-1$)存储哈夫曼树的各个结点。

哈夫曼树的结构定义:

```
#define MAXLEAFNUM <哈夫曼树中最大叶子结点数目>
struct hnode
   { ElemType data;              /*当前结点数据,非叶子结点不用*/
     int weight;                 /*当前结点权值*/
     int parent;                 /*当前结点的双亲结点的下标,无双亲时为0*/
     int lchild,rchild;          /*当前结点的左、右孩子结点的下标,无孩子时为0*/
   }HufTree[2* MAXLEAFNUM];
```

利用数组构造哈夫曼树算法的基本思路是：首先，定义数组 Htarray，n 个叶子结点的 data 和 weight 值存入数组 Htarray 的第 0 个至第 $n-1$ 个元素对应成员单元，并将所有元素的 parent、lchild 和 rchild 域初始值设为 -1。其次，从 Htarray[0] 到 Htarray[$n-1$] 中找出根结点权值最小的两个结点，作为非叶子结点 Htarray[i]($n \leq i \leq 2n-2$) 的左右子树 Htarray[l] 和 Htarray[r]，并计算 Htarray[i].weight = Htarray[l].weight + Htarray[r].weight，以此类推，直到全部处理 $2 \times n - 1$ 个结点。

构造哈夫曼树的算法实现：

```
#define MAXWEIGHT 32767
void InorderThread (HufTree Htarray,int n,ElemType * d,int * w)
                            /*n为叶子结点个数,数组d和w存放了n个数据和权值*/
{ int i,m,l,r;
  int flag1,flag2;                   /*最小权值的结点位置*/
  if(n<=1)
      return;
  else
      { for(i=0;i<=n-1;i++)          /*根据n个权值构造只有根结点的二叉树*/
          { Htarray[i].parent=Htarray[i].lchild=Htarray[i].rchild=0;
            Htarray[i].data=d[i];
            Htarray[i].weight=w[i];
          }
        for(i=0;i<2*n-1;i++)
            Htarray[i].parent=Htarray[i].lchild=Htarray[i].rchild=-1;
                                     /*初始化*/
        for(i=n;i<=2*n-2;i++)         /*构造哈夫曼树*/
          { l=r=-1;
            flag1=flag2=MAXWEIGHT;
            for(m=0;m<i-1;m++)
              if(Htarray[m].parent==-1)  /*在尚未构造的结点查找权值最小的结点*/
                { if(Htarray[m].weight<flag1)
                    { flag2=flag1;
                      r=l;
                      flag1=Htarray[m].weight;
                      l=m;
                    }
                  else if(Htarray[m].weight<flag2)
```

```
                { flag2=Htarray[m].weight;
                  r=m;
                }
            }
            /*构造新二叉树的根结点*/
            Htarray[l].parent=Htarray[r].parent =i ;
            Htarray[i].weight=Htarray[l].weight+Htarray[r].weight;
            Htarray[i].lchild=l;
            Htarray[i].rchild=r;
        }
    }
}
```

利用哈夫曼树构造的用于通信的二进制编码称为哈夫曼编码。哈夫曼编码作为一种代码的平均长度最短的二进制编码被广泛应用。

哈夫曼编码以传输字符的权值作为叶子结点构造一棵哈夫曼树。树中从根结点到每个叶子结点都存在一条路径，对路径上的各个分支结点进行如下约定：路径上指向左子树的分支标为"0"字符，指向右子树的分支标为1字符。因此，每个叶子结点所代表字符的编码就是从根结点到叶子结点的路径上的0或1组成的序列串，即哈夫曼编码。

例2.6 一个电文字符集{A,B,C,D,E,F}，每个字符使用的频率是{5,10,6,8,11,2}，以设计哈夫曼编码，并利用哈夫曼树进行译码。

首先，将字符集中每个字符的使用频率作为叶子结点的权值构造哈夫曼树，在每个叶子结点上注明对应的字符；其次，在根结点到每个叶子结点的路径上，对其间的分支结点进行约定，指向左分支结点的为0，指向右分支结点的为1；最后，取每条路径上的0和1的组成的序列作为叶子结点所代表字符的编码。字符集{A,B,C,D,E,F}生成的哈夫曼树如图2.33所示。

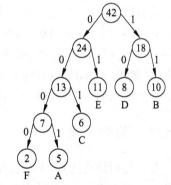

图2.33 A,B,C,D,E,F作为叶子结点的哈夫曼树

该哈夫曼树生成的哈夫曼编码为：{A：0001；B：11；C：001；D：10；E：01；F：0000}。

利用哈夫曼树进行译码的过程：从根结点出发，按照二进制串的0和1确定进入左分支还是右分支，到达叶子结点时译出与该叶子结点对应的字符。若电文未结束，重新回到根结点继续上述的过程。

译码算法实现：

```
void Decoding(HufTree Htarray,int n,char * cfile)
        /*n为叶子结点个数,哈夫曼树存储在Htarray数组cp指向原文的编码序列*/
  { int p;
    p=2*n-1;
    while(cfile!=NULL)
```

```
    {   if((*cfile)=='0')
          p=Htarray[p].lchild;                              /*进入左分支*/
        else
          p=Htarray[p].rchild;                              /*进入右分支*/
        if(Htarray[p].lchild==0&& Htarray[p].rchild==0)    /*叶子结点*/
          { printf("%c",Htarray[p].data);
            p=2*n-1;                                        /*回到根结点*/
          }
        cfile++;
    }
}
```

假设有哈夫曼编码电文 1101001,进行译码时,从左向右逐个读入电文代码,从哈夫曼的根结点出发,若 0 向左走,1 向右走,一旦达到叶子结点便译出所对应的字符,然后重新从根结点出发继续译码,直到电文结束。因此,电文 1101001 的译码结果为 BEC。

2.6 图

图作为比较复杂的一种非线性数据结构,广泛应用于多个技术领域。图结构与表结构以及树结构的不同表现在结点之间的关系上:在线性表结构中,除首结点没有前驱,末结点没有后继外,一个结点仅有唯一的一个直接前驱和唯一的一个直接后继,即结点之间是一对一的关系;在树结构中,结点按分层关系组织,除根结点没有前驱外,其余结点只有唯一的一个直接前驱(双亲)和多个直接后继(孩子),结点之间是一对多的关系;而在图结构中,任意两点之间都有可能有直接关系,也有可能没有任何关系。所以,一个结点的前驱和后继结点的数目没有限制,结点之间是多对多的关系。

2.6.1 图的定义

为了与树结构区别,图结构中通常将结点称为顶点(数据元素作为图中顶点),结点之间的关系用边表示,边是顶点的有序偶对。若两个顶点之间存在一条边,就表示这两个顶点具有相邻关系。图中的任意一个顶点都有可能与其他顶点有关系,而图中的所有顶点也有可能与某一个顶点有关系,每一偶对间必然存在关系。

图是由两个集合 V 和 E 组成的二元组,记作: $G=(V,E)$。

其中,G 表示一个图;V 表示顶点的有限非空集合,$V=\{v_i | v_i \in data\}$,V 中的所有元素具有相同的特性;E 表示顶点间相互关系的边的有限集合 $E=\{(v_i,v_j) | v_i,v_j \in V\}$,$E$ 集合中是偶数对的集合。

图分为有向图和无向图。

(1) 在有向图中,顶点与顶点之间的连线具有方向性,顶点 v_i 和 v_j 之间的关系用 $<v_i,v_j>$($<v_i,v_j> \in E$)表示,它表明从顶点 v_i 到顶点 v_j 之间存在一条有向边(弧),并称 v_i 为有向边的起点或弧尾(tail),v_j 为有向边的终点或弧头(head),该边为顶点 v_i 的一条出边，顶点 v_j 的一条入边，顶点 v_i 和 v_j 互为邻接点。有向图中的 $<v_i,v_j>$ 和 $<v_j,v_i>$ 分别表示两条不同的边，如图 2.34(a)所示。

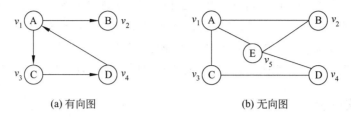

图 2.34 有向图和无向图

（2）在无向图中，顶点与顶点之间的连线没有方向性，任意两个顶点 v_i 和 v_j 之间如果有一条边 (v_i,v_j) 相连。它蕴涵着存在 $<v_i,v_j>$ 和 $<v_j,v_i>$ 两条弧，(v_i,v_j) 和 (v_j,v_i) 表示同一条边，顶点 v_i 和 v_j 互为邻接点，如图 2.34(b)所示。

图 2.34(a)表示的有向图 G 中：$V=\{A,B,C,D\}$；$E=\{<v_1,v_2>,<v_1,v_3>,<v_3,v_4>,<v_4,v_1>\}$；图 2.34(b)表示的无向图 G 中：$V=\{A,B,C,D,E\}$；$E=\{<v_1,v_2>,<v_1,v_3>,<v_1,v_5>,<v_2,v_1>,<v_2,v_5>,<v_3,v_1>,<v_3,v_4>,<v_4,v_3>,<v_4,v_5>,<v_5,v_1>,<v_5,v_2>,<v_5,v_4>\}$。

图结构中还包括以下相关概念：

（1）无向完全图与有向完全图：若一个无向图中的任意两个顶点都有一条直接边相连，即一个含有 n 个顶点的无向图中，每一个顶点都与其他 $n-1$ 个顶点之间存在边，那么一定存在 $n(n-1)/2$ 条边。具有 $n(n-1)/2$ 条边的无向图称作无向完全图。同样，若一个含有 n 个顶点的有向图中，任意两个不同顶点之间都有方向相反的两条弧存在，则一定存在 $n(n-1)$ 条弧。具有 $n(n-1)$ 条弧的有向图称为有向完全图。

（2）度、入度和出度：图结构中每个顶点的度定义为与该顶点相关的边的数目，记为 $D(v)$。对于有向图，顶点 v 的度分为入度和出度，入度是以顶点 v 为弧头的有向边的数目，出度以顶点 v 为弧尾的有向边的数目，顶点 v 的度等于其入度与出度之和。例如图 2.34(a)中顶点 v_1 的出度为 2，入度为 1；图 2.34(b)中顶点 v_5 度数为 3。无论有向图还是无向图，与顶点的个数 n、边的个数 e 之间存在如下关系：

$$e = \frac{1}{2}\sum_{i=1}^{n}D(v_i)$$

（3）路径与路径长度：在图结构中，从顶点 v_i 到 v_j 的路径是一个顶点序列 $v_{i0},v_{i1},v_{i2},\cdots,v_{in}$，其中，$v_i=v_{i0}, v_j=v_{in}$。若图 G 是无向图，则顶点序列满足 $(v_{ik-1},v_{ik})\in E(G)$，$(1\leqslant k\leqslant n)$；若图 G 是有向图，则顶点序列满足 $<v_{ik-1},v_{ik}>\in E(G),(1\leqslant k\leqslant n)$。若路径上的第一个顶点和最后一个顶点是同一个顶点，则称该路径是一条回路或环。若路径上没有重复出现的顶点，则称其为简单路径。路径长度则指路径上边或弧的数目。

（4）连通、连通图与连通分量：在无向图 G 中，如果从顶点 v_i 到顶点 v_j 有路径，则称 v_i 和 v_j 连通。如果 G 中任意两个顶点之间都连通，则称 G 为连通图；否则为非连通图，无向图 G 中的极大连通子图称为无向图 G 的连通分量。

（5）强连通图和强连通分量：在有向图 G 中，如果任意两个顶点 v_i 和 v_j 都连通，即从

v_i 到 v_j 和从 v_j 到 v_i 都有路径,则称 G 为强连通图;有向图 G 中的极大连通子图称为有向图 G 的强连通分量。

(6) 网:图结构中的每一条边(或弧)都可以标注反映与该条弧(或边)相关的某种含义的数值,该数值称为该边(或弧)的权值,带权的图称为网(或带权图)。

图结构的基本操作包括在图中增加一个顶点或删除一个顶点及其相关的边(或弧)、增加或删除一条从顶点 v_i 到顶点 v_j 的边(或弧)、按照某种规则遍历整个图结构等。

2.6.2 图的存储

图有多种存储方式,最基本的两种存储方式是邻接矩阵和邻接表。

邻接矩阵方式利用一个矩阵(二维数组)存储图结构中各顶点之间的关系,即有关边(或弧)的数据信息。

设图 $G=(V,E)$ 具有 n 个顶点,n 个顶点间关系的邻接矩阵为一个 n 阶方阵 A,且 A 中的元素满足:

$$A[i][j] = \begin{cases} 1, & (v_i,v_j) \in E \text{ 或 } <v_i,v_j> \in E \\ 0, & (v_i,v_j) \notin E \text{ 或 } <v_i,v_j> \notin E \end{cases}$$

在有向图中,当 $<v_i,v_j>$ 是该图中的一条弧时,$A[i,j]=1$;否则 $A[i,j]=0$。有向图的邻接矩阵为非对称,图 2.34(a)中图结构的邻接矩阵结构如图 2.35(a)所示。

$$A = \begin{bmatrix} 0 & 1 & 1 & 0 \\ 0 & 0 & 0 & 0 \\ 0 & 0 & 0 & 1 \\ 1 & 0 & 0 & 0 \end{bmatrix} \qquad A = \begin{bmatrix} 0 & 1 & 1 & 0 & 1 \\ 1 & 0 & 0 & 0 & 1 \\ 1 & 0 & 0 & 1 & 0 \\ 0 & 0 & 1 & 0 & 1 \\ 1 & 1 & 0 & 1 & 0 \end{bmatrix}$$

(a) 有向图的邻接矩阵　　　　(b) 无向图的邻接矩阵

图 2.35　图的邻接矩阵示例

在无向图中,当 (v_i,v_j) 是该无向图中的一条边时,$M[i,j]=M[j,i]=1$;否则,$M[i,j]=M[j,i]=0$。无向图的邻接矩阵是一个关于主对角线的对称矩阵,可采用压缩存储的方法,仅存储下三角阵(不包括对角线上的元素)中的元素。

图 2.34(b)中图结构的邻接矩阵结构如图 2.35(b)所示。

采用邻接矩阵表示图结构,除了存储用于表示顶点间相邻关系的邻接矩阵外,一般还需利用一个顺序表(一维数组)存储顶点信息。

邻接矩阵存储结构定义:

```
#define MAXNODE <图中顶点的个数>
#define MAXADGES <图中边的个数>
typedef int vextype;                            /*顶点数据类型,假设为 int 型*/
typedef int adjtype;                            /*权值类型,假设为 int 型*/
typedef struct
    { vextype vexs[MAXNODE];                    /*顶点信息*/
      adjtype adjMatrix[MAXNODE][MAXNODE];      /*邻接矩阵*/
```

}Graph;

邻接矩阵是图的顺序存储结构,具有唯一性。从邻接矩阵的行数和列数可以知道图的顶点数。借助邻接矩阵可以判断任意两个顶点间是否存在边(弧),可以计算每个顶点的度。在有向图中,第 i 个顶点的出度为矩阵中第 i 行中非零元素的个数,入度为矩阵中第 i 列中非零元素的个数;图中弧的个数等于矩阵中非零元素的个数。在无向图中,第 i 个顶点的度为矩阵中第 i 行中非零元素的个数或第 i 列中非零元素的个数。由于每条边在矩阵中均被描述了两次,因此图中边的个数等于矩阵中非零元素个数的 1/2。

对于一个带权值的 n 个顶点的网,其邻接矩阵满足:

$$A[i][j] = \begin{cases} W_{ij}, & (v_i,v_j) \in E \text{ 或 } <v_i,v_j> \in E \\ \infty, & (v_i,v_j) \notin E \text{ 或 } <v_i,v_j> \notin E \end{cases}$$

W_{ij} 是网中对应边(或弧)上的权值,当网中存在一条边(或弧)时,矩阵中相应非零元素位置上的值为 W_{ij},否则该位置上为 ∞。网与其邻接矩阵如图 2.36 所示。

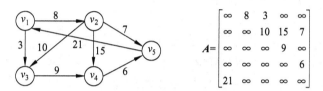

图 2.36 有向网与其邻接矩阵表示

采用邻接矩阵存储方式可以较方便地实现运算操作。例如创建 n 个顶点的无向网。算法实现:

```
CreatGraph(Graph * ga)
{   int i,j,m,weight;
    for(i=0;i<MAXNODE;i++)
        scanf("%d",&ga->vexs[i]);          /* 读入顶点信息,建立顶点表 */
    for(i=0;i<MAXNODE;i++)
        for(j=0;j<MAXNODE;j++)
            ga->adjMatrix [i][j]=0;         /* 邻接矩阵初始化 */
    for(m=0;m<MAXADGES;m++)                 /* 读入边 */
       { scanf("%d%d%d",&i,&j,&weight);    /* 读入边(vi,vj)上的权值 */
         ga->adjMatrix [i][j]=weight;
         ga->adjMatrix [j][i]=weight;
       }
}
```

CreatGraph 算法的执行时间是 $O(n+n^2+e)$,其中 $O(n^2)$ 的时间消耗在邻接矩阵 adjMatrix 的初始化赋值上,算法的时间复杂度是 $O(n^2)$。邻接矩阵存储方式需要预先知道图中顶点的个数,空间复杂度是 $O(n^2)$。对于稀疏图而言,邻接矩阵方式会造成存储空间的很大浪费。

邻接表实质是图的一种链式存储结构,利用邻接表可以较方便地实现动态存储。

在邻接表中,对图结构中的每个顶点 v_i 都建立一个带头结点的单链表,例如第 i 个单链表中的结点表示依附于顶点 v_i 的边(对于有向图则是以 v_i 为弧尾的弧)。这个单链表称为顶点 v_i 的邻接表(adjacency list)。

一个具有 n 个顶点的图的邻接表中的结点包括两个部分:

(1) 表示图中顶点间邻接关系的 n 个单链表。链表结点由三部分构成:邻接点域(Adjvex)用以存放与 v_i 相邻接的顶点在图中的位置;链域(Nextarc)用以指向依附于顶点 v_i 的下一条边或弧所对应的结点;数据域(info)用以存放与边或弧相关的信息(如网中每条边或弧的权值等)。由于邻接单链表中每个结点表示依附于该顶点的一条边,因此又称边结点。其结构如图 2.37(a)所示。

(2) 表示每个顶点 v_i 的邻接表的头结点。表头结点包括两个域:顶点域(Vertex)用来存储顶点 v_i 的名或其他有关信息;指针域(Firstarc)用于指向顶点 v_i 的邻接表中第一个表结点。为了便于随机访问任一顶点的邻接表,将所有表头结点以顺序结构(头结点数组)的形式存储。表头结点的结构如图 2.37(b)所示。

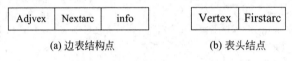

(a) 边表结构点　　　　　　(b) 表头结点

图 2.37　邻接表结点表示

应该注意的是:一个图的邻接矩阵表示具有唯一性,但其邻接表的表示并不唯一,因为在邻接表中,每个表头结点后面所链接的单链表中的各结点的链接次序取决于建立邻接表的算法以及边的输入次序,因此各边表结点的顺序是不固定的。尽管这些结点都依附于该头结点的信息,但它们之间并不一定存在邻接关系。无向图的边结点个数是实际图中边数目的二倍。图 2.34(a)有向图的邻接表如图 2.38(a)所示。

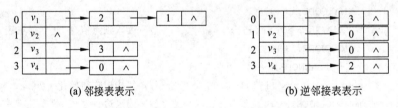

(a) 邻接表表示　　　　　　(b) 逆邻接表表示

图 2.38　有向图的邻接表与逆邻接表表示

邻接表存储结构定义:

```
#define MAXNODE <图中顶点的最大个数>
typedef struct ArcNode{              /*邻接链表的边表结点*/
    int adjvers;                     /*邻接顶点的序号*/
    int info;                        /*权值信息*/
    struct ArcNode * nextarc;        /*与顶点 vi 相邻接的下一个邻接顶点*/
}Node;
typedef struct VNode {               /*邻接链表的头结点*/
    ElemType data;                   /*顶点 vi 的数据信息*/
```

```
      struct ArcNode * Firstarc;        /*指向第一个与该顶点相邻接的弧(或边)的指针*/
    } adjvers[MAXNODE];
typedef struct
    { int vexsnum;                      /*图中顶点的个数*/
      adjtype adjvers;
    }Graph;
```

若一个无向图 G 包含 n 个顶点，e 条边，其邻接表共需要 n 个表头结点和 $2e$ 个边表结点。若 G 是有向图，其邻接表均有 n 个表头结点和 e 个边表结点。因此邻接表表示的空间复杂度为 $O(n+e)$。

当边 e 的数目远远小于顶点 $n(n-1)/2$（稀疏图）时，采用邻接表存储要远比用邻接矩阵存储节省空间。若边 e 的数目接近于顶点 $n(n-1)/2$（稠密图），由于邻接表中需要附加链域，因此应该采用邻接矩阵存储。

无向图中顶点 v_i 的度恰好是第 i 个邻接链表中表结点的个数。而有向图的邻接表，第 i 个邻接链表中表结点的个数只是顶点 v_i 的出度，如果要计算顶点 v_i 的入度，则需要扫描所有邻接表，并从中计算邻接点域值为 i 的所有结点个数。为此，需要建立一个有向图的逆邻接表，即对每个顶点 v_i 建立一个链接以顶点 v_i 为弧头的弧的表，此时，计算顶点 v_i 的入度就是统计逆邻接表中第 i 行结点的个数。逆邻接表结构如图 2.38(b)所示。

2.6.3　图的遍历

和树结构的遍历类似，图结构的遍历是从图中任意一个顶点出发，访问图中所有顶点，且使每个顶点仅被访问一次。若为连通图，则从图中任一顶点出发沿着边可以访问到该图中所有顶点。图的遍历是最核心的图操作算法，是求解图的连通性、拓扑排序和关键路径等算法的基础。

由于图结构本身的复杂性，图的遍历要比树的遍历复杂得多，原因有以下两个方面：

(1) 图中所有顶点没有主次之分，即图结构没有一个特定的起始点，需要人为指定起始点，起始点不同，遍历过程和结构就不相同。

(2) 由于图中任意顶点都可能与多个顶点相邻接，当访问了某个顶点后，可能沿着某一搜索路径又回到该顶点上。为了避免顶点的重复访问，在图的遍历过程中，必须记录每个顶点是否被访问过。

常见的图遍历方法有深度优先遍历和广度优先遍历，这两种遍历方式均适用于有向图和无向图。

1. 深度优先遍历（Depth-First-Search）

深度优先遍历类似于树的先序遍历。其基本思想是：假设初始状态时图中所有顶点均未被访问过。从图 G 中任选指定顶点 v 出发，访问顶点 v，然后选择一个与 v 相邻且没有被访问过的顶点 v_i 进行访问，再从 v_i 出发选择一个与 v_i 相邻且没有被访问过的顶点 v_j 进行访问。如果当前被访问的顶点的所有相邻顶点都已被访问，则回退到已被访问过的顶点序列中最后一个拥有未被访问的相邻顶点的顶点 v_k，从 v_k 出发按同样方式继续访问,直到图中与顶点 v 路径相通的所有顶点都被访问完为止。

假设一个无向图如图 2.39(a)所示,从顶点 v_1 出发的深度优先遍历过程如图 2.39(b)所示。

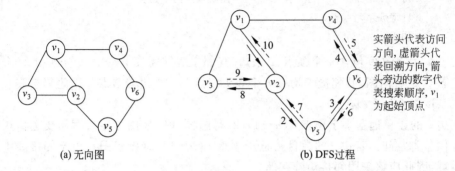

(a) 无向图　　　　　　　　　(b) DFS过程

图 2.39　无向图的 DFS 过程

深度优先遍历的执行过程:首先访问顶点 v_1;v_1 的未访邻接点有 v_2、v_3、v_4;访问 v_1 的第一个未访邻接点 v_2;v_2 的未访邻接点有 v_3 和 v_5,选择访问 v_5;v_5 的未访邻接点只有 v_6,访问 v_6;v_6 的未访邻接点只有 v_4,访问 v_4;v_4 没有未访邻接点,回溯到 v_6;v_6 已没有未访邻接点,回溯到 v_5;v_5 已没有未访邻接点,回溯到 v_2;v_2 的未访邻接点还有 v_3,访问 v_3;v_3 没有未访邻接点,回溯到 v_2;v_2 已没有未访邻接点,回溯到 v_1。深度优先遍历过程结束。相应的访问序列为 v_1、v_2、v_5、v_6、v_4、v_3。图 2.39(b)中所有结点以及标有实箭头的边,构成一棵以 v_1 为根的树,称为深度优先搜索树。

算法实现:

```
int visited[MAXNODE]={0};                /*所有顶点都未被访问过*/
void DFS(Graph G,int v)    /*邻接表表示,v是遍历起始点的在邻接表中的下标值(从 0 开始)*/
    { Node * temp;
      int i;
      printf("%d",v);                    /*访问序号为 v 的顶点*/
      visited[v]=1;                      /*序号为 v 的顶点已访问过*/
      temp=G.adjvers[v].firstarc;        /*取顶点 v 的第一个邻接顶点*/
      whiel(temp!=NULL)
        { i=temp->adjvers;               /*顶点 i 为顶点 v 的一个邻接点*/
          if(!visited[i])
          DFS(g,i);
          temp=temp->nextarc;            /*下一个邻接点*/
        }
    }
```

为了区分图中的顶点是否已被访问过,利用一维数组 visited[MAXNODE]设置访问标志,其初始值为 0,表示邻接表中下标值为 i(1≤i≤MAXNODE)的顶点没有被访问过,一旦某个顶点被访问,则 visited[i]设置为 1。

深度优先遍历是一个递归过程,尽可能优先对纵深方向进行搜索。递归调用函数

DFS()可以访问到所有与一个指定顶点有路径相通的其他顶点。若是非连通图,则下一次从另一个未被访问过的顶点出发,再次调用函数 DFS()遍历,直到将图中所有顶点都访问过为止。若是连通图,则从初始顶点出发的搜索顶点的过程就是对图 G 的遍历。

深度优先遍历算法的实质是对某个顶点查找其邻接点,耗费的时间取决于所采用的存储结构,若图的存储结构采用邻接矩阵,其算法的时间复杂度为 $O(n^2)$,若采用邻接表,其算法的时间复杂度为 $O(n+e)$。

2. 广度优先遍历（Breadth-First-Search）

广度优先遍历类似于树的按层次遍历。其基本思想是：假设初始状态图中各顶点均未被访问过。从图中任意顶点 v 出发,首先访问顶点 v,并将其标注为已被访问;接着依次访问 v 的所有未被访问过的邻接点 v_1, $v_2,\cdots,v_n$,并都标注为已被访问;然后按照 $v_1,v_2,\cdots,v_n$ 的次序,依次访问每个邻接点的邻接点(访问顺序应保持先被访问的顶点其邻接点也优先被访问),以此类推,直到图中所有和初始点 v 有路径相通的顶点都被访问完为止。

图 2.39(a)中的无向图,从顶点 v_1 出发的广度优先遍历过程如图 2.40 所示。

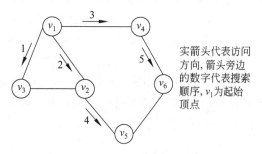

实箭头代表访问方向,箭头旁边的数字代表搜索顺序,v_1 为起始顶点

图 2.40 无向图的 BFS 过程

广度优先遍历的执行过程：首先访问顶点 v_1;v_1 的未访邻接点有 v_3、v_2、v_4,选择访问 v_1 的第一个未访邻接点 v_3,其次访问 v_1 的第二个未访邻接点 v_2,最后访问 v_1 的第三个未访邻接点 v_4;由于 v_3 在 v_2、v_4 前被访问,因此应先访问 v_3 的未访邻接点,而 v_3 没有未访邻接点,在 v_2、v_4 中选择,而 v_2 在 v_4 之前被访问,于是应先访问 v_2 的未访邻接点,v_2 的未访邻接点只有 v_5,访问 v_5;v_4 在 v_5 前已被访问,且 v_4 的未访邻接点只有 v_6,访问 v_6。至此,广度优先搜索过程结束,相应的访问序列为：v_1、v_3、v_2、v_4、v_5、v_6。图 2.40 中所有结点以及标有实箭头的边,构成一棵以 v_1 为根的树(称为广度优先搜索树)。

算法实现：

```
int visited[MAXNODE]={0};              /*所有顶点都未被访问过*/
void BFS(Graph G, int v)   /*邻接表表示,v是遍历起始点的在邻接表中的下标值(从 0 开始)*/
  { Node * temp;
    int i;
    InitQueue(Q);                       /*Q是空队列*/
    for(v=0;v<G.vexsnum;i++)
      { if(visited[v]==0)               /*顶点 v 未被访问*/
        {  EnQueue(Q,v);
           printf("%d",v);
           visited[v]=1;
           while(!Empty(Q))
             {  deleteQ(Q,v);
```

```
            for(temp=G.adjvers[v].firstedge;temp;temp=temp->nextarc)
                                                  /*所有与v相邻的顶点*/
           { i=temp->adjvers;
              if(!visited[i])
             { EnQueue(Q,i);
                visited[i]=1;
                printf("%d",i);
 } } } } }
```

为了避免重复访问顶点,广度优先遍历过程中同样利用一维数组 visited[MAXNODE]记录每个顶点是否已经被访问过。由于广度优先尽可能的先对横向进行遍历,这就要求必须对每个顶点的访问次序记录,从而保证先被访问顶点的邻接点也被优先访问。为此,引用一个队列结构保存顶点访问序列,即将被访问的每个顶点入队,当队头顶点出队时,访问其未被访问的邻接点。遍历过程中,图中每个顶点至多入队一次。

广度优先遍历算法与深度优先遍历算法的不同之处在于访问顶点的次序不同,因此两者的时间复杂度相同。无论采用深度优先遍历还是广度优先遍历,其遍历结果取决于图的存储结构、算法的策略以及选定的起始顶点三个条件,当其中一个条件发生变化,遍历结果也将随之发生改变。

2.6.4 图的应用

图的应用非常广泛,许多技术领域将图结构作为解决问题的手段之一。本节仅介绍 AOV 网与拓扑排序。

通常,一个大的工程项目被划分成若干个较小的子工程,这些子工程称为活动。显然,当所有活动完成时,整个工程也就相应完成,但在完成工程的过程中,有些活动的完成存在先后次序关系。例如,如果将计算机专业所开设的课程看成是一个工程,每一门课程就是工程中的活动,假设开设的部分课程如图 2.41(a)所示。由于其中某些课程之间存在先后关系,如开设数据结构课程之前必须先学习高级语言程序设计和离散数学,而在学习离散数学之前必须学完高等数学等,这些课程必须按先后次序开设。而另外一些课程之间则没有先后关系。

在有向图中,若顶点表示活动,有向边表示活动的优先关系,则称这样的有向图为顶点表示活动的网(Activity On Vertex Network),简称为 AOV 网。

在 AOV 网中,若从顶点 v_i 到顶点 v_j 存在一条有向路径,则 v_i 是 v_j 的前驱,v_j 为 v_i 的后继。网中的有向边表示活动的先后关系,即活动进行时的制约关系。若 $<v_i,v_j>$ 是网的有向边,表示活动 i 应先于活动 j 开始,即必须完成活动 i 后,才能开始活动 j,并称顶点 v_i 是顶点 v_j 的直接前驱,顶点 v_j 是顶点 v_i 的直接后继。这种前驱与后继的关系具有传递性。

AOV 网中不能存在有向环(有向回路),若出现有向环,回路中的活动就会互为前驱,意味着某项活动必须以自己任务的完成作为先决条件,工程将无法进行,显然这是错误的。因此,若对工程的可行性进行检测,应首先检测对应的 AOV 网是否存在有向回路。存在有向环的 AOV 网,所代表的工程是不可行的。不存在回路的 AOV 网称为有向无环图(Directed Acycline Graph)。检测的方法是对 AOV 网进行拓扑排序,即将 AOV 网中的顶点排列成一个线性有序序列,若全部顶点都包含在它的拓扑排序序列中,则 AOV 网必定不存在环。

如果用顶点表示课程,有向边表示开设课程的先后关系,则图 2.41(a)所描述的课程间的制约关系可用一个有向无环图表示,如图 2.41(b)所示。

课程编号	课程名称	先修课程
C1	高等数学	
C2	程序设计基础	
C3	离散数学	C1,C2
C4	数据结构	C2,C3
C5	算法设计	C2
C6	编译原理	C4,C5
C7	操作系统	C4,C9
C8	大学物理	C1
C9	计算机原理	C8

(a) 开设课程

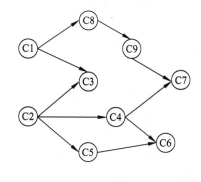

(b) 表示课程之间先后关系的有向无环图

图 2.41 有向无环图

拓扑排序(topological sort)是将 AOV 网中的所有顶点排成一个线性有序序列的过程,并且满足:若在 AOV 网存在一条从 v_i 到 v_j 的路径,则在该线性序列中顶点 v_i 必排在顶点 v_j 之前。例如,图 2.40 的一个拓扑序列为{C1,C2,C3,C4,C5,C6,C8,C9,C7}。通常情况下,若有 AOV 网代表一个工程项目,那么 AOV 网的一个拓扑排序就是工程顺利完成的可行方案。

拓扑排序的基本思想是:首先从 AOV 网中选择一个无前驱的顶点(入度为 0)并且输出;然后从 AOV 网中删除该顶点以及与其相关的所有边;重复上述过程,直到网中不存在无前驱的顶点。此时,若输出的顶点数小于 AOV 网中的顶点数,说明存在回路,拓扑排序无法进行下去。若输出了全部顶点,表明整个拓扑排序完成,输出的顶点顺序即为一个拓扑排序序列。

AOV 网的拓扑序列不是唯一的。拓扑排序的实现既可以基于邻接矩阵也可以基于邻接表,下面是基于邻接表的拓扑排序算法。

算法实现:

```
#define MAXNODE <图中顶点的个数>
type struct EdgeLinklist
  { int adjvex;
    struct EdgeLinklist * next;
  }EdgeLinklist;                    /*边结点*/
typedef struct VexLinklist
  { char data;
```

```
         int indegree;                        /*记录顶点的入度*/
         EdgeLinklist * firstedge;
         }VexLinklist,AdjList[MAXNODE];       /*顶点结点*/
void TopologicalSort(AdjList adj)
{   InitStack(s);
    int i;
    for(i=0;i<MAXNODE-1;i++)
       if(adj[i].indegree==0)
         Push(s,i);
    while(!StackEmpty(s))
    {  Pop(s,i);
       printf("%d",i);
       for(temp=adj[i].firstedge; temp; temp=temp->next)
       {  adj[i].indegree=adj[i].indegree -1;
          if(adj[i].indegree==0)
             Push(s,i);
       }
    }
}
```

为了方便算法的实现,利用成员变量 indegree 存放各顶点的入度,查找网中无前驱的顶点 i(adj[i].indegree 为 0 的顶点)。为了避免重复检测入度为零的顶点,设置一个辅助栈,将所有入度为 0 的顶点入栈或入度减为 0 的顶点入栈。每当输出某一顶点时,便将它从栈中删除。

一个具有 n 个顶点和 e 条弧的有向无环图,执行拓扑排序算法时,for 循环执行 n 次的时间复杂度为 $O(n)$;while 循环中,每一顶点必定进栈、出栈各一次,其时间复杂度为 $O(e)$,因此算法的时间复杂度为 $O(n+e)$。

2.7 查找算法

查找是一种非常实用的数据处理技术。在非数值运算问题中,为了在大量数据存储信息中找到需要的数据,必须利用查找技术。查找的基本方法包括比较式查找法和计算式查找法。比较式查找法通过一系列的关键字的比较作为基础以确定被查找对象在结构中的位置,又分为基于线性表的查找法和基于树表的查找法;计算式查找法通过建立哈希函数并利用哈希函数计算得到待查找对象的存储地址,然后到相应的存储单元获得有关信息以判定查找是否成功,又称为哈希(hash)查找法。使用哪一种数据结构表示查找表、对无序表还是有序表进行查找等因素对选取查找算法都有一定的影响。

2.7.1 基本概念

查找的过程就是根据给定的关键字值 k,在含有 n 个数据元素的查找表 L 中找出关键字与给定值 k 相同的数据元素。若找到相应的数据元素,则查找成功,并返回该数据元素在列表 L 中的位置。否则查找失败,返回相关的失败信息。其中,查找表 L 是由同一类型的数据元素(或记录)构成的集合,可利用任意数据结构实现。数据元素查找时,需要确定查找对象 k(找什么)以及查找范围 L(在哪找),并根据查找算法确定 k 是否在 L 中(L 中是否有 k 的位置)。

关键字作为识别数据元素(记录)的特征,是数据元素的某个数据项值。主关键字是唯一识别某一数据元素的关键字;次关键字是能够识别多个数据元素的关键字。

若对查找表只作查找运算,则称为静态查找表。静态查找表通常只进行两种运算:
(1) 查询某个指定的数据元素是否在查找表中;
(2) 检索某个指定的数据元素的各种属性。

若对查找表进行查找运算的同时,还允许进行插入和删除运算,则称为动态查找表。动态查找表进行的操作主要有以下内容:
(1) 在查找表中插入不存在的数据元素;
(2) 从查找表中删除已存在的某个指定数据元素。

由于查找的基本操作是关键字的比较,通常将查找过程中对关键字执行的平均比较次数作为衡量一个查找算法性能的标准。为确定数据元素在查找表中的位置,需要与给定关键字值进行比较的次数的期望值称为查找算法在查找成功时的平均查找长度 ASL(Average Search Length)。对于长度为 n 的列表,查找成功时的平均查找长度为:

$$ASL = \sum_{i=1}^{n} P_i C_i$$

其中,n 为查找表中数据元素的个数;P_i 是查找第 i 个数据元素的概率,一般情况下,均认为每个数据元素的查找概率相等,即 $P_i = 1/n (1 \leqslant i \leqslant n)$;$C_i$ 是找到表中第 i 个数据元素时所需进行的比较次数,显然 C_i 将随查找方法的不同而不同。

2.7.2 顺序查找

顺序查找是一种最简单的查找方法,算法的基本思想是:从数据序列中的第一个数据元素开始,依次将数据元素的关键字与待查找的给定值逐个进行比较,若与给定值相等,则查找成功;反之,如果直到最后一个数据元素,与给定值比较都不相等,则查找失败,表明该数据序列中没有所要查找的数据。

算法实现:

```
int searchBySequence(int d,int R[],int n)
                        /*包含 n 个整数的数组 R[n],数组长度 n,准备查找的元素 d*/
{   int flag=-1,i=0;
    for(i=0;i<n;i++)                    /*从表头开始向后依次查找*/
    {   if(R[i]==d)
        {   flag=i;                     /*找到待查找的数据元素 d*/
            break;
        }
```

```
        return flag;                    /* 元素 d 在整数序列中的位置 */
    }
```

顺序查找算法在不越界情况下比较 $i<n$ 次，C_i 取决于所查数据元素在表中的位置，若需查找的元素恰好是表中第一个元素 $R[0]$，仅需比较一次；但如果查找的元素恰好是表中最后一个元素 $R[n-1]$，则需要比较 n 次，一般情况下的比较次数 $C_i=n-i+1$。因此，在等概率情况下，查找成功的平均查找长度为：

$$\mathrm{ASL} = \frac{1}{n}\sum_{i=1}^{n} i = \frac{1}{2}(n+1)$$

也即查找成功的平均比较次数约为表长的一半，但是如果查找的数据元素不存在，则必须进行 $n+1$ 次比较才能确定失败。

顺序查找算法简单，适用于顺序存储方式和链式存储方式的查找表。

2.7.3 折半查找

折半查找又称为二分查找，查找过程采用"分而治之"的方法，首先确定待查找数据所在的区间，然后逐步缩小查找范围，直到找到或未找到所指定的查找数据为止。折半查找的前提条件是待查找数据区域内的数据必须有序排列(按照关键字值递增或递减)。

折半查找的基本思想是：查找过程总是从中间数据元素开始"分割"查找区域。首先用待查找数据与中间位置的数据元素比较，当待查找数据与中间数据相同时，表示找到所需要的数据；否则缩小查找区域(原有区域的 1/2)并在新的查找区域内重新确定中间数据元素，至于选择哪一半的数据区域，需要判定待查找数据与中间数据的大小关系，如果待查找数据小于中间数据，则放弃中间数据以及大于该中间数据的所有数据(大约一半数据)的查找过程；反之，则放弃中间数据以及小于该中间数据的所有数据的查找过程。

算法实现：

```
int searchByMid(int d,int R[],int n)
                            /* 包含 n 个整数的数组 R[n],数组长度 n,准备查找的元素 d */
{   int low,mid,high;
    low=0;                           /* 设置区间初始值 */
    high=n-1;
    while(low<=high)
    {
      mid=(low+high)/2;
      if(d==R[mid])
          return mid;                /* 找到待查找的元素 */
      else if(d<R[mid])
          high=mid-1;                /* 在前半区查找 */
      else
          low=mid+1;                 /* 在后半区查找 */
    }
```

```
            return -1;                    /*数组中不存在待查找的元素*/
}
```

例 2.7 在{−2,3,5,6,8,12,32,56,85,95,101}整数序列中查找数字 8,并输出其位置。

令 low=0,high=10。查找范围的中间位置 mid=5,由于 a[mid]=12 大于 8,如果所查找的数据元素存在,则必定在区间[low,mid−1]内,令 high=mid−1,计算 mid=(low+high)/2=2。由于 a[mid]=5 小于 8,如果所查找的数据元素存在,必定在区间[mid+1,high]内,令 low=mid+1,计算 mid=(low+high)/2=3。由于 a[mid]=6 小于 8,如果所查找的数据元素存在,必定在区间[mid+1,high]内,则令 low=mid+1,计算 mid=(low+high)/2=4。由于 a[mid](a[4])的值等于 8,查找成功。

折半查找每经过一次关键字比较就缩小一半查找区间,可以用一棵二叉树来描述,方法是将当前查找区域的中间位置上的数据元素作为根,左子表和右子表中的数据元素分别作为根的左子树和右子树,由此构造的二叉树称为折半查找判定树。判定树中每一结点对应查找表中的一个数据元素,但结点值不是数据元素的关键字,而是数据元素在表中的位置序号。例 2.7 的折半查找判定树如图 2.42 所示。

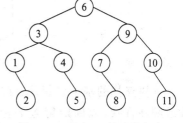

图 2.42 具有 11 结点的折半查找判定树

折半查找的过程恰好是一条从判定树根结点到被查找结点的路径,与关键字进行比较的次数恰好是被查找结点在树中的层数。因此,折半查找成功时进行的比较次数最多不超过树的深度。假设表长为 n,树深为 $h=\log_2(n+1)$,在等概率情况下,折半查找成功的平均查找次数为:

$$\text{ASL} = \frac{1}{n}\sum_{j=1}^{n} j \times 2^{j-1} = \frac{n+1}{n}\log_2(n+1) - 1$$

折半查找算法比较次数少,查找速度快,平均性能较好;但要求线性表中元素按关键字有序排列,适用于顺序存储结构,不经常变动且查找频繁的有序表。

2.7.4 分块查找

分块查找又称为索引顺序查找,是介于顺序查找与折半查找之间的一种查找方法。

分块查找要求线性表中的数据元素"分块有序"。首先需要将待查找数据元素分成若干数据块,每一个块内的数据元素存储顺序可以任意,但各块之间必须按照关键字的大小有序排列,即前一个块中的最大关键字均小于后一个块中的最小关键字。其次需要抽取各块中最大关键字构成一个索引表,索引表按关键字递增有序。

索引表的数据类型定义:

```
typedef struct IndexType
{   int key;
```

```
        int link;
    }
```

假设一个关键字分别为{20,14,10,9,11,35,23,21,44,40,50,49,63,66,72,81,95,89,99,84}的线性表,将其分为 4 块,每块中有 5 个元素,该线性表的索引存储结构如图 2.43 所示。其中,第一块中的最大关键字 20 小于第二个块中最小关键字 21,第二个块中的最大关键字 44 小于第三个块中的最小关键字 49,第三个块中的最大关键字 72 小于第四个块中的最小关键字 81。

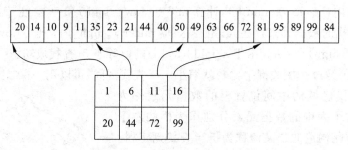

图 2.43 分块索引及索引表

分块查找的基本思想是:首先查找索引表,由于索引表是有序表,可以采用折半查找或顺序查找,以确定待查的数据元素所在数据块;其次在已确定的块内进行顺序查找。

例如在上述索引顺序表中查找 49。首先,将 49 与索引表中的关键字进行比较,因为 44≤49≤72,确定 49 在第三个块中,第三个数据块内的数据会有序排列,利用顺序查找,最后在 12 号单元中找到 49。

算法实现:

```
int searchByMid(int d,int R[],int n,int I[],int m)
    /*包含 n 个整数的数组 R[n],数组长度 n,准备查找的元素 d,索引表 I[m],分块数 m*/
  { int low,high,mid,I,x;
    low=0;                      /*设置索引表初始值*/
    high=m-1;
    x=n/m;                      /*x 为每块的数据个数*/
    while(low<=high)            /*在索引表中进行折半查找,找到的位置存储在 1 中*/
    { mid=(low+high)/2;
        if(d<=I[mid])
            high=mid-1;
        else
            low=mid+1;
    }
    if(low<m)                   /*在索引表中查找成功后,在指定块内顺序查找元素*/
    { searchBySequence(d,&R[low],x);
    }
  }
```

实际上分块查找进行了索引查找和块内查找两次查找过程,分块查找算法的平均查找长度应为两次查找的平均查找长度之和。平均查找长度不仅与查找表的长度有关,而且与每一数据块内数据元素的个数有关。假设线性表长度为 n,分成 b 块,每块包含数据元素 $x=n/m$ 个,在等概率的情况下,块的查找概率为 $1/m$,块内元素的查找概率为 $1/x$,若采用折半查找确定元素所在的块,则分块查找成功时的平均查找长度为:

$$\text{ASL} = \frac{1}{m}\sum_{j=1}^{m} j \times 2^{m-1} + \frac{1}{x}\sum_{i=1}^{x} i = \log_2(m+1) - 1 + \frac{x+1}{2}$$

分块查找只有在数据元素"分块有序"条件下才可进行,适用于顺序存储结构及链式存储结构。

2.7.5 二叉排序树

顺序查找、折半查找以及分块查找等查找方法,主要适用于静态查找表的查找,称为静态查找算法。其中,折半查找的效率最高,但折半查找要求查找表中的数据元素按关键字有序,且不能用链表作存储结构。然而,在实际应用中,需要对查找表中的数据元素频繁地插入和删除,为了保持查找表的有序性,势必要移动大量数据元素,造成新的时间开销,这种额外时间开销将会抵消折半查找的优势。

为了能在查找表上方便地进行插入和删除操作,可以将待查找数据表组织成特定二叉树形式(即树表的方式),主要包括二叉排序树、二叉平衡树及 B 树等。树表在进行插入和删除操作时,不需要移动表中的数据元素,减少因移动数据元素引起的额外时间开销,便于维护表的有序性。

在树结构上实现查找的方法称为树表查找法,即对于给定值 k,若查找表中存在关键字与 k 相同的数据元素,则查找成功,否则插入关键字为 k 的数据元素,因此树表查找又称为动态查找算法。本节仅介绍二叉排序树的查找算法。

1. 二叉排序树定义

二叉排序树又称为二叉查找树,是一种特殊结构的二叉树。
二叉排序树或者是一棵空树,或者是满足如下性质的二叉树:
(1) 若它的左子树非空,则左子树上所有结点的值均小于根结点的值;
(2) 若它的右子树非空,则右子树上所有结点的值均大于根结点的值;
(3) 它的左右子树也分别为二叉排序树。
二叉排序树如图 2.44 所示。

二叉排序树的定义是一个递归定义。对二叉排序树进行中序遍历,可以得到一个递增有序序列,因此,采用二叉排序树方式,可以使查找表既具有顺序存储结构的折半查找效率高的优点,又具有链式存储结构的插入/删除运算灵活的优点。二叉排序树通常采用二叉链表的存储方式

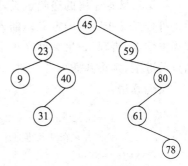

图 2.44 二叉排序树示例

二叉链表结构定义:

```
typedef struct node{
    KeyType key;                          /*关键字的值*/
    struct node * lchild, * rchild;       /*指向左右子树的指针*/
    }BSTnode, * BSTree;
```

2. 二叉排序树的查找过程

由于二叉排序树中左子树上的所有结点的关键字均小于根结点的关键字;右子树上的所有结点的关键字均大于根结点的关键字,所以在二叉排序树上进行查找与折半查找过程类似。

二叉排序树查找是一个递归查找过程,基本思想是:当二叉排序树非空时,将给定值 k 与根结点的关键字进行比较,若相等则查找成功;否则,若给定值 k 小于根结点的关键字,在根的左子树中查找;当给定值 k 大于根结点的关键字,则在根的右子树中查找。如果找到,查找过程是一条从根结点到所找到结点的路径;否则,查找过程结束于一棵空树。

算法实现:

```
BSTree BSTsearch(BSTnode root,KeyType k)
                       /*在 root 指向根的二叉排序树中查找关键值为 k 的结点*/
   { if(root==NULL)
           return NULL;
       else if(root->key==k)
           return root;                        /*查找成功*/
         else if(root->key>k)
             return bstsearch(root->lchild,k);  /*查找左子树*/
           else
             return bstsearch(root->rchild,k);  /*查找右子树*/
   }
```

例如对图 2.44 的二叉排序树进行查找,如果要查找的给定值是 $k=61$,则 k 首先与根结点比较,因为 $k>45$,查找其右子树;因 $k>59$,以 59 为根结点,在其右子树上查找,因 $k<80$,在结点 80 作为根结点的左子树上查找,其左子树的根结点正好为 61,查找成功。

3. 结点的插入和二叉排序树的构造

根据二叉排序树的递归定义,若插入一个已知关键字值的结点,需要保证插入该结点后仍符合二叉排序树的定义。插入结点的过程为:若二叉排序树为空,则直接插入结点作为根结点;否则,如果关键字小于根结点关键字,则将其插入左子树,如果关键字大于根结点关键字,则将其插入右子树。

实现算法:

```
int BSTInsert(BSTnode * s,KeyType k)
              /*在二叉排序树中插入一个关键字值 k 的结点,插入成功返回 1,否则返回 0*/
   { if(s==NULL)                             /*递归结束条件*/
       { s=(BSTnode * )malloc(sizeof(BSTNode)); /*原树为空,新插入的元素为根结点*/
```

```
            s->key=k;
            s->lchild=s->rchild=NULL;
            return 1;
        }
        else if(k<s->key)
            BSTInsert(&(s->lchild),k);        /*将 s 插入左子树*/
        else if(k>s->key)
            BSTInsert(&(s->rchild),key);      /*将 s 插入右子树*/
        else if(k==s->key)
            return 0;                         /*树中存在关键字相同的结点*/
        }
```

二叉排序树的构造是通过依次输入数据元素并利用二叉树的插入算法将其插入到二叉树的适当位置上。对于一个指定的数据元素序列,构造二叉排序树的过程为:每读入一个数据元素,建立一个新结点。若二叉排序树非空,则将新结点的值与根结点的值比较,如果小于根结点的值,则插入到左子树中,否则插入到右子树中;若二叉排序树为空,则新结点作为二叉排序树的根结点。

算法实现:

```
void CreateBST(BSTnode * bst,KeyType str[],int n )
                        /*根据数据元素序列,创建相应的二叉排序树*/
{   bst=NULL;
    int i=0;
    while(i<n)
    {   BSTInsert(bst,str[i]);      /*插入数据元素到相应位置*/
        i++;
    }
}
```

例如一个关键字分别是{45,23,59,9,40,80,31}的查找表,这组数据的二叉排序树的构造过程如图 2.45 所示。

通过二叉排序树的构造,将一个无序的查找表变成一个有序序列。

二叉排序树的插入过程实际上是一个查找过程,查找成功时走了一条从根结点到所查找结点的路径。由于二叉排序树本身是一个有序结构,因此和折半查找类似,也是一个逐步缩小查找范围的过程。但是,对于长度为 n 的数据表,折半查找判定树具有唯一性。而二叉排序树由于插入的先后次序不同,所构成的深度和形态也不尽相同。二叉排序树查找成功的平均查找长度与二叉排序树的深度及形状有关,而二叉排序树的形状既与结点数目有关,更取决于建立二叉排序树时结点的插入顺序。

在生成的二叉排序树平衡度较好的情况下,其平均查找长度与折半查找相当。在插入过程中,由于每次插入的新结点都是二叉排序树上新的叶子结点,仅需改动指针而不必移动其他结点。因此,二叉排序树适用于插入、删除频繁的情况。

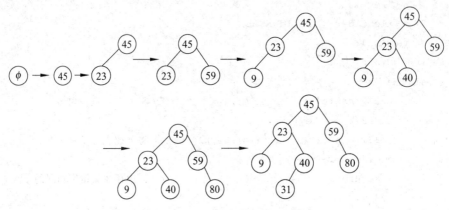

图 2.45 二叉排序树的构造过程

2.7.6 哈希表查找

顺序查找、折半查找、分块查找以及二叉排序树查找过程中,查找是通过和关键字的比较来确定被查元素在查找表中的位置,数据元素在表中的位置与数据元素的关键字之间不存在确定的关系。因此,查找的效率依赖于查找过程中所进行的比较次数。哈希查找方法则通过关键字进行某种运算后直接确定查找元素的存储位置,不需要进行关键字的比较,大大提高了查找的效率。哈希法又称散列法、关键字地址计算法等。在一块连续的内存空间采用哈希法建立起来的符号表就称为哈希表。

哈希查找的基本思想是:在数据元素的关键字 k 和数据元素的存储位置 p 之间建立一个确定的对应关系 H,使每个关键字和表中一个唯一的存储位置相对应,即 $p=H(k)$,称对应关系 H 为哈希函数。将关键字为 k 的元素直接存入地址为 $H(k)$ 的单元,查找时,利用哈希函数计算出该元素的存储位置 $p=H(k)$,从而达到按关键字直接存取元素的目的。

1. 构造哈希函数

构造哈希函数的基本要求是根据数据元素关键字集合的特点,计算出一组关键字的哈希地址,应尽量使哈希地址均匀地散列分布在整个哈希表中,尽可能减少冲突现象。同时,哈希函数本身也应尽量简单、便于计算。构造哈希函数的常用方法有:

(1) 数字分析法:如果关键字是 r 进制数,且事先已知哈希表中可能出现的关键字集合,则可从关键字中选出分布较均匀的若干数位构成哈希地址。选取原则是所选数位上的数字尽可能随机,使得到的哈希地址尽量避免冲突。

(2) 平方取中法:取关键字平方后的中间几位作为哈希地址,取的位数由表长决定。由于一个数平方后的中间几位数和数的每一位都相关,因此得到不同哈希地址的概率更高。

(3) 分层折叠法:按照哈希表地址的位数将关键字分成位数相等的几部分(最后一部分可以较短),对这几部分相加处理后,舍弃最高进位后的结果作为关键字的哈希地址。

(4) 直接定址法:取关键字或关键字的某个线性函数作为哈希地址。

(5) 随机数法:选择一个随机函数,取关键字的随机函数值作为它的哈希地址。即 H(key)=random(key),其中 random(key)为随机函数。一般在关键字长度不等的情况下采用该法构造哈希函数。

(6) 除留余数法:取关键字被某个不大于哈希表表长 m 的数 p 整除后得到的余数作为哈希地址,即 H(k)=k%p(p≤m)。除留余数法是一种最常用、最简单的方法,不仅可以直接对关键字取模,也可在平方取中、分层折叠等运算后取模。

使用除留余数方法时,要注意数 p 的选取,如果选取的数 p 不好,容易产生同义词,造成冲突,一般选取 p 为素数。

例如已知关键字为{19,54,60,35,79,46,23,91}的数据集合,假设哈希表表长 $m=8$,$p=7$,则有:

H(19)=19%7=5, H(54)=54%7=5, H(60)=60%7=4,
H(35)=35%7=0, H(79)=79%7=2, H(46)=46%7=4,
H(23)=23%7=2, H(91)=91%7=0

此时 19 与 54,35 与 91,79 与 23,60 与 46 的哈希地址相同,冲突较多。为了减少冲突,可以取较大的 m 值和 p 值,例如 $m=p=13$,计算结果如下:

H(19)=19%13=6, H(54)=54%13=2, H(60)=60%13=8,
H(35)=35%13=9, H(79)=79%13=1, H(46)=46%13=7,
H(23)=23%13=10, H(91)=91%13=0

此时没有冲突,如图 2.46 所示。

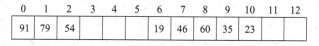

图 2.46 二叉排序树的构造过程

在构造哈希函数时尽可能地避免冲突的发生,通常哈希函数是一个压缩映像,即关键字集合大,地址集合小。因此没有冲突的函数很难找到。

2. 解决冲突

建立哈希表的过程就是根据查找表中每一个数据元素的关键字,利用哈希函数计算的函数值,获得对应的哈希地址,并将所有待查元素存入 H(k)指定的存储单元中。查找时,只需对待查关键字采用同样函数计算出哈希地址 H(k)后,直接到相应单元中查找。

一般哈希表的空间要比元素集合大,目的是提高查找效率。假设哈希表空间大小为 m,元素个数为 $n(n<m)$,则 $\alpha=n/m$ 称为哈希表的装填系数。

通常设计或选用哈希函数时都期望计算的元素地址能够均匀地散列分布在哈希表的空间中,即每一个关键字能唯一对应表中一个地址。然而,实际处理时,关键字的数量可能远大于哈希表给定的存储空间,函数的映射关系是多对一的关系,即多个关键字对应同一个地址。对于某个哈希函数 H(k)和两个关键字 k_1、k_2,如果有 $k_1 \neq k_2$,且 H(k_1)=H(k_2),即关键字值不同的元素映像到哈希表的同一地址上,这种现象称为冲突,且 k_1 和 k_2 对哈希函数 H 而言是同义词。

解决冲突的方法是为冲突的关键字元素另外寻找一个新地址。常用的方法为开放定址法和链地址法。

开放定址法以发生冲突的哈希地址为自变量,通过某种哈希冲突函数探测到一个新的空闲的哈希地址。在探测过程中可能得到一个地址序列 H_i。

假设 m 为哈希表表长;d_i 为增量序列,H_i 为冲突发生后求得的新地址,则有:

$$H_i = (H(key) + d_i) \bmod m, \quad i = 1, 2, \cdots, k(k \leqslant m-1)$$

其中 $\bmod m$ 的作用是保证求得的新地址值在哈希表空间内。根据增量序列 d_i,可分为:

(1) 线性探测再散列:$d_i = 1, 2, 3, \cdots, m-1$

(2) 二次探测再散列:$d_i = 1^2, -1^2, 2^2, -2^2, 3^2, \cdots, K^2, -K^2 (K \leqslant m/2)$

(3) 随机探测再散列:$d_i =$ 伪随机序列

最简单的方法是线性探查,即发生冲突时,从发生冲突的单元地址开始,顺序地探查哈希地址毗邻的地址是否为空,若空,就将此地址作为冲突后的新地址。若不空,则继续将地址值加 1 再探测,直到找到空闲的单元为止。

例如已知关键字为 $\{19, 51, 60, 36, 72\}$ 的数据集合,假设哈希表表长 $m=6$,$p=5$,哈希函数为 $H(key) = key \bmod 5$,则有:

$$H(19) = 19\%5 = 4, \quad H(51) = 51\%5 = 1, \quad H(60) = 60\%5 = 0,$$
$$H(36) = 36\%5 = 1, \quad H(72) = 72\%5 = 2$$

在长度为 6 的哈希表中,关键字 60,51,72,19 由哈希函数得到的哈希地址没有冲突,元素直接存入哈希地址为 0、1、2、4 的存储单元中。关键字为 36 的元素,哈希地址为 1,因该地址已存入关键字为 51 的元素,产生冲突。若采用线性探测再散列处理冲突,由 $H_1(H(36)+1)\%5 = 2$,探测哈希地址 2,该单元由关键字为 72 的元素占用,仍冲突;再计算 $H_1(H(36)+2)\%5 = 3$,该地址空闲,因此将 36 存入哈希地址为 3 的单元。

链地址法是将所有关键字为同义词的数据元素存储在同一个单链表中,这一点与邻接表的思想非常类似。在该方法中,哈希表存储的不是数据元素本身,而是相应同义词单链表的头指针。

3. 查找哈希表

在确定了哈希函数及冲突处理方法后,构造哈希表的过程:

① 取出一个数据元素的关键字,根据设定的哈希函数计算其在哈希表中的存储地址。若该存储地址的存储空间没有被占用,则将该数据元素存入。

② 当发生冲突时,根据规定的冲突处理方法,计算该关键字的数据元素的下一个存储地址。若该存储地址的存储空间没有被占用,则存入;否则继续探测,直到找出一个存储空间没有被占用的存储地址为止。

重复上面过程,直到所有的数据元素都被存储为止。

利用哈希表进行查找的过程,是由给定的关键字 k 经哈希函数得到被查元素在哈希表中的地址。由于可能存在冲突的情况,因此对按哈希函数求得的地址中存放的是否是要求的元素必须进行关键字的比较,如果不是待查元素,则需要按照解决冲突方法的寻找新地址,并对新地址中的元素再次比较。哈希表的查找过程和构造哈希表的过程基本一致。

尽管可以直接由关键字计算出存储地址 H(k),但由于冲突,使哈希表的查找仍需要对给定值 k 与元素的关键字进行比较,不论查找成功与否,哈希查找必须进行 1 次甚至多次比较,所以平均查找长度仍然可作为评价哈希查找效率的标准。相对而言,哈希查找的 ASL 要比线性查找、折半查找等方法的 ASL 小很多。同时,采用不同的冲突解决方法及不同的装填系数 α,哈希查找的 ASL 也不相同。

在利用开放定址法解决冲突的哈希表中,不能简单地直接删除某个元素,否则将切断具有相同哈希地址的其他元素的查找地址,通过设置一个特殊标志明确该元素已被删除。

2.8 排 序 算 法

排序是将数据元素按照关键字递增(或递减)的次序重新排列。排序和查找一样,是数据处理中的一种重要运算。例如折半查找的效率较高,其原因是线性表有序。排序分为内排序和外排序,内排序是将待排序的数据元素全部存储在内存中进行排序的过程。外排序则是内存不能容纳所有待排序数据元素,部分元素存放在外存中,排序时需要对外存进行访问的排序过程。本节仅介绍内排序的主要排序方法,并假设待排序数据元素的关键字值均为整数。

2.8.1 基本概念

对 n 个数据元素的序列 $\{R_1,R_2,\cdots,R_n\}$,其关键字的序列是 $\{K_1,K_2,\cdots,K_n\}$,要求排序后,确定一种排列 $p_1,p_2,\cdots,p_n$,使相应关键字满足非递减($Kp_1 \leqslant Kp_2 \leqslant \cdots \leqslant Kp_n$)或非递增($Kp_n \leqslant \cdots \leqslant Kp_2 \leqslant Kp_1$)关系,从而使原来的序列变成一个按关键字有序的序列 $\{Rp_1,Rp_2,\cdots,Rp_n\}$。

排序过程需要比较两个关键字的大小和将数据元素从一个位置移动到另一个位置的操作。比较两个关键字的大小对于大多数排序方法都是必要的,而移动数据元素的操作则可以通过适当的存储方式予以避免。采用顺序存储时,将待排序的数据元素存储在一组地址连续的存储单元中,元素间的次序关系由其存储位置决定,因此排序过程中一定需要移动元素。采用链式存储时,待排序的数据元素存储在单链表中,元素间的次序关系通过指针连接,排序时只需修改指针而不需要移动数据元素。

当待排序数据元素的关键字项各不相同(主关键字)时,排序结果唯一,不存在稳定性问题。然而,当待排序数据元素存在多个相同的关键字项(次关键字)时,排序结果可能不唯一。假设 $K_i=K_j(1 \leqslant i \leqslant n, 1 \leqslant j \leqslant n, i \neq j)$,若在排序前的序列中 R_i 领先于 R_j(即 $i<j$),排序后的序列中 R_i 仍领先于 R_j,即这些具有相同关键字的数据元素之间的相对次序保持不变,则该排序方法是稳定的;反之,若具有相同关键字的元素之间的相对次序关系发生变化,则该排序方法是不稳定的。无论稳定的或是不稳定的排序方法,都可以实

现排序。

影响排序算法时间复杂度的因素包括：排序过程中对元素关键字进行比较的次数和比较后数据元素记录从一个位置移动到另一位置的移动次数。

2.8.2 插入排序

插入排序的核心思想是：将一个待排序的数据元素，按关键字值的大小插入到一个已排好顺序的有序数据元素序列中，从而得到一个新的有序序列。插入排序包括直接插入排序、折半插入排序及希尔排序等。

直接插入排序(straight insertion sort)是一种简单的排序方法。处理过程是：将原有的数据序列分为已经排序和未排序两部分；开始时以原有数据序列的第一个数据元素作为已排序部分，将其余数据作为未排序的部分；然后顺序地将未排序部分的各数据元素按关键字值大小插入到已排序部分的适合位置，直至将全部数据元素都插入完成为止。

直接插入排序只需一个辅助元素空间，但每插入一次，就要将大部分数据移动一次，所需的排序时间较长。使用数组进行排序时，为了避免在插入过程中的下标越界问题，一般不使用第一个数组元素 $R[0]$，仅将其用作临时存储区。自 $i-1$ 个元素起向前搜索的过程中，可以同时向后移动元素。

算法实现：

```
void insertSort(int R[],int n)
                /*对整数数组 R[]从小到大排序(下标从 1 开始,R[0]不用),数组长度 n,*/
   { int i,j;
     for(i=2;i<=n;i++)
      {
        if(R[i]<R[i-1])
         {
           R[0]=R[i];                  /*复制到临时区*/
           for(j=i-1;R[0]<R[j];j--)    /*记录后移*/
             R[j+1]=R[j];
           R[j+1]=R[0];                /*插入到正确的位置*/
         }
      }
   }
```

假设待排序数据元素集合为{2,1,34,10,45,3}。经过排序，如果指定从左向右从小到大排序，前三个数据的排序结果为{1,2,34}。将第四个数据元素 10 插入到当前的有序序列中，首先要确定数据元素 10 在新序列中的位置，其次进行插入操作。则 10 应插入到 2 和 34 之间并构成新的有序序列，以此类推，完成排序过程。

排序过程如下：

	R[0]	R[1]	R[2]	R[3]	R[4]	R[5]	R[6]
		2	1	34	10	45	3
$i=2$	1	1	2	34	10	45	3
$i=3$	34	1	2	34	10	45	3
$i=4$	10	1	2	10	34	45	3
$i=5$	45	1	2	10	34	45	3
$i=6$	3	1	2	3	10	34	45

直接插入排序第 i 次的插入操作为：在含有 $i-1$ 个有序子序列 $R[1,\cdots,i-1]$ 中插入一个元素 $R[i]$ 后变成含有 i 个有序子序列 $R[1,\cdots,i]$。

当数据有序时,直接插入排序算法执行效率最高,每趟排序只需比较 1 次且不移动数据,因此 n 个元素排序时的总比较次数为 $n-1$ 次,总移动次数为 0 次。当数据元素逆序排列时,直接插入排序算法执行效率最低,第 i 趟排序时待插入元素需要同前面的元素进行比较的次数为 i 次,移动的次数为 $i+1$ 次。因此,直接插入排序的总比较次数和总移动次数分别为：

$$c_{比较}=\sum_{2}^{n}i=\frac{(n-1)(n-2)}{2} \quad M_{移动}=\sum_{i=2}^{n}(i+1)=\frac{(n-2)(n+3)}{2}$$

直接插入排序算法的时间复杂度为 $O(n^2)$,排序时仅需要一个元素的辅助单元,空间复杂度是 $O(1)$。

直接插入排序算法实现简单,适用于长度较小的线性表排序。运算效率与待排序序列的初始状态有关,当数据元素越接近有序,算法的性能越好。

2.8.3 选择排序

选择排序(selection sort)的算法思想是：线性表中的元素分为有序与无序两部分。排序开始时,整个线性表为无序序列,每次从无序序列中选择一个关键字值最小的元素顺序放在已排序的元素序列的最后,逐渐扩大有序序列,直到整个线性表成为有序序列为止。选择排序主要有简单选择排序和堆排序。

简单选择排序的处理过程为：在由 n 个数据元素组成的无序区中,顺序查找关键字最小的元素,并将它与第 1 个元素交换,进行一趟排序；再从待排序的数据序列中选择最小元素(整个数据集合中的次小元素),放到新序列的最后一个；以此类推,直到所有元素都放在新序列中。

算法实现：

```
void selectSort(int R[],int n)
                /*对整数数组 R[]从小到大排序(下标从 0 开始),数组长度 n*/
{   int i,j,t,k;
    for(i=0;i<n-1;i++)
    {   k=i;
```

```
        for(j=i+1;j<n;j++)
          {  if(R[j]<R[k])
                k=j;
          }
        if(k!=i)
        {
          t=R[k];
          R[k]=R[i];
          R[i]=t;
        }
      }
    }
```

例如将待排序数据元素集合{2,1,34,10,45,3}从小到大的简单选择排列的过程如下：

	$R[0]$	$R[1]$	$R[2]$	$R[3]$	$R[4]$	$R[5]$
原始数据	2	1	34	10	45	3
第一趟排序	1	2	34	10	45	3
第二趟排序	1	2	34	10	45	3
第三趟排序	1	2	3	10	45	34
第四趟排序	1	2	3	10	45	34
第五趟排序	1	2	3	10	34	45

简单选择排序通过 $n-i$ 次比较，从 $n-i+1(i=1,2,\cdots,n-1)$ 个数据元素中选取最小的数据并与第 $i(1\leqslant i\leqslant n)$ 个数据交换，当 i 等于 n 时所有数据有序。

在简单选择排序过程中，当待排序的数据序列为按关键字值有序时，不需要移动记录，即 n 个数据的移动次数为 0。若待排序的数据序列按逆序排列，需要进行 $n-1$ 趟排序，每趟排序移动数据的次数均为 3 次（两个数据元素间的交换），总移动次数为 $3(n-1)$。然而，待排序的数据序列有序，简单选择排序仍然需要相应数据元素之间的比较，不能减少比较次数，只是不进行交换（移动数据）而已。简单选择排序的比较次数与初始数据序列的顺序性无关，总比较次数为：

$$c_{比较} = \sum_{i=1}^{n-1}(n-i) = n(n-1)/2$$

因此，简单选择排序是一种不稳定的排序方法，进行比较操作的时间复杂度为 $O(n^2)$，排序时仅需要一个元素的辅助单元，空间复杂度是 $O(1)$。

简单选择排序算法实现简单，运算效率与待排序序列的初始状态无关，适用于长度较小的线性表排序。

2.8.4 冒泡排序

冒泡排序属于交换排序的一种。交换排序的基本思想是：通过对序列中数据元素关键字的两两比较，交换不满足次序要求的数据元素位置，直到全部元素排序为止。

冒泡排序的算法思想是：首先，从第 1 个元素开始对相邻两个元素的关键字进行比较，比较的结果若为逆序，两者进行一次交换，将关键字小的元素交换到关键字大的前面，以此类推，直到第 $n-1$ 个数据元素与第 n 个数据元素完成比较，形成第一趟冒泡排序。其结果是使最大关键字值的数据元素交换到表的尾端形成一个有序区，而关键字值较小的元素向表头方向移动一个位次。其次，进行第 1 个数据元素到第 $n-1$ 个数据元素的第二趟比较，将待排序数据序列中关键字次大的数据元素放在第 $n-1$ 个（倒数第 2）位置上，重复上述操作，逐渐扩大有序区。

算法实现：

```
void bubbleSort(int R[],int n)
                         /*对整数数组 R[]从小到大排序,下标从 0 开始,数组长度 n*/
{
    int i,j,t;
    for(i=0;i<n-1;i++)
    {   for(j=0;j<n-i-1;j++)                /*第 i 次冒泡排序*/
        {   if(R[j]>R[j+1])                 /*交换两个元素的位置*/
            {   t=R[j];
                R[j]=R[j+1];
                R[j+1]=t;
            }
        }
    }
}
```

例如将待排序数据元素集合{2,1,34,10,45,3}从小到大的冒泡排序过程如下：

	$R[0]$	$R[1]$	$R[2]$	$R[3]$	$R[4]$	$R[5]$
原始数据	2	1	34	10	45	3
第一次冒泡排序	1	2	10	34	3	45
第二次冒泡排序	1	2	10	3	34	45
第三次冒泡排序	1	2	3	10	34	45

在每趟排序中，关键字较大的数据像石头一样沉入水底，关键字较小的数据元素如同水中的气泡一般逐渐向表头"漂浮"，直到飘出"水面"为止，因而称其为冒泡排序。

冒泡排序算法最多需要进行 $n-1$ 趟排序。当待排序的数据元素为有序排列时，只需要一趟排序，数据元素比较 $n-1$ 次，且不需要进行交换数据，交换次数为 0。当待排序的数据元素为逆序排列时，需要进行 $n-1$ 趟排序，第 i 趟排序时，最大的 $i-1$ 个元素已排序（有序区数据）。其余 $n-(i-1)$ 个元素需要进行 $n-i$ 次比较和 $n-i$ 次交换。因此，冒泡排序算法的总比较次数和总移动次数分别为：

$$c_{比较} = \sum_{i=1}^{n-1}(n-i) = \frac{n(n-1)}{2}$$

$$M_{移动} = \sum_{i=1}^{n-1}(n-i) = \frac{n(n-1)}{2}$$

冒泡排序是一种稳定的排序方法,进行比较操作的时间复杂度为$O(n^2)$,排序时仅需要一个元素的辅助单元用于元素的交换,空间复杂度是$O(1)$。

冒泡排序算法的运算效率与待排序序列的初始状态有关,当数据元素越接近有序,算法的性能越好。设计冒泡排序算法时,一般通过一个标志进行判断是否需要继续下一趟排序,当一趟排序完成后不再出现元素交换,意味着排序结束。

2.8.5 快速排序

快速排序又称划分交换排序,是在冒泡排序基础上改进的一种排序方法,它利用不断分割排序区间的方法进行排序,即通过一趟排序,将待排序的数据序列分割为独立的两个部分,其中一部分元素的关键字均比另一部分元素的关键字小,然后再分别对这两个部分的元素继续排序,直到整个数据序列有序。

快速排序的算法思想是:从待排序数据元素序列中选取一个元素(通常选取第一个元素),其关键字设为k_1,将该元素放在最终位置,整个数据序列被该元素分为前后两个子序列,将所有关键字小于k_1的元素放入前子序列中,所有关键字大于k_1的元素移到后子序列中,并将关键字为k_1的元素插到其分界线的位置,这个过程称为一趟快速排序。然后对分割后的两个子序列按上述原则继续分割,直到所有子序列的表长为1时结束,数据有序。

一趟快速排序采用的具体做法是:设置两个指针 low 和 high,它们的初值分别为 low=left 和 high=right,分别指向待排序序列 R[left],R[left+1],…,R[right]的第一个元素和最后一个元素;并设基准元素 R[left](一般为待排序序列的第一个元素)的关键字为k,保存在变量x中。首先从 high 所指的位置向左搜索,直到找到第1个关键字小于k的元素 R[high],将 R[high]移至 low 所指的位置上,使关键字小于k的元素放在基准元素的左边;然后令 low 自 low+1 的位置起向右搜索,直至找到第1个关键字大于k的元素 R[low],将 R[low]移至 high 所指的位置,使关键字大于k的元素放在基准元素的右边;依次交替扫描方向,从两端向中间靠拢,直至 low 等于 high 为止,此时可将x移至 low 所指的位置 R[low]上。

实现算法如下:

```
int partition(int R[],int low,int high)
 /*对数组R[ ]中的R[low]至R[high]部分进行一次划分,并返回划分后的基准元素位置*/
{   int x=R[left];              /*初始化,选择基准元素*/
    low=left ;
    high=right;
    while( low<high )
    {
        while(low<high && R[high]>=x ) /*high 从右到左查找第一个关键字小于 x 的元素*/
            high--;
        if( low<high )                 /*找到小于 x 的元素,交换*/
            R[low++]=R[high];
        while(low<high && R[low]<=x ) /* low 从左到右查找第一个关键字大于 x 的元素*/
            low++;
        if(low<high )                  /*找到大于 x 的元素,交换*/
```

```
      R[high--]=R[low];
    }
  R[low]=x;                    /*将基准记录保存到 low=high 的位置*/
  return low;                  /*返回基准记录的位置*/
  }
void QuickSort(int R[],int low,int high )
              /*对数组 R[]进行快速排序,第一个元素位置 low,最后一个元素位置 high*/
{
  if(low<high)
  {
    pos=partition(R,low,high);
    QuickSort(R,low,pos-1);
    QuickSort(R,pos+1,high);
  }
}
```

例如,待排序数据元素集合{2,1,34,10,45,3}从小到大的快速排序过程如下:

	R[0]	R[1]	R[2]	R[3]	R[4]	R[5]
原始数据	2	1	34	10	45	3
第一趟排序	3	1	2	10	45	34
第二次排序	2	1	3	10		
第三次排序	1	2	3	10		
第四次排序	1	2	3	10	34	45

每次划分选取的基准元素都是当前数据序列的第一个元素,当待排序的数据元素有序时,基准元素为序列中关键字值最小的元素,划分后左子序列为空,而右子序列元素个数仅比划分前减少一个,必须进行 $n-1$ 趟快速排序,每一趟中需进行 $n-i$ 次比较,此时执行效率最低。因为一趟排序结束,基准元素落在表的一端,从而失去了快速排序的优势,蜕化为冒泡排序。若待排序序列的数据元素随机分布,以第一个关键字为基准划分的左、右两个子序列的元素个数大致相等时,效率最高。数据分布越体现随机性,快速排序算法的性能越好。

快速排序是目前公认最好的排序方法。算法的时间复杂度为 $O(n\log_2 n)$。排序过程只需要一个辅助单元存放基准元素,空间复杂度为 $O(1)$。但因算法中采用递归算法,因此系统要为此开辟一个递归调用的栈空间。快速排序方法具有不稳定性。

2.9 递归算法

递归是一种简化复杂问题求解的手段,在计算理论中占有重要地位。采用递归算法解决问题时,首先将问题逐步简化,在简化的过程中保持问题的本质不变,直到问题最简后,通过对最简问题的解答逐步得到原来问题的解。递归算法的特点是可以比较自然地反映解决问题的过程,某些问题只能通过递归算法求解,如汉诺塔问题、树的遍历问题等。

还有很多问题,如快速排序法,图的深度优先搜索等,虽然可用递归或迭代,但其递归处理比迭代过程在逻辑上更简明。

2.9.1 递归的定义

递归是指在定义一个函数(或过程)时出现调用本函数(或本过程)的成分。以 C 语言为例,在调用一个函数的过程中,函数的某些语句又直接或间接地调用函数本身,这种函数调用自身的调用形式形成了函数的递归调用。递归算法是指包含递归过程的算法。

根据调用方式不同,递归分为直接递归和间接递归两种形式。如果一个函数在其定义的函数体内直接调用自身,则称直接递归函数。如果一个函数经过一系列的中间调用语句,通过其他函数间接调用自身,则称间接递归函数,如图 2.47 所示。

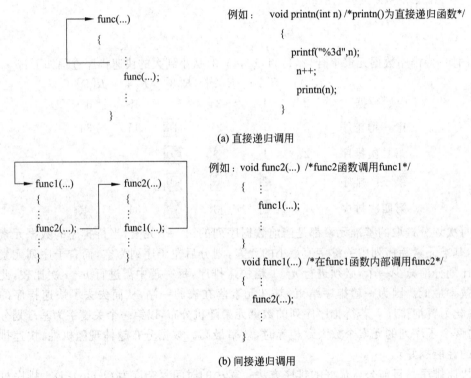

图 2.47 递归调用示意图

递归模型是递归算法的抽象,能够采用递归模型描述的算法通常具有如下结构特征:为得到一个规模较大问题的结果,可以将其分解为一个或多个较小规模的问题来解决,或者进一步分解成更小的问题来解决,直到每一个小问题都能够直接解决并得出结果,并根据这些小问题的解决结果构造出较大问题的解。大规模与小规模的问题描述与求解过程相似。

例如 Fibonacci 数列问题的递归定义:

$$\text{Fib}(n) = \begin{cases} 0, & n=0 \\ 1, & n=1 \\ \text{Fib}(n-1) + \text{Fib}(n-2), & \text{其他} \end{cases}$$

其中，$n=0$ 和 $n=1$ 时的式子 0 和 1 是非递归定义的递归函数的初始值，称为递归出口。每个递归函数必须有非递归定义的初始值，作为递归的终止条件；否则，递归函数无法计算。第三个式子通过用较小自变量的函数值替代较大自变量的函数值的方式，定义递归问题，称为递归体。由于 Fibonacci 数列问题的第 n 项的值是其前面两项 $(n-1, n-2)$ 之和，需要用两个较小自变量的函数值定义一个较大自变量的函数值。

递归函数调用过程按照"后调用先返回"的原则进行，函数之间的信息传递和控制转移必须通过堆栈实现。系统将整个程序运行时所需的数据空间安排在栈中，栈顶为当前正在运行函数的数据区。每调用一个函数，就为其在栈顶分配一个存储区，而每退出一个函数，就释放其存储区。

递归算法设计的原则是用自身的简单情况来定义自身，一步比一步更简单，设计递归算法的步骤分为两步：

(1) 寻找方法，将问题化为原问题的子问题求解。例如 $\mathrm{Fib}(n)=\mathrm{Fib}(n-1)+\mathrm{Fib}(n-2)$。

(2) 设计递归出口，确定递归终止条件。例如求解 $\mathrm{Fib}(n)$ 时，当 $n=0$ 时，$\mathrm{Fib}(n)=0$；当 $n=1$ 时，$\mathrm{Fib}(n)=1$。

不论是直接递归调用还是间接递归调用，由于主调函数又是被调函数，递归调用形成了调用回路，如果递归的过程没有一个中止条件，程序就会陷入类似死循环一样的情况，最终导致堆栈溢出错误。因此，在设计递归函数时，确定递归控制条件非常重要，必须有一个结束递归过程的条件。可以使用分支语句进行控制，一定要保证递归过程在某种条件下可以结束。

递归算法的实现过程分为递推和回归两个部分。在递推部分，将较复杂问题的求解递推到比原问题简单一些的子问题求解，例如为求解 $\mathrm{Fib}(n)$，将其分解为 $\mathrm{Fib}(n-1)$ 和 $\mathrm{Fib}(n-2)$，$\mathrm{Fib}(n-1)$ 和 $\mathrm{Fib}(n-2)$ 可以继续递推，直至推到 $\mathrm{Fib}(1)=1$ 和 $\mathrm{Fib}(0)=0$ 为止。在回归阶段，利用获得的简单结果，计算出调用层的较复杂结果，逐层返回，直到计算出最终问题的结果。例如，利用 $\mathrm{Fib}(1)=1$ 和 $\mathrm{Fib}(0)=0$，返回 $\mathrm{Fib}(2)$ 的结果 1……，返回计算 $\mathrm{Fib}(n-1)$ 和 $\mathrm{Fib}(n-2)$ 的结果值，利用 $\mathrm{Fib}(n-1)$ 和 $\mathrm{Fib}(n-2)$ 的结果计算出 $\mathrm{Fib}(n)$ 的最终结果。

对求解某些复杂问题，递归分析方法是有效的，但递归算法的时间效率较低。

2.9.2 递归的应用

例 2.8 汉诺(Hanoi)塔问题：古代有一个梵塔，塔内有 A、B、C 三个座，A 座上有 64 个盘子，盘子大小不等，大的在下，小的在上(见图 2.48)。一个和尚想把这 64 个盘子从 A 座搬到 C 座，但每次只允许搬动一个盘子，并且在搬动过程中，三个座上的盘子要始终保持大盘在下，小盘在上(搬动时可以利用 B 座)。

对于 n 个盘子从一个塔座移动到另一个塔座，很容易推断出需要 2^n-1 次，那么 64 个盘子的移动次数为 $2^{64}-1=18\,466\,744\,073\,709\,511\,615$ 次。

对汉诺塔的求解是一个典型的递归程序设计。为应用递归方法对问题求解，需要找

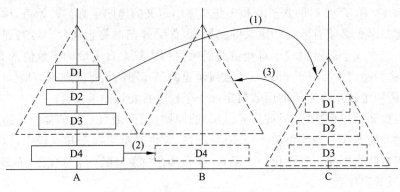

图 2.48 汉诺塔问题

出该问题的简化子问题,并保持与原问题形式不变,通过子问题的解求出原问题的最终解,同时还要找出对应该问题的最简情况。显然,在盘子数量比较多的情况下,很难直接写出移动步骤。因此先简化问题,可以从盘子数量比较少的情况分析。

(1) 如果只有一个盘子,不需要利用 B 座,直接将盘子从 A 移动到 C(最简情况)。

(2) 如果有 2 个盘子,可以先将盘子 D2 上的盘子 D1 移动到 B;将盘子 D2 移动到 C;将盘子 D1 移动到 C。这说明可以借助 B 将 2 个盘子从 A 移动到 C,当然,也可以借助 C 将 2 个盘子从 A 移动到 B。

(3) 如果有 3 个盘子,根据 2 个盘子的结论,可以借助 C 将盘子 D3 上的两个盘子从 A 移动到 B;将盘子 D3 从 A 移动到 C,A 变成空座;借助 A 座,将 B 上的两个盘子移动到 C。这说明:可以借助一个空座,将 3 个盘子从一个座移动到另一个。

(4) 如果有 4 个盘子,首先借助空座 C,将盘子 D4 上的三个盘子从 A 移动到 B;将盘子 D4 移动到 C,A 变成空座;借助空座 A,将 B 座上的三个盘子移动到 C。

上述的思路可以一直扩展到 64 个盘子的情况:可以借助空座 C 将盘子 D64 上的 63 个盘子从 A 移动到 B;将盘子 D64 移动到 C,A 变成空座;借助空座 A,将 B 座上的 63 个盘子移动到 C。归纳成递归公式,可以写成:

$$\text{Hanoi}(n,A,B) = \begin{cases} \text{Move}(A,C), & n=1 \\ \text{Hanoi}(n-1,A,C,B), & n>1 \\ \text{Move}(A,C) \\ \text{Hanoi}(n-1,B,A,C) \end{cases}$$

其中,Hanoi 函数的第一个参数表示盘子的数量,第二个参数表示源座,第三个参数表示借用的座,第四个参数代表目的座。比如 Hanoi($n-1$,A,C,B)表示借助 C 座把 $n-1$ 个盘子从 A 座移动到 B 座。

Move 函数的第一个参数表示源座,第二个参数代表目的座。Move 函数的功能是将源座最上面的一个盘子移动到目的座上。

算法实现如下:

```
void move(char chSour,char chDest);
void hanoi(int n,char chA,char chB,char chC);
                /*盘子数量 n、目标塔 A、中间塔 B、目标塔 C */
```

```c
void main()
{
    int n;                              /*输入盘子的数量*/
    printf("\nPlease input number of the plates: ");
    scanf("%d",&n);
    printf("\nMoving %d plates from A to C:",n);
    hanoi(n,'A','B','C');               /*调用函数计算,并打印输出结果*/
}
void move(char chSour,char chDest)
        /*将一个盘子从源塔移动到目标塔,char chSour(源塔),char chDest(目标塔)*/
{
    printf("\nMove the top plate of %c to %c",chSour,chDest);   /*打印移动步骤*/
}
void hanoi(int n,char chA,char chB,char chC)
            /*功能:将n个盘子从源塔chA移动到目标塔chC,借助于塔chB*/
{
    if(n==1)                /*检查当前的盘子数量是否为1*/
        move(chA,chC);      /*盘子数量为1,打印结果后,不再继续进行递归*/
     else                   /*盘子数量大于1,继续进行递归过程*/
     {
      hanoi(n-1,chA,chC,chB);
      move(chA,chC);
      hanoi(n-1,chB,chA,chC);
     }
}
```

第3章

数据库管理技术

3.1 概　　述

数据库技术是20世纪60年代后期产生并发展起来的数据管理技术，是计算机学科的一个重要分支，它的出现极大地促进了计算机应用向各行各业的渗透。本章以数据库管理技术为重点，介绍数据库的相关概念、定义、关系数据库的基本理论、标准查询语言、数据库的设计方法，以及数据库的安全性和完整性等。

3.1.1 基本概念

在数据处理领域中，存在两个最基本的概念，数据(data)和信息(information)。其中信息是现实世界中事物的存在方式或运动状态的反映。信息是可以感知的；信息是可以存储、压缩、加工、传递、共享、扩散、再生和增值的；信息的传递需要物质载体，信息的获取和传递要消耗能量。而数据是将现实世界中对客观事物的各种描述信息记录下来，形成可以识别的一组文字、数字或符号，它是对客观事物的反映和记录。

数据与信息是密切相关的，信息是向人们(或机器)提供关于现实世界有关事物的知识，数据则是描述事物信息的符号记录，二者不可分离，但又有一定的区别。

数据库(DataBase，DB)是按照一定格式，在计算机内存储的数据的"仓库"。数据库中的数据按照一定模型组织，查找和存取效率高，数据冗余小，可为多用户共享。

数据库管理系统(DataBase Management System，DBMS)是位于用户与操作系统之间用于管理数据库的软件系统。数据库管理系统要在操作系统的支持和控制下运行，其主要功能包括数据定义功能、数据操纵功能、数据库的运行管理及数据库的建立与维护等。

数据库系统(DataBase System，DBS)从广义上说，是指计算机系统引入数据库之后的系统，一般由硬件系统、数据库、数据库管理系统、数据库应用系统和用户构成。从狭义上说，数据库系统可以看做是基于数据库的应用系统。

3.1.2 数据库管理技术发展史

数据库管理技术是应数据管理任务的需要而产生的。数据管理是数据处理的中心问题,包括对数据的分类、组织、编码、存储、检索和维护等。随着计算机硬件和软件技术的发展,数据库管理技术不断更新完善,其发展过程可划分为四个阶段:人工管理阶段、文件系统阶段、数据库系统阶段和高级数据库系统阶段。

1. 人工管理阶段

20 世纪 50 年代末期以前,计算机主要用于科学计算,数据量不大,没有磁盘等直接存取的存储设备,只有纸带、卡片和磁带等外存,也没有专门的软件系统负责数据管理。这个阶段,由于受到计算机的软硬件等方面的限制,只能由人工完成对数据的处理。

2. 文件系统阶段

20 世纪 50 年代末期至 60 年代中期,计算机不仅用于科学计算,而且还大量用于信息管理。在硬件方面,外存储器有了磁盘等直接存取的存储设备;在软件方面,操作系统所提供的文件管理子系统,专门用于管理数据。数据可以以文件的形式长期保存在外部存储器上,用户可以根据需要反复使用这些数据。文件系统是应用程序与数据之间的一个接口,应用程序通过文件系统建立和存储数据文件,使得数据和程序具有了一定的独立性。

但文件系统存在很大的局限性,例如,数据仍然是面向应用的,数据的逻辑结构一旦改变,仍需要修改应用程序,不是一个弹性的无结构数据集合;另外,文件系统中数据冗余度大,由于相同数据重复存储、各自管理,因此容易造成数据的不一致。

3. 数据库系统阶段

20 世纪 60 年代以后,随着计算机在数据管理领域的普遍应用,数据管理规模的日趋增大,数据量的急剧增加,以及多用户、多应用的实现,促成了数据库和数据库管理系统的诞生,并提出了数据库系统的概念。它的指导思想是对所有的数据实行统一、集中、独立的管理,使数据存储独立于使用数据的程序之外,并能实现数据的共享。保证数据的完整性和安全性,提高了数据管理效率。数据库系统为用户提供了更广泛的数据独立性,进一步减少了数据的冗余度,为用户提供了方便的操作接口。

4. 高级数据库系统阶段

20 世纪 70 年代以来,随着计算机技术的不断发展,出现了分布式数据库、面向对象数据库和知识数据库,这些统称为高级数据库。

(1) 分布式数据库:随着计算机网络通信技术的迅速发展,使得分布在不同地理位置上的计算机对数据能够实现高度的共享,因此产生了分布式数据库系统。分布式数据库是分布在计算机网络中不同结点上的数据集合。它在物理上是分布的而在逻辑上是统一的。在分布式数据库系统中,允许适当的数据冗余,以防止因个别结点上数据的失效,而导致整个数据库系统的瘫痪,而且多台处理机可以并行工作,提高了数据处理的效率。

(2) 面向对象的数据库系统:面向对象的数据库系统是面向对象方法与数据库技术相结合的产物。在面向对象的数据库系统中将程序和方法也作为对象存储并由面向对象数据库管理系统(OODBMS)统一管理。这样实现了应用程序和数据之间真正的共享。

（3）知识数据库系统：数据库技术(DB)和人工智能技术(AI)的结合推动了知识数据库(KD)系统的发展，知识库系统将人类具有的知识以一定的形式存入计算机，实现对知识方便有效的使用及管理。

（4）数据仓库系统：数据仓库是一个面向主题的、集成的、不可更新的、随时间不断变化的数据集合，它用于支持企业或组织的决策分析处理。

数据仓库系统是一个信息提供平台，它首先从业务处理系统中获得数据，以一定模型组织和存储数据，并为用户提供各种从数据中获取信息和知识的手段。

3.1.3 关系数据库定义

关系数据库是将数据表示为表的集合(二维表)，通过建立二维表之间的关系来定义结构的一种数据库。关系数据库是最常用的数据库类型，70年代以来新发展的 DBMS 系统中，近百分之九十都是关系型数据库管理系统，其中涌现出了许多性能优良的商品化关系数据库管理系统。例如，小型数据库系统有 FoxPro、Access、Paradox 等；大型数据库系统有 Oracle、SQL Server、Sybase、Informix、Ingres 和 DB2 等。

关系数据库的一个关系就是一张二维表。表 3.1 描述了学生信息表的样例，表中每一行代表一条记录，每一列代表学生的一个属性，也称为字段，每个字段中所有数据的类型必须一致，例如"出生日期"字段，该列所有数据都是"日期"类型数据。

表 3.1 学生信息表样例

学 号	姓名	性别	班 级	出生日期
0910257	李玉	女	通信工程0901	1991-08-29
0910258	张力	男	通信工程0901	1992-06-13
0910259	徐亦洋	男	通信工程0901	1992-07-03
0910260	马飞宇	男	通信工程0902	1991-03-09
0910261	张小方	女	通信工程0902	1992-01-09

关系数据库一般都由一组关系组成，针对不同的应用，所构造的关系表结构都有所不同。好的关系数据库一般都要求冗余数据应尽可能少，不存在插入异常不存在删除异常，不存在更新异常等。

3.1.4 面向对象数据库定义

面向对象(Object-Oriented,OO)的思想最初出现于挪威奥斯陆大学和挪威计算中心研制的仿真语言 Simula 67 中。随后，美国加州的 Xerox 研究中心推出 Smalltalk 68 和 Smalltalk 80 语言，使面向对象程序设计方法得到完善的实现。20 世纪 80 年代中期，计算机厂商在 Smalltalk 语言基础上，增加了数据库定义语言和操纵语言，并允许数据结构出现任意级嵌套和递归，形成面向对象数据语言（OPAL）。1993 年 Object Data

Management Group(ODMG)国际组织推出基于对象的工业化的 OODB 标准——ODMG93。1997 年 ODMG 公布第二个标准 ODMG97,内容涉及对象模型、对象定义语言、对象交换格式、对象查询语言以及这些内容与 C++、Smalltalk 和 Java 之间的绑定。OODBS 是一个面向对象的数据库系统,OODBS 应该满足两个标准:首先它是一个数据库系统,具备数据库系统的基本功能;其次是一个面向对象系统,充分支持完整的面向对象概念和机制。因此可以将一个 OODBS 表达为"面向对象系统+数据库能力",这类系统的好处是可与面向对象程序设计语言一体化,使用者不需要学习新的数据库语言。

OODBS 没有统一可行的标准,存在一定的问题和局限性。目前,OODB 还缺乏坚实的形式化理论的支持,没有一个切实可行的标准,缺乏数据库的许多功能,以致产品之间的兼容性和可移植性比较差,这已成为它广泛应用的主要障碍。此外,OODB 涉及程序设计语言和 DBS 集成这一复杂问题,更需要用标准来加以约束。所以制定规范已刻不容缓。另外,OODBS 不能与关系数据库系统(RDBS)兼容,没有提供使 RDB 和 OODB 相互转换的"通道"或"桥",以便用户根据需要,发挥两种数据库各自的优势。它也缺乏 RDBS 成功使用的一些功能特点,如非过程化查询语言、视图和授权。另外,由于其不支持现行标准的 SQL,因此失去通用性方面的优势,使其应用领域受到很大限制。典型的商品化的 OODBS 有 ONTOLOGIC 公司的 ONTOS DB。

3.1.5 典型商用数据库管理系统

1. DB2

DB2 是 IBM 公司的产品,是一个支持多媒体、Web 应用的关系数据库管理系统,其功能足以满足大中型公司的需要,并可灵活地服务于中小型电子商务解决方案。DB2 数据库核心又称作 DB2 公共服务器,采用多进程多线程体系结构,支持从 PC 到 UNIX,从中小型机到大型机,从 IBM 到非 IBM(HP 及 Sun UNIX 系统等)各种操作平台,并分别根据相应平台环境作了调整和优化,以便能够达到较好的性能。DB2 可以在主机上以主/从方式运行,也可以在客户机/服务器环境中运行。其中服务器平台可以是 OS/400、AIX、OS/2、HP-UNIX、SUN-Solaris 等操作系统,客户机平台可以是 OS/2、Windows、DOS、AIX、HP-UX 和 Sun Solaris 等操作系统。

DB2 核心的特色是支持面向对象的编程,支持多媒体应用程序的开发,具有备份和恢复能力,支持存储过程和触发器,支持 SQL 查询,支持异构分布式数据库访问,以及数据复制。

2. Oracle

Oracle 在数据库领域一直处于领先地位,1984 年,甲骨文公司首先将关系数据库转到了桌面计算机上。其后在 Oracle 5 版本中,率先推出了分布式数据库、客户/服务器结构等崭新的概念。Oracle 6 首创行锁定模式,并支持对称多处理计算机。Oracle 10 版本则支持面向对象技术,成为关系-对象数据库系统。目前,Oracle 产品覆盖了大、中、小型等几十种机型,Oracle 数据库已成为世界上使用最广泛的关系数据系统之一。

Oracle 产品采用标准 SQL,能够与 IBM SQL/DS、DB2、INGRES、IDMS/R 等兼容; Oracle 可运行于很宽范围的硬件与操作系统平台上,也能与多种通信网络相连,支持各种协议(TCP/IP、DECnet、LU6.2 等);其内部提供了多种开发工具,能极大地方便用户进行进一步的开发。

3. Sybase

Sybase 把"客户机/服务器数据库体系结构"作为开发产品的重要目标。开发团队吸取了 INGRES 的研制经验,以满足联机事务处理应用的要求,于 1987 年推出了 Sybase SQL Server,称为大学版 INGRES 的第三代产品。

Sybase System 11.5 支持企业内部各种数据库应用需求,如数据仓库、联机事务处理、决策支持系统和小平台应用等。

Sybase 是一个面向联机事务处理,具有高性能的、高可靠性的、功能强大的关系型数据库管理系统。Sybase 数据库的多库、多设备、多用户、多线程等特点,极大地丰富和增强了数据库功能。因为 Sybase 数据库系统是一个复杂的、多功能的系统,所以对 Sybase 数据库系统的管理就变得十分重要,管理的好坏与数据库系统的性能息息相关。

4. SQL Server

SQL Server 是 Microsoft 公司开发的大型关系数据库系统。SQL Server 的功能比较全面、效率高,可以作为大中型企业或单位的数据库平台。SQL Server 在可伸缩性与可靠性方面做了许多工作,近年来在许多企业的高端服务器上得到了广泛的应用。同时,该产品继承了 Microsoft 产品界面友好、易学易用的特点,与其他大型数据库产品相比,在操作性和交互性方面独树一帜。SQL Server 可以与 Windows 紧密集成,这种设计使 SQL Server 能充分利用操作系统所提供的特性,不论是应用程序的运行速度,还是系统事务的处理速度,都能得到较大的提升。

SQL Server 具有单进程多线程的体系结构。由于 SQL Server 只有一个服务器进程,所有的客户都连接在这个进程上。该进程又细分为多个并发的线程,它们共享数据缓冲区和 CPU 时间,能及时捕捉各用户进程所发出的存取数据请求,然后按一定的调度算法处理这些请求,比操作系统直接对这些请求进行调度高效得多。

5. Microsoft Access

Microsoft Access(Microsoft Office Access)是由 Microsoft 发布的关系型数据库管理系统,它结合了 Microsoft Jet 数据库引擎和图形用户界面两项特点,Access 是 Microsoft Office 办公套件中一个重要成员,现在它已经成为世界上非常流行的桌面数据库管理系统,适用于中小型商务企业,用以存储和管理商务活动所需要的数据。Access 不仅是一个数据库,而且它具有强大的数据管理功能,它可以方便地利用各种数据源,生成窗体(表单)、查询、报表和应用程序等。Access 相对于其他中小型数据库管理系统,更加简单易学,无论用户是要创建个人使用的独立桌面数据库,还是部门或中小公司使用的数据库,都可以使用 Access 作为数据库平台。例如,使用 Access 处理公司的客户订单数据,管理自己的个人通讯录,记录和处理科研数据等。

Access最大的特点是界面友好,简单易用,和其他Office成员一样,极易被一般用户所接受。因此,在许多低端数据库应用程序中,经常使用Access作为数据库平台;在初次学习数据库系统时,很多用户也是从Access开始的。

3.2 关系数据库规范化理论

3.2.1 数据模型

1. 数据模型的基本概念

模型是对现实世界事物特征的模拟和抽象,数据模型是对现实世界数据特征的抽象。从现实世界事物的客观特性到计算机中对事物特性的具体数据表述要经历现实世界、信息世界和计算机世界3个数据领域。在这3个领域中,对数据的描述采用不同的术语。

(1) 现实世界:是独立于人们意识之外的客观世界,其中存在着客观事物及相互间的关系。一个客观存在并且可以被识别的事物称为个体。个体可以是实际的,也可以是抽象的,例如,一个学生、一门课程都属于实际的个体;而天气、爱好都属于抽象的个体。事物之间可以存在一定的关系,而这些关系由事物本身的性质决定,如学生选修课程、学生借阅书籍等。现实世界的客观事物之间往往存在着错综复杂的关系,如果将这些关系进行选择、命名、分类等抽象处理,则进入了信息世界。

(2) 信息世界:是指现实世界在人脑中形成的概念,因此又被称为概念世界。现实世界中的个体在信息世界中被称为实体,信息世界对实体及实体之间的关系使用概念模型来描述。概念模型都是较为抽象的,它们与具体的数据库或计算机平台无关。

(3) 计算机世界:将信息世界中描述事物及事物之间关系的概念模型转化为计算机中物理结构上的描述,称为物理模型。

在描述现实世界中事物的客观特性时,首先将现实世界的事物及其关系抽象为信息世界的信息模型,然后再将信息模型抽象转换为计算机世界的数据模型。所以说,数据模型是现实世界两级抽象的结果。因此,现实世界是信息源泉,是设计数据库的出发点,也是使用数据库的最终结果。信息模型和数据模型是现实世界事物及其关系的两级抽象,其中数据模型是实现数据库系统的根据。

2. 数据模型的三要素

数据库结构的基础是数据模型,数据模型的三个要素是数据结构、数据操作和数据的约束条件。

(1) 数据结构:用于描述实体及其关系按照何种方式存储,是对系统静态特性的描述。

(2) 数据操作:用于描述对数据可以进行何种操作(如查询、插入、删除和修改),是对系统动态特性的描述。

（3）数据的约束条件：完整性约束规则的集合，即对于具体的应用数据，必须遵循特定的语义约束条件，以保证数据的正确、有效和相容。

数据模型的类型分为概念数据模型和基本数据模型。概念数据模型也称为信息模型，是按用户的观点对数据和信息建模，是现实世界到信息世界的第一层抽象，强调其语义表达功能，易于用户理解，主要用于数据库设计。这类模型中最著名的是实体关系模型，简称 E-R 模型；基本数据模型是对现实世界中数据的第二层抽象，是按计算机世界的观点对数据建模，描述数据库中数据的存储和组织方式，即如何表示实体以及实体之间的关系，它是数据库系统的核心和基础。基本的数据模型有层次模型、网状模型和关系模型等。

3. E-R 模型

E-R 模型也称为实体关系模型或实体联系模型，是描述信息世界、建立概念模型的实用工具。数据库设计过程一般要先给出 E-R 模型图描述，再进一步转换为相应 DBMS 所支持的数据模型。E-R 模型涉及 3 个主要概念：实体、属性和实体关系。

（1）实体：可以被识别的，客观存在的事物即为实体。例如一个学生就是一个实体，是真实世界的学生在大脑中的概念。实体也可以是抽象的，如天气、满意度等。

（2）属性：实体具有的某一特性即被称为属性，其中能够唯一标识一个实体的属性被称为主键属性。例如，一个学生的属性可以有学号、姓名、性别和班级等组成，其中学号属性能够唯一的标识一个学生，为主键属性。

属性又有"型"和"值"之分，例如，学生实体的学号、姓名、班级等都是属性的型（类型），而属性的值就是具体的内容，如学生 0910257、李玉、通信工程 0901 等分别是学号、姓名、班级属性的值。由此可见若干属性型可以表现一个实体的类型，若干个属性值的集合（即元组）则构成了实体的值。

具有相同属性的实体的集合称之为"实体集"，如所有的学生。

（3）实体间的关系：实体集之间存在的联系被称为关系。关系分为两种：一种是实体内部各属性之间的关系；另一种是实体之间的关系。这里要讨论的是实体之间的关系，两个实体集之间存在一对一、一对多和多对多的关系类型。

① 一对一关系（1∶1）：设 A、B 为两个实体集，若 A 中的每个实体至多和 B 中的一个实体有关系，反过来，B 中的每个实体也至多和 A 中的一个实体有关系，则称 A 对 B 或 B 对 A 是 1∶1 关系。例如，学校和正校长之间就是 1∶1 关系。

② 一对多关系（1∶n）：如果 A 中的每个实体和 B 中的多个实体有关系，而 B 中的每个实体至多和 A 中的一个实体有关系，称 A 对 B 是 1∶n 关系。例如，学校和教师之间就是 1∶n 关系；班级和学生之间也是 1∶n 关系。

③ 多对多关系（$m∶n$）：如果 A 中的每个实体和 B 中的多个实体有关系；反过来，B 中的每个实体也和 A 中的多个实体有关系，称 A 对 B 是 $m∶n$ 关系或 B 对 A 是 $m∶n$ 关系。例如，一门课程可以同时有多个学生选修；一个学生也可以同时选修多门课程，课程和学生之间是多对多关系。

为了直观地表示信息世界中实体及实体之间的关系，在 E-R 模型图中，实体使用矩形框来表示;实体的属性使用椭圆形框来表示,其中主键属性加下划线表示;实体间的关系则用菱形框来表示,并用无向线段连接各图形框。

例如,描述学校教务管理系统,系统中涉及学生、课程和教师等实体。假设学生实体有学号、姓名、性别、出生日期和班级等属性;课程实体有课程号、课程名、学分和学时数等属性;教师实体有教工号、姓名、性别、职称和教研室等属性;其中学生实体通过选课与课程实体建立了关系,即某个学生选修某门课程可以得到相应的成绩,其关系类型为多对多关系;教师实体通过授课与课程实体建立了关系,假设该关系为一对多关系,即某个教师可以教授多门课程,而某门课只能由一位教师教授。该教务管理系统的 E-R 模型图如图 3.1 所示。

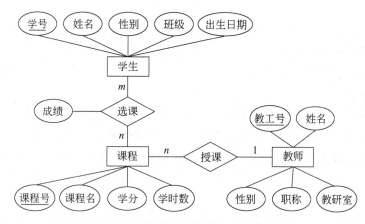

图 3.1 学校教务管理系统 E-R 模型图

4. 基本数据模型

实体关系(E-R)模型是对现实世界客观事物之间关系的第一级抽象的结果。在计算机世界中,E-R 模型又被抽象为基本数据模型。基本数据模型是 E-R 模型的数据化,它将实体模型内部之间的关系抽象为字段(数据项)之间的关系,将实体模型之间的关系抽象为记录之间的关系。基本数据模型反映了这两类复杂关系的形式,它是对数据库中的数据组织结构化的描述。

基本数据类型的种类很多,目前常用的有层次模型、网状模型和关系模型。

1) 层次模型

层次模型是数据库系统中最早使用的模型,它的基本结构为树形结构,每个结点表示一个实体集,实体之间的关系为一对多的关系。学院教务管理系统的层次模型如图 3.2 所示,层次模型中有且只有一个结点无双亲(这个结点称为根结点),其他结点则有且只有一个双亲结点。

层次模型具有结构简单,层次清晰、容易实现等优点,但对于一些非层次性结构(如多对多

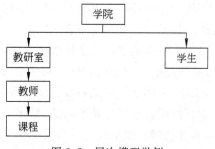

图 3.2 层次模型举例

关系),层次模型需要对关系进行分解,表现起来比较烦琐,也不直观。另外,动态访问层次模型中的数据(如插入或修改记录)时,对应用程序的编制比较复杂,且操作效率不高。

2) 网状模型

网状模型可以看作是层次模型的扩展。它采用网状结构表示实体及其之间的关系,其中一个结点可以没有父结点;也可以有多于一个的父结点,一个结点可以有多个双亲结点,多个结点可以无双亲结点。学院教务管理系统的网状模型如图3.3所示。

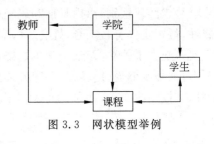

图 3.3 网状模型举例

与层次模型相比,网状提供了更大的灵活性,能更直接地描述现实世界,性能和效率也比较好。但网状模型结构复杂,用户不易掌握,实体关系变动后会涉及链接指针的调整,扩充和维护都比较复杂。

3) 关系模型

关系模型是目前应用最多、也最为重要的一种数据模型。关系模型建立在严格的数学概念基础上,采用二维表格结构来表示实体和实体之间的关系。例如,将图3.1所示学校教务管理系统E-R模型图转化成关系模型,则该关系模型的结构如图3.4所示。

学生表

学号	姓名	性别	班级	出生日期

课程表

课程号	课程名	学时数	学分	教工号

教师表

教工号	姓名	性别	职称	教研室

选课表

课程号	学号	成绩

图 3.4 教务管理系统关系模型举例

关系模型中没有层次模型和网状模型中的链接指针,实体之间的关系是通过不同关系表中的同名属性来实现的。

例如,教师表和课程表中都有教工号属性,如果要查询某位教师所讲授的课程信息,可以先从教师表找到该教师的教工号,然后再在课程表中找到该教工号所对应的课程信息。从这一点可以看出,教工号字段建立了两个表之间的关系。另外,图3.4中的选课表也建立起了课程表和学生表之间的关系。

关系模型建立在关系代数理论之上,具有可靠的数学基础;关系模型的优点是概念清晰,结构简单,一对一、一对多和多对多的关系都可以很方便的描述;表示数据的形式统一,实体、实体之间的关系及查询结果都采用关系表示,用户比较容易理解;另外,关系模型的存取路径对用户是透明的,程序员不用关心具体的存取过程,减轻了程序员的工作负担,具有较好的数据独立性和安全保密性。

3.2.2 规范化理论

在关系模型中,数据库模式就是关系模式的集合。因此,关系数据库的设计就是关系模式的设计。关系数据库规范化理论是由 E. F. Codd 于 1971 年提出的,目的是要设计"好的"关系模式。规范化是在关系型数据库中减少数据冗余的过程。

1. 数据冗余问题

假设有如下关系模式,关系名为学生管理,其中包含:学号、姓名、性别、班级、课程号、课程名、学分、成绩等属性,该关系模式中(学号,课程号)为主键。关系表中的数据如表 3.2 所示。

表 3.2 学生管理表

学号	姓名	性别	班 级	课程号	课程名	学分	成绩
0910257	李玉	女	通信工程 0901	08102	计算机基础	3	85
0910258	张力	男	通信工程 0901	08102	计算机基础	3	75
0910257	李玉	女	通信工程 0901	03201	高数	4	76
0910258	张力	男	通信工程 0901	03201	高数	4	80
⋮	⋮	⋮	⋮	⋮	⋮	⋮	⋮

表 3.2 所示关系表存在以下问题:

(1) 数据冗余:如果一个学生选修多门课程,或一门课程同时由多个学生选修,将导致表中"姓名"、"性别"、"班级"、"课程名"等相同的属性值被多次重复存储,这就造成了数据的冗余。

(2) 不一致性:由于数据存储冗余,当更新某些数据项时,有可能一部分记录修改了,而另一部分未修改,造成存储数据的不一致性。

(3) 插入异常:如果要开设一门新课程,插入新的课程信息,但因为还没有学生选修该课程,导致新信息无法插入。因为该关系模式中(学号,课程号)为主键字段,因为还没有学生选修,因此"学号"字段为空,而关系数据模型规定主关键字不能为空,这就导致了插入异常。

(4) 删除异常:当删除某门课程时,则与该课程相连的所有学生信息也会被删除。如果某个学生只选修了这门课程,则该学生就将被彻底删除,这种现象叫做删除异常。

导致上述问题的原因就是所构造的关系模式中各属性之间互相关联,互相依赖,因此也互相制约。在构造关系模式时,必须从语义上区分出这些关联,将互相依赖的属性构成单独的模式。例如,将表 3.2 所示关系模式分解为表 3.3 所示的三个表,即可有效减少数据冗余,并消除上述异常问题。

表 3.3　学生选课数据库

(a) 学生表

学　号	姓名	性别	班　级
0910257	李玉	女	通信工程 0901
0910258	张力	男	通信工程 0901
⋮	⋮	⋮	⋮

(b) 选课表

学　号	课程号	成绩
0910257	08102	85
0910258	08102	75
0910257	03201	76
0910258	03201	80
⋮	⋮	⋮

(c) 课程表

课程号	课程名	学分
08102	计算机基础	3
03201	高数	4
⋮	⋮	⋮

2. 函数依赖

函数依赖是关系模式内属性间最基本的一种数据依赖关系。属性间是否存在函数依赖关系,取决于数据的语义说明。例如,假设学生表要求每个学生的姓名都互不相同,则确定了某个学生的姓名,就能确定该学生的性别、班级等其他属性,即其他属性对姓名存在函数依赖;但如果学生表中允许姓名相同,则姓名将无法确定其他属性,即其他属性对姓名的函数依赖不存在。

1) 函数依赖

设 $R(U)$ 是一个属性集 U 上的关系模式,X 和 Y 是 U 的子集。若对于 $R(U)$ 的任意一个可能的关系 r,r 中不可能存在两个元组在 X 上的属性值相等,而在 Y 上的属性值不等,则称"X 函数决定 Y"或"Y 函数依赖于 X",记作:$X \rightarrow Y$。

例如:表 3.3(a)所示学生表中,学号为该表主键字段,即每个学生的学号唯一,这样就存在以下的函数依赖:学号→姓名,学号→性别,学号→班级。

说明:

① 函数依赖不是指关系模式 R 的某个或某些关系实例满足的约束条件,而是指 R 的所有关系实例均要满足的约束条件。

② 属性间是否存在函数依赖关系,取决于对数据的语义说明。因此,只能根据数据的语义来确定函数依赖。例如"姓名→班级"此函数依赖只有在不允许有同名人的条件下才成立。

③ 数据库设计者可以对现实世界作强制的规定。例如规定不允许同名人出现,则函数依赖"姓名→班级"即成立。所插入的元组必须满足规定的函数依赖,若发现有同名人存在,则拒绝插入该元组。

2) 平凡函数依赖与非平凡函数依赖

在关系模式 $R(U)$ 中,对于 U 的子集 X 和 Y:

如果 $X \rightarrow Y$,但 $Y \not\subseteq X$,则称 $X \rightarrow Y$ 是非平凡的函数依赖;如果 $X \rightarrow Y$,但 $Y \subseteq X$,则称 $X \rightarrow Y$ 是平凡的函数依赖。

对于任一关系模式,平凡函数依赖都是必然成立的,它不反映新的语义,因此若不特别声明,一般总是讨论非平凡函数依赖。

3) 完全函数依赖与部分函数依赖

在关系模式 $R(U)$ 中,如果 $X \rightarrow Y$,并且对于 X 的任何一个真子集 X',都有 $X' \nrightarrow Y$(Y 不完全函数依赖于 X'),则称 Y 完全函数依赖于 X,记作 $X \xrightarrow{f} Y$。

若 $X \rightarrow Y$,但 Y 不完全函数依赖于 X,则称 Y 部分函数依赖于 X,记作 $X \xrightarrow{p} Y$。

例如,给定一个学生选课关系 SC(Sno,Cno,Grade),其中 Sno 代表学号,Cno 代表课程号,Grade 代表成绩。存在函数依赖(Sno,Cno)→Grade。而对于(Sno,Cno)中的任何一个真子集 Sno 或 Cno,都有 Sno $\nrightarrow$ Grade 和 Cno $\nrightarrow$ Grade,因此,Grade 完全函数依赖于(Sno,Cno),即(Sno,Cno)$\xrightarrow{f}$ Grade。

4) 传递函数依赖

在关系模式 $R(U)$ 中,如果 $X \rightarrow Y$、$Y \rightarrow Z$,且 $Y \nsubseteq X$、$Y \nrightarrow X$,则称 Z 传递函数依赖于 X。

5) 码(关键字)和外码(外关键字)

设 K 为关系模式 $R(U,F)$ 中的属性或属性组合。若 $K \xrightarrow{f} U$,则 K 称为关系 R 的一个候选码(candidate key)或候选关键字。包含在任何一个候选码中的属性都称为主属性,否则称为非主属性。

若关系模式 R 有多个候选码,则选定其中的一个作为主码(primary key)或主关键字。

关系模式 R 中属性或属性组 X 并非 R 的码,但 X 是另一个关系模式的码,则称 X 是 R 的外码(foreign key)或外关键字。

例如,学生表中的学号,选课表中的(学号,课程号)都为候选码。另外,因为选课表中的学号单独不能作为选课表的码,但它却是学生表中的码,因此学号是选课表中的外码。

关系中的主码和外码可以用来描述关系间联系。

3. 关系模式的规范化

一个关系模式好坏的标准是根据该关系模式所满足的范式等级而定的。范式(Normal Forms,NF)与函数依赖有着直接的关系,根据函数依赖可以把数据库关系模式划分为不同等级的范式。通常有 1NF、2NF、3NF、BCNF、4NF 等多种形式。解决数据冗余和操作异常的办法就对关系模式进行合理的分解,将一个属于低级范式的关系模式转化为若干个属于高级范式的关系模式的集合,该过程被称为关系模式的规范化过程。

1) 第一范式(1NF)

如果一个关系模式 R 中的每一个属性都是不可再分的数据项,则称 R 满足第一范式。形象的说,第一范式要求不能存在"表中表"。

例如,如表 3.4 所示学生选课表,因为存在表中表,因此不满足第一范式,不属于规范表。

对非规范的关系表转化为第一范式的关系表并不难,可以进行数据项的合并或分割,例如表 3.4 可以转换为表 3.5 所示满足第一范式的关系表。

表 3.4　学生选课表

学号	姓名	性别	学院		所在宿舍	课程号	课程名
			系别	班级			
0910257	李玉	女	通信工程	0901	五舍	08102	高数
0910258	张力	男	通信工程	0901	五舍	03201	高数
⋮	⋮	⋮	⋮	⋮	⋮	⋮	⋮

表 3.5　学生选课表

学号	姓名	性别	班级	所在宿舍	课程号	课程名
0910257	李玉	女	通信工程0901	五舍	08102	高数
0910258	张力	男	通信工程0901	五舍	03201	高数
⋮	⋮	⋮	⋮	⋮	⋮	⋮

第一范式并不能排除数据冗余和操作异常等问题，需要作进一步规范。

2）第二范式(2NF)

如果一个关系模式 R 满足第一范式，且 R 的所有非主属性完全函数依赖于候选码，则称 R 满足第二范式。

例如，表 3.5 所示关系模式满足第一范式，其中（学号，课程号）为候选码，其他非主属性包括姓名、性别、班级、所在宿舍、课程名。存在以下函数依赖：

（学号，课程号）$\xrightarrow{p}$（姓名，性别，班级，所在宿舍，课程名）

学号 $\xrightarrow{f}$（姓名，性别，班级，所在宿舍）

课程号 $\xrightarrow{f}$ 课程名

其中第一个函数依赖属于非主属性对候选码的部分函数依赖，因此该关系模式不属于第二范式。

解决的方法是将其中存在完全函数依赖的主属性和非主属性进行提取形成另一个关系模式。因此，表 3.5 可分解为以下满足第二范式的关系模式：

学生表(学号,姓名,性别,班级,所在宿舍)；
课程表(课程号,课程名)；

3）第三范式(3NF)

如果一个关系模式 R 满足第二范式，且 R 的任何一个非主属性都不传递依赖于任何候选码，则 R 满足第三范式。

例如，对于关系模式：

学生表(学号,姓名,性别,班级,所在宿舍)；

假设某个班级的同学都住在相同的宿舍，但某个宿舍可以住多个班级。该关系模式有函数依赖：学号→班级，班级→所在宿舍，其中所在宿舍对学号存在传递函数依赖，因此该关系模式不满足第三范式。

解决的方法是分解出其中的传递函数依赖,分解出下列关系模式:

学生表(学号,姓名,性别,班级);
住宿表(班级,所在宿舍);

4) BC 范式(BCNF,修正的第三范式)

如果一个关系模式 R 满足第一范式,若 $X \rightarrow Y$ 且 $Y \not\subseteq X$, X 必含有键,或者说,R 中的每一个非主属性都不传递依赖于 R 的候选键,则称 R 满足 BC 范式。

如果一个关系模式 R 属于 3NF,但 R 不一定属于 BCNF。

5) 第四范式(4NF)

多值依赖的定义:如果有关系模式 R,X 和 Y 是 R 的属性子集,如果对于给定的 X 属性值,有一组 Y 的属性值与之对应,而与其他属性(除 X 和 Y 以外的属性子集)无关,则称 X 多值决定 Y 或 Y 多值依赖于 X,记作 $X \rightarrow \rightarrow Y$。如果其他属性为空,则称其为平凡的多值依赖。

如果一个关系模式 R 满足 1NF,若对于任何一个非平凡多值依赖 $X \rightarrow \rightarrow Y$(其中 Y 非空,也不是 X 的子集,X 和 Y 并未包含 R 的全部属性),X 都包含键,则称 R 满足第四范式。

4. 总结

关系规范化的基本思想是逐步消除数据依赖中不合适的部分,使模式中的各关系模式达到某种程度的"分解",让一个关系只能描述一个概念、一个实体或者实体间的一种关系。关系的规范化过程如图 3.5 所示。

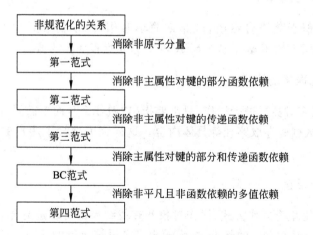

图 3.5 关系规范化过程

另外要注意的是,关系分解必须从实际出发,并不是范式等级越高,分解得越细就越好。若把关系分解得过于琐碎,虽然对于消除数据冗余和操作异常等有好处,但在进行数据查询操作时通常又需要进行链接,从而大大降低数据的查询效率。另外,在数据操作中经常是查询操作多于更新操作,其结果很可能是分解带来的好处与查询的效率降低相比,得不偿失。正因为如此,一般关系模式的规范化只需达到 3NF。

3.3 关系数据库标准查询语言 SQL

SQL(Structured Query Language)语言是 1974 年由 Boyce 和 Chamberlin 提出的。1979 年 IBM 公司在关系数据库管理系统原型系统 System R 上实现了这种语言。由于它功能丰富,语言简洁,使用方法灵活,从而深受用户和计算机业界的欢迎,目前已发展成为关系数据库的标准语言。1986 年 10 月美国国家标准局 ANSI 正是批准 SQL 语言作为关系数据库语言的美国标准,发布了 SQL-86 标准;1987 年国际标准化组织 ISO 也通过了这一标准;此后,SQL 标准经过了多次修改和完善,于 1989 年和 1992 年分别发布了 SQL-89 和 SQL-92 标准。现在应用比较多的是 SQL-92 标准。

目前几乎所有著名的数据库管理系统,如 Oracle、Sybase、Informix、SQL Server、INGRES、DB2 等都相继支持了 SQL 语言;常用的微型机数据库管理系统,如 FoxPro 和 Access 也都以 SQL 作为查询语言。特别是近年来,随着 Internet 的迅速发展,人们在基于网络的应用系统中嵌入 SQL 语句,使得通过网络访问数据库的技术日趋成熟。

相对于其他的数据库查询语言,SQL 语言具有明显的特点。

1. SQL 语言功能强大

SQL 语言可以完成数据查询、数据定义和数据控制等功能,几乎贯穿了数据库生命周期中的全部活动。

2. 语法简单、易学易用

SQL 语言类似于英语自然语言,非常简单实用,对于初学者也非常容易掌握。如 SELECT * FROM USER 表示从 USER 表中选取所有字段的值。

3. 高度非过程化的语言

使用 SQL 语言对数据进行操作,只需要指出"做什么",而不需要说明"如何做",即不需要关心和了解数据的存取路径等具体内容。这样大大减轻了用户的负担,有利于提高数据的独立性。

4. 面向集合语言

SQL 语言采用集合操作方式,操作对象和查找结果都可以是集合。SQL 语言的这一特点充分利用了关系数据库的优点,极大地提高了系统运行的效率。

5. 可以独立使用,也可以嵌入到宿主语言

SQL 语言既是自含式语言,也是嵌入式语言。作为前者,用户可以在数据库管理系统软件模块中直接使用 SQL 命令,修改或查询数据库;作为后者,SQL 可以嵌入到其他语言(如 C++、COBOL、BASIC、HTML、XML 等)中,这样可以使程序员和用户开发和定制出基于数据库的高级应用程序。

SQL 语言按其功能可分为以下几个部分：

(1) 数据定义语言(DDL)：DDL 提供对 SQL 模式、基本表、视图和索引等数据库对象的定义。

(2) 数据操纵语言(DML)：DML 提供对数据库中数据的查询、插入、修改和删除等操作。

(3) 数据控制语言(DCL)：DCL 提供对基本表和视图的授权、完整性规则的描述和事务控制等操作。

3.3.1 数据定义语言 DDL

从使用者的角度来说，基本的 DDL 语句有：
- 基本表的创建(CREATE TABLE)、修改(ALTER TABLE)和删除(DROP TABLE)；
- 索引的创建(CREATE INDEX)和删除(DROP INDEX)；
- 视图的创建(CREATE VIEW)和删除(DROP VIEW)。

1. 对基本表的操作

1) 创建基本表(CREATE TABLE)

语句格式：

```
CREATE TABLE <表名>(<字段名 1><数据类型>[列级完整性约束条件]
    [,<字段名 2><数据类型>[列级完整性约束条件],...]
    [,<表级完整性约束条件>]);
```

说明：<表名>和<字段名>是指要创建的表的名称，以及表中各字段的名称，<数据类型>代表对应字段的类型；字段的数据类型在不同的数据库中并不完全相同，具体操作时要参见各数据库的说明文档；完整性约束是指建立表的同时需要创建的约束条件，可以在列级，也可以在表级。比较常用的有 NOT NULL 表示字段中不允许有空值，UNIQUE 表示字段取值需唯一，不能有相同项，PRIMARY KEY 表示字段为主键等。

例如，创建名为 Student 的学生表，字段包括学号 Sno(长度为 10)、姓名 Name(长度为 50)、性别 Gender 和出生日期 Birthday(长度为 8)。其中，学号、姓名和性别为必填项；要求学号唯一。

```
CREATE TABLE Student(Sno CHAR(10)NOT NULL UNIQUE,
    Name CHAR(50)NOT NULL,
    Gender CHAR(1)NOT NULL,
    Birthday CHAR(8),
    PRIMARY KEY(Sno));
```

上述定义中 Sno CHAR(10)NOT NULL UNIQUE 定义了学号 Sno 的列级完整性约束条件，不能取空值，及取值唯一。另外，PRIMARY KEY(Sno)已经将 Sno 定义为主键,因此 Sno 字段的约束条件 NOT NULL UNIQUE 可以省略。

2) 修改基本表(ALTER TABLE)

语句格式：

```
ALTER TABLE <表名>
    [ADD <新字段名><数据类型>[完整性约束条件]]
    [DROP <完整性约束名称>]
    [MODIFY <字段名><数据类型>];
```

说明：ADD 子句用于在现有表中增加字段；DROP 子句用于删除一个指定的完整性约束；MODIFY 子句用于修改表中某个字段的名称或类型。

例如,在上例所创建的 Student 表中增加班级 Class 字段,定义该字段长度为 50,必填字段。

```
ALTER TABLE Student
    ADD Class CHAR(50) NOT NULL;
```

将 Student 表中的 Birthday 字段类型修改为日期类型,并修改为必填字段。

```
ALTER TABLE Student
    MODIFY Birthday DATE NOT NULL;
```

3) 删除基本表(DROP TABLE)

语句格式：

```
DROP TABLE<表名>;
```

说明：表删除后,该表的结构定义将被删除,基于该表所创建的索引和视图将被一起删除,该表中的所有数据也将全部被删除。

例如,将 Student 表删除。

```
DROP TABLE Student;
```

2. 索引操作

如果将数据表比作书,则表的索引就如同书的目录,通过索引可以大大提高查询速度。索引是加快数据库随机检索的常用手段,它实际上是表中索引字段与其地址的对应表。对表建立索引可以加快对索引字段的查询、排序和分组操作。

在基本表上可以创建多个索引,但过多的索引会加重数据库自身的维护负担,使数据插入和更新的效率降低。

1) 创建索引(CREATE INDEX)

语句格式：

```
CREATE [UNIQUE] [CLUSTER] INDEX <索引名>ON <表名>
    (<字段名 1>[ASC/DESC] [,<字段名 2>[ASC/DESC]…]);
```

说明：该语句允许在一个基本表上的一列或多列上建立索引。UNIQUE 选项表示建立唯一索引,每个索引值只对应唯一的一条数据记录,例如,每个学号都只对应唯一的一个学生信息。一般都在基本表的主键字段上建立唯一索引。索引的排序方式有两种:ASC(升序)和 DESC(降序),默认时按升序方式排序;CLUSTER 选项表示要建立的索引是聚簇索引,即索引项的顺序和表中记录的物理顺序一致。聚簇索引可以提高查询效率,但更新记录会带来额外的开销。

对一个基本表可以根据需要建立多个索引,以便提供多种存取路径。索引一旦建立,则在它被删除前将一直有效。查询时索引不能由用户选择,而是由系统自动提供最佳存取路径。

例如,为上述 Student 表按照姓名和生日建立唯一索引 Idx_S1。

CREATE UNIQUE INDEX Idx_S1 ON Student(NAME,BIRDAY)

2) 删除索引(DROP INDEX)

语句格式:

DROP INDEX <索引名>;

例如,删除索引 Idx_S1。

DROP INDEX Idx_S1;

3. 视图操作

视图是从一个或多个基本表或视图中导出的表,是一种虚拟的表,其结构和数据建立在对表的查询基础上。定义视图后,可以和真实表一样在数据查询和数据操纵语句中使用。

但是,数据库中只有视图的定义,并不专门存放视图对应的数据。换句话说,对视图的操作将在系统内部自动进行转换,转换为对基本表的操作。

合理使用视图,可以为用户提供对数据的不同观察角度,隐蔽不感兴趣的数据,简化用户的操作。

1) 创建视图(CREATE VIEW)

语句格式:

CREATE VIEW <视图名>[(<字段名 1>[,<字段名 2>]…)]
    AS SELECT 查询子句
    [WITH CHECK OPTION];

说明:SELECT 查询子句可以是任意复杂的查询语句,但其中不允许含有 ORDER BY 子句和 DISTINCT 子句;用于构成视图的字段或全部省略,或全部指定;WITH CHECK OPTION 表示对视图进行更新 UPDATE、插入 INSERT 和删除 DELETE 操作时要保证其操作满足视图定义中子查询的条件。

例如,创建 Student 表中所有女生的视图 FM_STU,要求输入新的学生记录后仍保证该视图只有女生。

```
CREATE VIEW FM_STU
    AS SELECT No,Name,Class FROM Student
    WHERE Gender='F'
    WITH CHECK OPTION;
```

2) 删除视图(DROP VIEW)

语句格式：

```
DROP VIEW <视图名>;
```

例如,删除视图 FM_STU。

```
DROP VIEW FM_STU;
```

3.3.2　数据操纵语言 DML

SQL 语言的 DML 语句包括数据查询 SELECT、数据插入 INSERT、数据删除 DELETE 和数据更新 UPDATE。

1. 数据查询语句 SELECT

数据查询语句用来对已建好的基本表或视图中的数据按照某种指定的方式(条件表达式、次序等)进行检索查询。虽然 SQL 语言的数据查询语句只有一条,但它却是 SQL 语言中使用最多、最重要、最灵活的语句,可以表达出各种复杂的查询要求,实现几乎所有的查询操作。

语句格式：

```
SELECT [ALL|DISTINCT]<字段表达式 1>[,<字段表达式 2>,…]
FROM <表名或视图名称 1>[,<表名或视图名称 2>,…]
    [WHERE <条件表达式>]
    [GROUP BY <字段名 1>[HAVING <条件表达式>]]
    [ORDER BY <字段名 2>[ASC|DESC]]
```

说明：虽然数据查询语句只有一个,但其中包含若干子句,其中 SELECT 和 FROM 子句是必须项,而 WHERE、GROUP BY 和 ORDER BY 子句为可选项。

(1) SELECT 子句用于指定结果表中所包含的字段。如果字段名使用了 * 代替则表示将选取满足条件的元组的所有字段。SELECT 中还可以包含关键字 ALL 或 DISTINCT,其中 ALL 指选取符合条件的所有元组；而 DISTINCT 是指在所选取的元组中去掉重复的项,默认值为 ALL。

(2) FROM 子句用于指定要查询的源表或视图。

(3) WHERE 子句用于指定查询要满足的条件。

(4) GROUP BY 子句用于将查询结果按指定字段进行分组,其中的每个组都将形成结果表中的一个元组。分组的附加条件由 HAVING 子句给出。

(5) ORDER BY 子句用于将查询结果按指定字段进行排序,排序方式为升序(ASC)

或降序(DESC),默认情况下为升序。

该数据查询语句的功能为:根据WHERE子句所提供的条件表达式,在FROM子句给出的基本表或视图中查找满足该条件的元组,再按照SELECT子句给出的目标字段表达式,选取元组的分量形成最终的结果表。

对数据库各种形式的查询操作,体现在SELECT语句的多样化上。由简单到复杂可以分为:基本查询、多表查询和嵌套查询。

给出如表3.6~表3.8所示三个关系表,学生信息表、课程表及选课表,通过对这三个表的各种查询操作,来说明SELECT查询语句的详细功能。

表 3.6 学生信息表

学　号	姓名	性别	班　级	出生日期
0910257	李玉	女	通信工程0901	1991-08-29
0910258	张力	男	通信工程0901	1992-06-13
0910259	徐亦洋	男	通信工程0901	1992-07-03
0910260	马飞宇	男	通信工程0902	1991-03-09
0910261	张小方	女	通信工程0902	1992-01-09
0910262	于景	女	通信工程0902	1992-03-15

表 3.7 课程表

课程号	课 程 名	学分	学时数	课程号	课 程 名	学分	学时数
03201	高数	6	96	08102	计算机基础	3	48
01210	大学英语	8	128	08103	高级语言程序设计	4	64
01310	大学语文	4	64	08104	数据库技术	3	48

表 3.8 选课表

学　号	课程号	成绩	学　号	课程号	成绩
0910257	03201	76	0910258	08102	75
0910258	03201	80	0910261	08103	85
0910259	03201	82	0910260	08104	78

1) 基本查询

最基本的查询就是从指定的一个基本表中,找出符合条件的记录。

例 3.1 查询学生信息表中"通信工程0902"班的所有女生。

SELECT * FROM 学生信息表
　　WHERE 班级='通信工程0902' AND 性别='女';

根据上述查询和表3.6学生信息表的内容,查询结果将如表3.9所示。

表 3.9 学生信息查询结果

学　号	姓名	性别	班　级	出生日期
0910261	张小方	女	通信工程 0902	1992-01-09
0910262	于景	女	通信工程 0902	1992-03-15

例 3.2 查询课程表中学分在 4～6 分之间的课程号、课程名及学分,结果按学分降序排列。

```
SELECT 课程号,课程名,学分 FROM 课程表
    WHERE 学分 BETWEEN 4 AND 6
    ORDER BY 学分 DESC;
```

该语句等价于:

```
SELECT 课程号,课程名,学分 FROM 课程表
    WHERE 学分>=4 AND 学分<=6
    ORDER BY 学分 DESC;
```

查询结果如表 3.10 所示。

表 3.10　课程查询结果

课程号	课程名	学分	课程号	课程名	学分
03201	高数	6	08103	高级语言程序设计	4
01310	大学语文	4			

例 3.3 查询学生信息表中女生人数少于 2 人的班级及女生人数。

```
SELECT 班级,COUNT(学号) AS 女生人数 FROM 学生信息表
    WHERE 性别='女'
    GROUP BY 班级 HAVING COUNT(学号)<2;
```

上述查询中 COUNT 为集函数,用于统计个数;AS 用于为字段名或表名指定一个临时名称。该查询的结果如表 3.11 所示。

表 3.11　查询结果

班　级	女生人数
通信工程 0901	1

2) 多表查询

如果查询涉及两个及两个以上的基本表,则称之为多表查询(或连接查询),多表查询是关系数据库中最常见的查询。

例 3.4 查询选课表中学号 0910258 所选课程的名称。

```
SELECT 选课表.学号, 课程表.课程名
FROM 选课表, 课程表
    WHERE 选课表.课程号=课程表.课程号 AND 选课表.学号='0910258';
```

如果不同的数据表拥有相同的字段名,为了加以区分,可以在字段名前加注表名,即

"表名.字段名",而表之间的连接操作(通常是自然连接)则通过 WHERE 子句中所给出的连接条件来实现,如上例中的条件"选课表.课程号=课程表.课程号"即为连接条件。

例 3.5 查询学号为 0910258 同学的姓名、选修课程的名称、学分及成绩。

```
SELECT 姓名,课程名,学分,成绩
FROM 学生信息表,课程表,选课表
    WHERE 学生信息表.学号=选课表.学号 AND 课程表.课程号=选课表.课程号 AND 学生信息
    表.学号='0910258';
```

当遇到一个查询问题时,应仔细分析该查询将涉及几个关系表。如果涉及多个关系表,就要在 FROM 子句中给出相关的表名,同时要在 WHERE 子句中给出相应的连接条件。"连接"是将不同关系表的相关记录连接起来,形成跨表的查询记录,这样就打破了表的界限,为多表查询提供了条件。

3) 嵌套查询

SQL 语言允许多层嵌套,有些多表查询也可以利用嵌套查询的形式来实现。嵌套查询是指将某一查询的结果嵌入到另一个查询的表达式中,嵌套查询又称为子查询。

例 3.6 查询选修了课程号为 08102 的学生的姓名。

```
SELECT 姓名 FROM 学生信息表 WHERE 学号 IN
(SELECT 学号 FROM 选课表 WHERE 课程号='08102')
```

上例中被嵌套的内层查询"SELECT 学号 FROM 选课表 WHERE 课程号='08102'"将返回一个集合,外层查询则使用谓词 IN 来判断学生信息表中的学号是否在返回的结果集中。该语句等价于:

```
SELECT 姓名 FROM 学生信息表,选课表
    WHERE 学生信息表.学号=选课表.学号 AND 选课表.课程号='08102'
```

SELECT 语句详细的用法,建议参考有关 SQL 语言的书籍。

2. 数据插入语句 INSERT

INSERT 语句用于将一条或多条记录插入到指定的关系表中。
语句格式:

```
INSERT INTO <表名>(<字段名 1>[,<字段名 2>,...])
    VALUES(常量 1 [,常量 2,...])|<SELECT 语句>
```

说明:INSERT 语句可以插入一个完整的元组,也可以插入一个元组的几个列值。如果所插入的是一个完整元组,则上述格式中的字段名可以省略,但要保证所插入的列值与对应字段的数据类型必须一致,即 VALUES 子句中常量的类型、顺序和长度必须与所插入表中的各字段类型、顺序和长度完全一致;如果只是插入一个元组的几个列值,则上述格式中的字段名不能省略,且 VALUES 子句中的常量要与字段名相对应,其余的字段值则自动插入 NULL。

语句格式中的 SELECT 语句是指将 SELECT 语句的查询结果值插入到指定的表

中,SELECT 语句所得到的列数应该与要插入的列数相同。

3. 数据修改语句 UPDATE

语句格式:

```
UPDATE <表名>SET <字段名 1=表达式 1>[,<字段名 2=表达式 2>,...]
    [WHERE <条件表达式>]
```

说明:UPDATE 语句用来更新指定表中满足条件的所有元组的某个字段值,如果没有 WHERE 子句指定条件,则将更新所有元组的某字段值。

4. 数据删除语句 DELETE

对有错误的数据或作废的数据可以使用 DELETE 语句进行删除处理。

语句格式:

```
DELETE <表名>[WHERE <条件表达式>]
```

说明:如果没有指定条件,将删除表中的所有数据,但表结构仍然存在,成为一个空表。

上述针对数据的插入、修改和删除操作都只能针对单个表,而不能同时在多个表上进行,因为可能会导致数据完整性的破坏。

3.3.3 DCL

SQL 语言定义完整性约束条件的功能主要体现在 CREATE TABLE 语句和 ALTER TABLE 中,包括定义键(码)、取值唯一的列、不允许空值的列、外键(参照完整性)及其他一些约束条件。

另外,因为数据库中一般都存储了大量的系统和用户数据,为了保证这些数据的安全性,可以通过数据控制语句对合法用户进行授权。SQL 语言提供了授予权限语句 GRANT 和收回权限语句 REVOKE。

1. 授予权限语句 GRANT

授予权限语句 GRANT 的一般格式为:

```
GRANT <权限 1>[,<权限 2>]
    [ON <对象类型><对象名>]
    TO <用户 1>[,<用户 2>]
    [WITH GRANT OPTION]
```

该语句用于将指定对象的指定操作权限授予指定的用户。对不同类型的对象有不同的操作权限,常用的操作权限如表 3.12 所示。

接受授权的可以是一个或多个用户,也可以是所有用户。如果指定了 WITH GRANT OPTION 子句,则获得某种权限的用户可以把这种权限再授予其他用户,否则该用户只能使用所获得的权限,而不能将该权限传递给其他用户。

表 3.12　常用的操作权限

对象	对象类型	操 作 权 限
属性列	TABLE	SELECT,INSERT,UPDATE,DELETE,ALL PRIVILEGES(4 种权限的总和)
视图	TABLE	SELECT,INSERT,UPDATE,DELETE,ALL PRIVILEGES(4 种权限的总和)
基本表	TABLE	SELECT, INSERT, UPDATE, DELETE, ALTER, INDEX, ALL PRIVILEGES（6 种权限的总和）
数据库	DATABASE	CREATE TABLE(建立表的权限,可由 DBA 授予普通用户)

2. 收回权限语句 REVOKE

对用户授予的权限可以由 DBA 收回,或由授权者用 REVOKE 语句收回。REVOKE 语句的一般格式为：

```
REVOKE <权限>[,<权限>]
    [ON <对象类型><对象名>]
    FROM <用户>[,<用户>]
```

当系统收回对某个用户所授予的权限时,则由该用户授予其他用户的权限也将由系统自动收回,即权限的收回操作将被级联收回。

3.4　数据库设计基本方法

数据库设计是数据库应用的核心。数据库设计是指利用现有的数据库管理系统,针对具体的应用对象,构造合适的数据库模式,建立基于数据库的应用系统或信息系统。

数据库设计的基本任务是根据用户对象的信息要求、处理需求和数据库的支持环境（包括硬件、操作系统和数据库管理系统）设计出合理可行的数据模型。信息需求反映了对数据库的静态需求,主要是指用户对象的数据及其结构;处理需求反映了对数据库的动态需求,表示用户对象要处理的数据及其结构;另外,数据库的设计也受到一些条件的约束,包括系统软件、工具软件以及设备、网络等软件硬件的系统设计平台。

目前,数据库设计一般采用生命周期法,它将整个数据库应用系统的开发分解为各个独立的若干阶段。主要包括：

(1) 需求分析阶段；
(2) 概念结构设计阶段；
(3) 逻辑结构设计阶段；
(4) 物理结构设计阶段；
(5) 实施阶段；
(6) 运行和维护阶段。

3.4.1 需求分析

需求收集和分析是进行数据库设计的第一步,是下一步数据库概念设计的基础。需求分析的主要任务是进行充分的调查研究,了解用户的需求;了解系统的运行环境,制定将要设计的系统功能;收集基础数据,包括输入、处理和输出数据。在这个过程中,要从系统的观点出发,既要调查数据又要考虑数据处理,也就是数据库和应用系统应同时进行设计。数据库的需求分析一般包括以下工作:

(1) 收集资料:收集资料是由数据库设计人员和用户共同完成的。

(2) 分析整理:分析的过程是对所收集到的数据进行抽象的过程。结构化分析方法(SA)是常用的规范化方法,主要通过数据字典和数据流图(DFD)表达系统需求。这些文档是概念设计的基础,也是将来系统维护的基础。

(3) 数据流图:在系统分析中通常采用数据流图来描述系统的数据流向和对数据的处理功能。

数据流图是描述系统中数据传递过程的工具,它将数据独立抽象出来,通过图形方式描述数据的来龙去脉和实际流向。数据流图可以简单而清楚地展示管理系统的逻辑结构,即使非专业的计算机技术人员也能非常容易理解,它是一种很好的系统功能构造的表示方法。

绘制数据流图时,应从已获得的手工处理流程中去掉物理因素,只保留数据、信息处理部分,采用"先主后次,逐步细化"的方法,即抓住关键数据和关键处理。

(4) 数据字典:除了一套 DFD 外,还要从原始的数据资料中分析整理出下述数据信息:数据元素的名称同义词、性质、取值范围、提供者、使用者、控制权限、保密要求、使用频率、数据量、数据之间关系的语义说明,以及各个部门对数据的要求。

需求分析阶段的成果要形成文档资料,至少包括以下两项:一是各项业务的数据流图 DFD 及有关说明;二是对各类数据描述的集合,即数据字典(DD)。

(5) 用户确认:DFD 图集和 DD 的内容必须返回给用户,并用非专业术语与用户交流。

3.4.2 概念结构设计

将需求分析中得到的用户需求抽象为信息结构的过程就是概念结构设计。

1. 概念结构设计的目的

概念结构设计阶段的目标是通过对用户需求进行综合、归纳与抽象,形成一个独立于具体 DBMS 的概念模型。概念结构的设计方法有两种:

(1) 集中式设计法:这种方法是根据需求由统一机构或人员设计一个综合的全局模式。这种方法简单方便,适用于小型或不复杂的系统设计,但由于该方法很难描述复杂的语义关联,所以不适于大型的或复杂的系统设计。

(2) 视图集成设计法:这种方法是将一个系统分解成若干个子系统,首先对每一个子系统进行模式设计,建立各个局部视图,然后将这些局部视图进行集成,最终形成整个系统的全局模式。

2. 概念结构设计的过程

数据库概念结构设计的工具是 E-R 模型图。在概念结构设计过程中,使用 E-R 方法的基本步骤包括设计局部 E-R 模型图;综合成初步的 E-R 模型图;优化成基本 E-R 模型图。

1)设计局部 E-R 模型图

设计局部 E-R 模型图的任务是根据需求分析阶段产生的各个数据流图和数据字典中的相关数据,设计出各项应用的局部 E-R 模型图。具体包括:

(1) 确定实体和属性。

(2) 确定关系类型。依据需要分析结果,考查任意两个实体类型之间是否存在关系。若有关系,要进一步确定关系的类型($1:1,1:n,m:n$)。在确定关系时应特别注意:一是不要忘记关系的属性;二是尽量取消冗余的关系,即取消可以从其他关系导出的关系。

(3) 给出局部 E-R 模型图。

2)综合成初步 E-R 模型图

(1) 局部 E-R 模型图的合并。为了减小合并工作的复杂性,可以先进行两两合并。合并从公共实体类型开始,最后再加入独立的局部结构。

(2) 消除冲突。一般的冲突类型包括属性冲突、命名冲突、结构冲突。具体调整手段可以有以下几种:对同一实体的属性取各个局部 E-R 模型图相同实体属性的并集;根据综合应用的需要,把属性转变为实体,或者把实体变为属性;实体关系要根据应用语义进行综合调整。

3)优化成基本 E-R 模型图

(1) 消除冗余属性。

(2) 消除冗余关系。

概念结构设计经过了局部视图设计和视图集成两个步骤之后,其成果应形成文档资料,主要包括:整个组织的综合 E-R 模型图及有关说明;经过修订、充实的数据字典。

3.4.3 逻辑结构设计

逻辑结构设计阶段的任务是将概念结构设计过程中所得到的概念模型图转换为具体 DBMS 所能支持的数据模型(即逻辑结构),并对其进行优化。逻辑结构设计可以分为三步进行:

1. 从 E-R 模型图向关系模型转化

数据库的逻辑设计主要是将概念模型转换成一般的关系模型,也就是将 E-R 模型图中的实体、实体属性和实体之间的关系转化为关系模型。

E-R 模型图向关系模式的转化过程中每个实体都将转化成一个关系模式;实体的属

性将转化成关系模式的字段,对非原子属性可进行纵向或横向展开,从而转换成原子属性;实体的键将转化成关系的键;实体之间关系可依据一定的转换原则转化成属性或关系模式。对关系的转化,要视 1∶1、1∶n、m∶n 三种不同的情况进行不同的转化,具体的转化原则为:

① 对 1∶1 关系,可将一个关系模式的键和关键类型的属性加入另一个关系模式中。

② 对 1∶n 关系,则在 n 端实体转化成的关系模式中加入 1 端实体的键和关系类型的属性。

③ 对 m∶n 关系,关系将转化为一个独立的关系模式,模式中包含与该关系有关的各实体的键和关系的属性,该模式的键是各实体的键的组合。

2. 数据模型的优化

数据库逻辑结构设计的结果不是唯一的。为了进一步提高数据库应用系统的性能,还应该适当地对数据模型进行优化。优化是指适当地修改、调整数据模型的结构,提高数据库应用系统的性能,提高查询的速度。优化的主要措施有数据记录的垂直分隔、水平分隔及适当增加冗余。

规范化理论用于优化数据库的逻辑结构设计。在数据库逻辑结构设计阶段,用模式分解的概念和算法指导设计,用规范化理论分析关系模式的合理程度。

3.4.4 物理结构设计

数据库物理结构设计是为逻辑数据模型选取一个最适合应用环境的物理结构。设计内容主要包括存储记录结构设计、存储记录布局、存取方法设计三个方面。

在进行物理设计时,必须了解 DBMS 的功能,了解应用环境,理解设备的特性。数据库物理结构设计的目的是为了在数据检索中尽量减少 I/O 操作的次数以提高数据检索的效率,以及在多用户共享系统中,减少多用户对磁盘的访问冲突,均衡 I/O 负荷,提高 I/O 的并行性,缩短等待时间,提高查询效率。

3.4.5 数据库的实施及运行维护

1. 数据库的实施

在数据库实施阶段,设计人员运用 DBMS 提供的数据语言及其宿主语言,根据逻辑结构设计和物理结构设计的结果建立数据库,编制与调试应用程序,组织数据入库,并进行试运行和评价。在数据库实施阶段,包括三个方面的内容:

① 建立实际的数据库结构。

② 加载必要的数据。

③ 数据库试运行和评价。

关于数据库实施阶段的其他详细内容,请参阅相关参考书。

2. 数据库的运行和维护

数据库系统经过实施,并试运行合格后即可交付使用,投入正式运行。正式运行标志着数据库维护工作的开始。在数据库系统运行过程中必须不断地对其进行评价、调整与修改。这个阶段主要包括三个方面的工作:

① 对数据库性能的监测与分析改善。
② 对数据库的备份及故障恢复。
③ 数据库的重组与重构。

只要数据库系统开始运行,就需要不断地进行修改、调整和维护。对系统的维护是应用系统生命周期中持续时间最长的阶段。

3.5 数据库保护

为了保证数据库数据的安全可靠和正确有效,DBMS 必须提供统一的数据保护功能。数据保护也称为数据控制,主要包括数据库的安全性、完整性、并发控制和恢复。

3.5.1 安全性和完整性

1. 安全性

数据库的安全性控制就是指保护数据库,以防止不合法的使用(非法的查询、修改、删除等操作)所造成的数据泄露、更改或破坏。数据库的安全性控制措施是否有效是数据库系统的主要性能指标之一。

(1) 从数据库角度考虑,安全性分为自然环境安全性和系统安全性。

自然环境安全性是指防止自然环境的破坏。例如,地震、火灾、水灾等自然因素对数据库的破坏。

系统安全性是指控制数据库的访问权限,未经授权,不允许用户越界访问。例如,某个用户试图查看其无权查看的某些数据项或数据表,系统将拒绝执行。对于不同存取级别的用户,在对数据库进行访问时,将受到不同程度的限制。

(2) 关系数据库安全性控制的一般方法包括用户身份标识和鉴别,存取控制策略和数据加密技术的使用。

用户身份的标识和鉴别是系统提供的最外层安全保护措施,其最常用的方法是用一个用户名或用户标识符来表明用户身份,系统鉴别此用户是否是合法用户。若是,则可以进入下一步核实;若否,则不能进入系统。系统通常还要求用户输入口令,然后通过口令的正确性进一步鉴别用户的身份。

存取控制策略是为了保证每个用户只能访问其使用权限范围以内的数据。存取控制策略用于定义哪些用户可以对哪些数据对象进行哪些类型的操作。

数据加密技术可以以密码形式存储和传输数据。对于高度敏感性数据,如财务数据、国家机密等,如果非法用户通过不正常渠道获取到这些数据,则当用户打开数据时只能看到一些无法辨认的二进制代码。对合法用户则首先要提供密码钥匙,然后由系统进行译码后,才能得到可识别的数据。

2. 完整性

数据的完整性是指数据的正确性、有效性和相容性。正确性是指数据的合法性,例如数值型数据只能含有数字,而不能含有字母;有效性是指数据是否属于所定义的有效范围,例如学生的年龄只能在一定整数范围内取值;相容性表示同一事实的两个数据应相同,如学生的图书证号在不同的表中格式都应相同。

数据是否具备完整性,关系到数据库系统能否真实地反映现实世界,因此维护数据的完整性非常重要。为维护数据的完整性,DBMS必须提供一种机制来检查数据库中的数据,看其是否满足语义规定的条件。这些加在数据库数据之上的语义约束条件称为数据库的完整性约束条件,它们作为模式的一部分存入数据库中,而DBMS中检查数据是否满足完整性条件的机制称为完整性检查。

1) 基于列的完整性约束

每一个属性列都必须对应一个所有可能的取值所构成的域。在SQL语言中定义的域类型有整型、字符型、日期时间型。声明一种属性属于某种具体的域就相当于约束它可以取的值。

2) 基于关系的完整性约束

SQL语言中对基于关系的约束主要有三种形式:唯一性约束、引用约束和关系检验约束。

(1) 唯一性约束形式:

UNIQUE(<字段名序列>)或PRIMARY KEY(<字段名序列>)

UNIQUE定义了关系的候选键,但只表示了值是唯一的,值非空还需要在列定义时带有选项NOT NULL;PRIMARY KEY定义了关系的主键,一个关系只能指定一个主键,且主键字段会自动被认为是非空的。

(2) 引用约束形式:

FOREIGN KEY(<字段名序列>)
    REFERENCES <参照表>[(<字段名序列>)]
    [ON DELETE <参照动作>]
    [ON UPDATE <参照动作>]

FOREIGN KEY中的字段名序列是外键,REFERENCES中的字段名序列是参照表中的主键或候选键。参照动作可以是NO ACTION(无影响,默认)、CASCADE(级联修改/删除)、RESTRICT(受限修改/删除)、SET NULL(置为空值)及SET DEFAULT(置为默认值)。

(3) 关系检验约束形式:

CHECK(<条件表达式>)

关系检验约束用于对单个关系的元组值进行约束。该约束使得系统在向关系中插入元组或修改元组时，检验新的元组值是否满足条件。如果不满足，则系统将拒绝该元组的插入或修改。

为了实现完整性控制，一般先定义一组完整性约束条件（规则），并提交给 DBMS，当用户对数据进行操作时进行检查。完整性规则在应用系统设计、开发、编程时给予实现。在关系数据库中，完整性规则用有关的语言来表达，由系统编译并存放到数据字典中。

3.5.2 并发控制和事务处理

数据库的重要特征是可以为多个用户提供数据共享，飞机订票数据库系统、银行数据库系统等都是多用户数据库系统。在这样的系统中，同一时刻并行运行的事务数目可达数百个。数据库管理系统允许共享的用户数目是数据库管理系统重要性能参数之一。数据库管理系统必须提供并发控制机制来协调并发用户的并发操作，以保证并发事务的隔离性，从而达到数据库的一致性。

1. 事务

事务(transaction)是并发控制的基本单位，它是用户定义的一个数据库操作序列，这些操作"要么都做，要么都不做"，是一个不可分割的逻辑工作单位。在关系数据库中，一个事务可以是一条 SQL 语句、一组 SQL 语句或整个程序。例如，在银行转账工作中，从一个账号中扣款，并向另一个账号中增款，这两个操作要么都执行，要么都不执行。所以，应该把它们看成一个事务。事务是数据库维护数据一致性的单位，在每个事务结束时，都能保持数据库的一致性。

事务具有以下 4 个特性：
- 原子性(atomicity)：事务是作为一个整体工作单位被处理，不可以被分割。
- 一致性(consistency)：数据库中数据不因事务的执行而受到破坏，事务执行的结果应当使得数据库由一种一致性达到另一种一致性。数据的一致性保证了数据的完整性。
- 隔离性(isolation)：一个事务的执行不能被其他事务干扰，即一个事务内部的操作及使用的数据对其他并发事务是隔离的，并发执行的各个事务之间不能互相干扰。
- 持续性(durability)：一个事务一旦执行结束，它对数据库中数据的改变就是永久性的，接下来的其他操作或故障不应该对其执行结果有任何影响。

事务的这些特性由数据库管理系统中的并发控制机制和恢复机制保障。

2. 事务并发控制

事务可以串行执行，即每个时刻只有一个事务运行，其他事务必须等到这个事务结束以后方能运行。事务在执行过程中需要不同的资源，有时需要 CPU，有时需要存取数据，有时需要 I/O，有时需要通信。如果事务串行执行则许多系统资源将处于空闲状态。因此，为了充分利用系统资源，发挥数据库共享资源的特点，允许多个事务并行地执行。但是如果事务的并行没有一定的限制措施,就会破坏数据库的完整性。

并发操作引起的数据不一致性主要有三类:丢失修改、不可重复读和读"脏"数据,其主要原因是事务的并发操作破坏了事务的隔离性。DBMS 的并发控制子系统负责协调并发事务的执行,保证数据库的完整性不受破坏,避免用户得到不正确的数据。并发控制的主要技术是封锁(Locking)。

3. 封锁

封锁是实现并发控制的主要手段。封锁使事务对它要操作的数据有一定的控制能力。封锁具有 3 个环节:第一个环节是申请加锁,即在操作事务前要对它欲使用的数据提出加锁请求;第二个环节是获得锁,即当条件成熟时,系统允许事务对数据加锁,从而使事务获得数据的控制权;第三个环节是释放锁,即完成操作后事务放弃数据的控制权。为了达到封锁的目的,在使用时事务应选择合适的锁,并要遵从一定的封锁协议。

基本的封锁类型有两种:排他锁(exclusive locks,X 锁)和共享锁(share locks,S 锁)。排他锁又称为独占锁或写锁,若事务 T 对数据对象 A 加上 X 锁,则只允许 T 读取和修改 A,其他任何事务在 T 释放 A 上的 X 锁之前,不能再读取和修改 A;共享锁又称为读锁,若事务 T 对数据对象 A 加上 S 锁,则事务 T 可以读 A,但不能修改 A,其他事务只能对 A 加 S 锁,而不能加 X 锁,直到 T 释放 A 上的 S 锁。这就保证了其他事务可以读 A,但在 T 释放 A 上的 S 锁之前不能对 A 做任何修改。

4. 三级封锁协议

简单地对数据加 X 锁和 S 锁并不能保证数据库的一致性。在对数据对象加锁时,还需要约定一些规则。例如,何时申请 X 锁或 S 锁、持锁时间和何时释放等。这些规则称为封锁协议(locking protocol)。对封锁方式规定不同的规则,就形成了各种不同的封锁协议。封锁协议分三级,各级封锁协议对并发操作带来的丢失修改、不可重复读取和读"脏"数据等不一致问题,可以在不同程度上予以解决。

(1) 一级封锁协议:事务 T 在修改数据之前,必须先对其加 X 锁,直到事务结束才释放。

一级封锁协议可有效地防止丢失修改,并能够保证事务 T 的可恢复性。但是,由于一级封锁协议没有要求对读数据进行加锁,所以不能保证可重复读和不读"脏"数据。

(2) 二级封锁协议:事务 T 对要修改数据必须先加 X 锁,直到事务结束才释放 X 锁;对要读取的数据必须先加 S 锁,读完后即可释放 S 锁。

二级封锁协议不但能够防止丢失修改,还可进一步防止读"脏"数据。但是由于二级封锁协议对数据读完后,即可释放 S 锁,所以不能保证可重复读错误。

(3) 三级封锁协议:事务 T 在读取数据之前必须先对其加 S 锁,在要修改数据之前必须先对其加 X 锁,直到事务结束后才释放所有锁。

三级封锁协议除可防止丢失修改和读"脏"数据外,还进一步防止了不可重复读。

3.5.3 数据库备份与恢复

计算机故障的原因很多,包括磁盘故障、电源故障、软件故障、灾害故障以及人为破坏等。一旦发生这种故障,就有可能造成数据的丢失。

数据库管理系统的备份和恢复机制就是保证数据库系统出现故障时,能够将数据库系统还原到正确状态。

1. 数据库故障的种类

数据库故障的种类主要有事务内部的故障、系统故障、介质故障、计算机病毒。

(1) 事务内部故障:事务故障是指事务在执行过程中发生的故障,此类故障只发生在单个或多个事务上,系统能正常运行,其他事务不受影响。

事务故障有些是可预期的,有些是非预期的,如运算溢出、违反了完整性约束、并发事务发生死锁后被系统选中强制撤销等,使事务未能正常完成就终止。

(2) 系统故障:系统故障主要是由于服务器在运行过程中,突然发生硬件错误(如 CPU 故障)、操作系统故障、DBMS 错误、停电等原因造成的非正常中断,致使整个系统停止运行,所有事务全部突然中断,内存缓冲区中的数据全部丢失,但硬盘、磁带等外设上的数据未受损失。

(3) 介质故障:系统故障常被称为软故障(soft crash),介质故障则被称为硬故障(hard crash)。硬故障指外存故障,如磁盘损坏、磁头碰撞、瞬时强磁场干扰等。这类故障将破坏数据库或部分数据库,并影响正在存取这部分数据的所有事务。这类故障比前两类故障发生的可能性小得多,但破坏性最大。

(4) 计算机病毒:计算机病毒是具有破坏性、可以自我复制的计算机程序。计算机病毒已成为计算机系统的主要威胁,自然也是数据库系统的主要威胁。因此数据库一旦被破坏仍要用恢复技术把数据库加以恢复。

总结各类故障,对数据库的影响有两种可能性。一是数据库本身被破坏,二是数据库没有破坏,但数据可能不正确,这是因为事务的运行被非正常终止而造成的。

2. 数据的转储

恢复的基本原理是建立数据冗余,即数据库中任何一部分被破坏的或不正确的数据可以根据存储在系统别处的冗余数据来恢复。建立冗余数据的方法是进行数据转储和记录日志文件。数据的转储分为静态转储、动态转储、海量转储和增量转储。

1) 静态转储和动态转储

静态转储是指在转储期间不允许对数据库进行任何存取、修改操作;动态转储是在转储期间允许对数据库进行存取、修改操作,因此,转储和用户事务可并发执行。

2) 海量转储和增量转储

海量转储是指每次转储全部数据。增量转储是指每次只转储上次转储后更新过的数据。

3) 日志文件

在事务处理的过程中,DBMS 把事务的开始、事务的结束以及对数据库的插入、删除和修改的每一次操作都写入日志文件。一旦发生事故,DBMS 的恢复子系统利用日志文件撤销事务对数据库的改变,回退到事务的初始状态。因此,DBMS 利用日志文件来进行事务故障恢复和系统故障恢复,并协助后备副本进行介质故障恢复。

3. 故障的恢复

1) 事务故障的恢复

事务故障的恢复是由系统自动完成的,对用户透明,恢复步骤如下:

(1) 反向扫描日志文件,查找该事务的更新操作。

(2) 对该事务的更新操作执行逆操作。

(3) 继续反向扫描日志文件,查找该事务的其他更新操作,并进行同样的处理。

(4) 如此反复,直至读到此事务的开始标记,事务故障恢复完成。

2) 系统故障的恢复

系统故障的恢复在重新启动时自动完成,不需要用户干预,恢复步骤如下:

(1) 正向扫描日志文件,找出在故障发生前已经提交的事务,将其事务标识记入重做(Redo)队列。同时找出故障发生时尚未完成的事务,将其事务标识记入撤销(Undo)队列。

(2) 对撤销队列中的各个事务进行撤销处理,反向扫描日志文件,对每个撤销事务的更新操作执行逆操作。

(3) 对重做队列中的各个事务进行重做处理,正向扫描日志文件,对每个重做事务重新执行日志文件登记的操作。

3) 介质故障与病毒破坏的恢复

介质故障与病毒破坏的恢复步骤如下:

(1) 装入最新的数据库后备副本,使数据库恢复到最近一次转储时的一致性状态。

(2) 从故障点开始反向读日志文件,找出已提交事务标识将其记入重做队列。

(3) 从起始点开始正向阅读日志文件,根据重做队列中的记录,重做所有已完成事务,将数据库恢复至故障前某一时刻的一致状态。

第4章 软件开发技术

4.1 操作系统概述

一个计算机系统应该包括硬件、操作系统、其他系统软件和应用软件,其中操作系统是连接硬件和软件的桥梁。计算机发展到今天,无论是微型计算机,还是巨型计算机,都必须配置一种或多种操作系统。操作系统管理和控制计算机系统中的所有软、硬件资源,是计算机系统的灵魂和核心。除此之外,操作系统还为用户使用计算机提供一个方便灵活、安全可靠的工作环境。我们开发的任何应用程序,都要基于某一个或某一类操作系统,并受到操作系统的管理和制约。

4.1.1 操作系统定义

操作系统(Operating System,OS)是计算机系统中的一个系统软件,是管理计算机硬件和计算机软件资源的一组程序模块的集合,负责合理地组织计算机工作流程,以便有效地利用这些资源为用户提供一个功能强大、使用方便和可扩展的工作环境,从而在计算机与其用户之间架起沟通的桥梁。

操作系统是计算机系统的内核与基石,是一个庞大的管理控制程序,它具备四个特征和五大管理功能。

1. 操作系统的特征

操作系统的四个特征是并发性、共享性、虚拟性和不确定性。

1) 并发性

并发性(concurrency)是指两个或两个以上的事件或活动在同一时间间隔内发生。操作系统是一个并发系统,并发性是它的重要特征,操作系统的并发性指它应该具有处理和调度多个程序同时执行的能力。多个 I/O(Input/Output,输入输出)设备同时工作;I/O 设备和 CPU 计算同时进行;有多个用户或程序在计算机中同时运行,这些都是并发性的例子。并发性能够消除计算机系统中部件和部件之间的相互等待,有效地改善系统资源的利用率,改进系统的吞吐率,提高系统效率。

2) 共享性

共享性(sharing)是操作系统的另一个重要特性。共享性是指操作系统中的资源(包括硬件资源和软件资源)可被多个并发执行的进程共同使用,而不是被一个进程所独占。与共享性有关的问题是资源分配、信息保护和存取控制等,必须要妥善解决好这些问题。

共享性和并发性是操作系统两个最基本的特性,它们互为依存。一方面,资源的共享是因为程序的并发执行而引起的,若系统不允许程序并发执行,自然也就不存在资源共享问题。另一方面,若系统不能对资源共享实施有效管理,必然会影响到程序的并发执行,甚至程序无法并发执行,操作系统也就失去了并发性,导致整个系统效率低下。

3) 虚拟性

虚拟性(virtual)是指操作系统中的一种管理技术,它是把物理上的一台设备变成逻辑上的多台设备,或者是把物理上的多台设备变成逻辑上的一台设备的技术。采用虚拟技术的目的是为用户提供易于使用、方便高效的操作环境。例如,虽然物理上的 CPU 只有一个,每次也仅能执行一个程序,但通过采用分时处理技术,可以在宏观上并行运行多个应用程序,就好像有多个 CPU 在为不同程序工作一样。另外采用 Spooling 技术可以利用快速、大容量的计算机硬盘,模拟多个低速的输入输出设备。虚拟存储技术则是把物理上的多个存储器(主存和辅存)变成逻辑上的一个存储器的例子。

4) 不确定性

操作系统的不确定性(non-determinacy)也被称为随机性,是指操作系统控制下的多个程序的执行顺序和每个程序的执行时间是不确定的。因为多个程序是同时执行的,由于资源有限而程序众多,某一个程序的执行,在多数情况不是一贯到底,而是走走停停的。系统中的程序什么时候启动?什么时候暂停?总共要花多少时间才能完成?这些都是不可预知的,其导致的直接后果是程序执行结果可能不是唯一的。

2. 操作系统的管理功能

操作系统的五大管理功能包括进程管理、作业管理、存储管理、设备管理和文件管理。

1) 进程管理

进程管理(process management)又称处理机管理,实质上是对处理机执行"时间"的管理,即如何将 CPU 真正合理地分配给每个任务,主要是对中央处理机(CPU)进行动态管理。由于 CPU 的工作速度要比其他硬件快得多,而且任何程序只有占有了 CPU 才能运行。因此,CPU 是计算机系统中最重要、最宝贵、竞争最激烈的硬件资源。

为了提高 CPU 的利用率,采用多道程序设计技术(multi programming)。当多个程序并发运行时,引进进程的概念(将一个程序分为多个处理模块,进程是程序运行的动态过程)。通过进程管理,协调多道程序之间的 CPU 分配调度、冲突处理及资源回收等关系。

2) 作业管理

作业管理(job management)是操作系统提供的自身与用户间的接口,包括任务管理、界面管理、人机交互、图形界面、语音控制和虚拟现实等。

作业管理的任务是为用户提供一个使用系统的良好环境,使用户能有效地组织自己的工作流程。用户要求计算机处理某项工作称为一个作业,一个作业包括程序、数据以及解题的控制步骤。用户一方面使用作业管理提供的"作业控制语言"来书写自己控制作业执行的操作说明书;另一方面使用作业管理提供的"命令语言"与计算机资源进行交互活动,请求系统服务。

3) 存储管理

存储管理(memory management)是对存储"空间"的管理,主要指对内存的管理。

只有被装入主存储器的程序才有可能去竞争 CPU 的使用权。因此,有效地利用主存储器可保证多道程序设计技术的实现,也就保证了中央处理机的使用效率。存储管理就是要根据用户程序的要求为用户分配主存储区域。当多个程序共享有限的内存资源时,操作系统就按某种分配原则,为每个程序分配内存空间,使各用户的程序和数据彼此隔离,互不干扰及破坏;当某个用户程序工作结束时,要及时收回它所占的主存区域,以便再装入其他程序。另外,操作系统利用虚拟内存技术,把内、外存结合起来,共同管理。

4) 设备管理

设备管理(device management)实质是对硬件设备的管理,其中包括对输入输出设备的分配、启动、完成和回收。

设备管理负责管理计算机系统中除了中央处理机和主存储器以外的其他硬件资源,操作系统对设备的管理主要体现在两个方面:一方面它提供了用户和外设的接口,用户只需通过键盘命令或程序向操作系统提出申请,由操作系统中设备管理程序实现外部设备的分配、启动、回收和故障处理;另一方面,为了提高设备的效率和利用率,操作系统还采取了缓冲技术和虚拟设备技术,尽可能使外设与处理器并行工作,以解决快速 CPU 与慢速外设的矛盾。

5) 文件管理

操作系统将逻辑上有完整意义的信息资源(程序和数据)以文件的形式存放在外存储器上,并赋予一个名字,称为文件名。

文件管理(file management)是操作系统对计算机系统中文件资源的管理。通常由操作系统中的文件系统来完成这一功能。文件系统是由文件、管理文件的软件和相应的数据结构组成。文件管理有效地支持文件的存储、检索和修改等操作,解决文件的共享、保密和保护问题,并提供方便的用户界面,使用户能实现按名存取,使得用户不必考虑文件如何保存以及存放的位置,但同时也要求用户按照操作系统规定的步骤使用文件。

4.1.2 操作系统的类型

根据操作系统具备的功能、特征、规模和所提供应用环境能力等方面的差异,可以将操作系统划分为不同类型。最基本的操作系统类型有三种,即批处理操作系统、分时操作系统和实时操作系统。

1. 批处理操作系统

描述任何一种操作系统都要涉及作业的概念。作业就是在一个事务处理过程中要求计算机系统所做工作的集合,包括用户程序、数据和命令等。

单道批处理系统是早期计算机系统所使用的一种操作系统类型,在这种操作系统下,一次只能处理一个作业,下一个作业必须在上一个作业完成或取消后才能开始。单道批处理系统的 CPU 利用率很低,例如如果某个作业对输入输出设备(I/O 设备)发出请求后,由于 I/O 设备运行速度很慢,CPU 必须等待 I/O 完成后才能继续工作,在等待的过程中,CPU 处于空闲状态。为了提高 CPU 的利用率,引入了多道程序设计技术。

在单道批处理系统中引入多道程序设计技术就形成了多道批处理系统。在多道批处理系统中,不仅在内存中可以同时有多道作业在运行,而且作业可以随时被调入系统,以作业队列的形式被操作系统调用、管理和运行。

由于多道批处理系统中的资源为多个作业所共享,操作系统实现作业的自动调度和运行,且运行过程中用户无法干预自己的作业,因此具有系统资源利用率高和作业吞吐量大的特点。多道批处理系统的不足之处是没有交互性,即用户提交作业后就失去了对作业运行的控制能力,这使用户感觉不方便。

2. 分时操作系统

在批处理系统中,用户以脱机方式使用计算机,用户在提交了作业之后就完全脱离了自己的作业。在作业的运行过程中,不管出现了何种情况都无法加以干涉,只能等待该作业处理结束,根据作业的计算结果进行下一步处理。若作业的运行出错,还得重复上述过程。这种操作方式对用户而言极不方便,人们希望能以联机的方式使用计算机,这种需求导致了分时操作系统的出现。

在操作系统中采用了分时技术就形成了分时系统。所谓分时技术就是把处理机的运行时间划分为多个很短的时间片,然后把这些时间片按一定的方式分配给各联机作业轮流使用。若某个作业在分配的时间片内不能完成任务,则该作业会暂时停止运行,把处理机让给其他作业使用,等待下一轮时再继续运行。由于计算机运行速度很快,作业的运行轮转也很快,因此给每一个用户的感觉是好像自己独占计算机处理机。

分时系统也是支持多道程序设计的系统,但与多道批处理系统不同的是,多道批处理系统在进行作业处理时无法进行人工干预,而分时系统是实现人机交互的系统。

3. 实时操作系统

在计算机的某些应用领域内(如工业生产中的自动控制系统),要求对实时采样数据进行及时处理,做出相应的反应,如果超出限定的时间就可能丢失信息或影响到下一批信息的处理。这种系统是专用的,它对实时响应的要求是批处理系统和分时系统无法满足的,因此引入了实时系统。

实时系统能及时响应外部事件的请求,在规定的时间内完成对该事件的处理,并控制所有的实时设备和实时任务协调一致地工作。实时系统对响应时间的要求通常比其他操作系统的要求更高,它的主要特征是响应及时和可靠性高。因为像生产过程控制等实时处理系统,如果系统响应不及时往往会带来巨大的经济损失,甚至可能由此引发灾难性的后果。

批处理操作系统、分时操作系统和实时操作系统是三种基本的操作系统类型,如果某个操作系统同时具有上述两者甚至三者的功能,则称该操作系统为通用操作系统。

4.1.3 典型操作系统

操作系统的形成已有40多年的历史,它在20世纪80年代趋于成熟,迄今为止,已出现了许多种操作系统。目前广为流行的操作系统包括Windows、UNIX和Linux操作系统。

1. Windows操作系统

Windows是Microsoft公司在20世纪80年代末推出的多任务图形化操作系统。由于它易于使用、速度快、集成娱乐功能、方便快速上网,现已深受全球众多计算机用户的青睐。短短二十几年中,Windows由原来的支持16位计算机的Windows 1.0版本发展到支持64位计算机的Windows 7,其功能已日渐丰富,发展势头迅猛,如今有近90%的个人计算机都安装了Windows操作系统。

Windows操作系统和许多操作系统一样通过硬件机制实现了核心态以及用户态两种特权状态。当处于核心态时,可以执行任何指令,并改变状态;当处于用户态时,只能执行非特权指令。用户程序一般都运行在用户态,而操作系统的关键代码运行在核心态。

图4.1是Windows 2000/XP的软件体系结构图。图中粗线以下是核心态组件,它们都运行在统一的核心地址空间中。核心态组件包括:硬件抽象层、核心、设备驱动程序、执行体和图形引擎。用户进程有四种基本类型,分别是系统支持进程、服务进程、应用进程和环境子进程。从图中可以看出,服务进程和应用进程不能直接调用核心态中的操作系统服务,它们必须通过子系统动态链接库与系统交互。子系统动态链接库的作用就是将命令转换为适当的Windows内部调用。

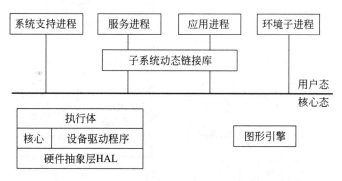

图4.1 Windows 2000/XP操作系统体系结构

以下是图4.1各个模块的作用:

(1) 硬件抽象层:将内核、设备驱动程序以及执行体与硬件分隔开,以适应不同的硬件、不同的平台。

(2) 核心:操作系统的核心操作,如线程调度、中断、异常和多处理器同步等。

(3) 设备驱动程序:包括文件系统和硬件设备驱动程序,其中,硬件设备驱动程序用来管理硬件,将用户对硬件的调用转换为特定硬件所支持的 I/O 请求。

(4) 执行体:包含了基本的操作系统服务,如主存储器管理、进程和线程管理、安全控制和 I/O 服务等。

(5) 图形引擎:提供了实现图形用户界面的基本函数。

(6) 子系统动态链接库:为服务进程和应用进程提供访问操作系统核心服务的接口程序集。

(7) 系统支持进程:例如登录进程 WINLOGO 和会话管理器 SMSS,它们不是 Windows 的服务。

(8) 服务进程:是 Windows 的服务,如日志服务。

(9) 应用进程:Windows 所支持的各种应用程序。

(10) 环境子进程:它们向应用程序提供运行环境,Windows 有三个环境子系统,分别是 Win32、POSIX 和 OS/2。

2. UNIX 系统

UNIX 是一个强大的多用户、多任务操作系统。最早由 Ken Thompson 和 Dennis Ritchie 于 1969 年在 AT & T 的贝尔实验室开发。经过长期的发展和完善,目前已成长为一种主流的操作系统。由于 UNIX 具有技术成熟、可靠性高、网络和数据库功能强、伸缩性突出和开放性好等特色,可满足各行各业的实际需要,特别能满足企业重要业务的需要,已经成为主要的工作站平台和重要的企业操作平台。

UNIX 的体系结构如图 4.2 所示,UNIX 用户程序可以通过程序库或系统调用接口

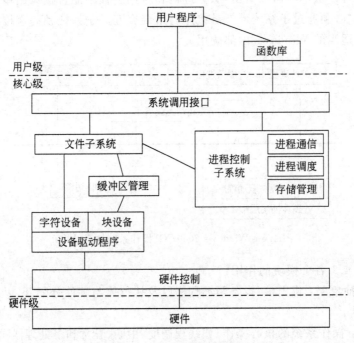

图 4.2 UNIX 的体系结构

进入核心级。核心中的进程控制子系统负责进程同步、进程间通信、进程调度和存储管理。文件子系统管理文件,包括分配文件存储空间、控制对文件的存取操作。文件子系统还通过一个缓冲区管理机制同硬件设备进行交互。设备管理、进程管理及存储管理通过硬件控制接口与硬件交互作用。

3. Linux 系统

Linux 是一套开源的多用户多进程的操作系统,运行方式类似于 UNIX 系统,Linux 系统的稳定性、多进程能力与网络功能是许多商业操作系统无法比拟的,Linux 还有一项最大的特色在于源代码完全公开,在符合 GNU GPL(General Public License) 的原则下,任何人皆可自由取得、散布、甚至修改源代码。Linux 和 UNIX 最大的区别是,前者是开放源代码的自由软件,而后者是对源代码实行知识产权保护的传统商业软件。这是它们最大的不同,这种不同体现在用户对前者有很高的自主权,而对后者却只能去被动地适应;这种不同还表现在前者的开发是处在一个完全开放的环境之中,而后者的开发完全是处在一个黑箱之中,只有相关的开发人员才能够接触到产品的源码。

就 Linux 的本质来说,它只是操作系统的核心,负责控制硬件、管理文件系统、程序进程等。Linux 的内核(Kernel)并不负责提供功能强大的、供计算机用户直接使用的应用程序,没有编译器、系统管理工具、网络工具、Office 套件、多媒体和绘图软件等,这样的系统也就无法发挥其强大功能,用户也无法利用这个系统工作,因此有人便提出以 Linux Kernel 为核心再集成搭配各式各样的系统程序或应用工具程序组成一套完整的操作系统,经过如此组合的 Linux 套件即称为 Linux 发行版。

国内 Linux 发行版主要有红旗和中软两个版本,界面做得都非常的美观,安装也比较容易,新版本逐渐屏蔽了一些底层的操作,适合于新手使用。两个版本都是源于中国科学院软件研究所承担的国家 863 计划的 Linux 项目,操作界面和习惯与 Windows 类似。

图 4.3 是 Linux 的体系结构,其模块划分及功能与 UNIX 基本相同。

4.1.4 操作系统接口开发技术

开发基于某个操作系统的应用软件,主要是通过调用操作系统提供的系统调用接口和函数库来实现的。例如开发 Windows 操作系统下的应用程序,就需要熟悉 Windows 应用程序编程接口(Application Programming Interface,API)。API 是 Windows 程序的基础,开发应用程序时,通常要直接或间接地调用 Windows API,例如 CreateWindow 是 Windows API 函数,几乎每一个 Windows 程序都用它创建程序的窗口。

所有调用 API 函数的程序都应包含 windows.h 头文件,windows.h 依次包含几个其他的 Windows 头文件。

下面是一个非常简短的 Windows 程序,它在屏幕上显示一个对话框,内容为"Hello,Windows"。

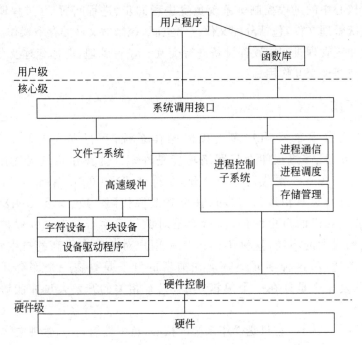

图 4.3 Linux 的体系结构

```
#include <windows.h>
int WINAPI WinMain(HINSTANCE hInstance,HINSTANCE hPrevInstance,
PSTR szCmdLine,int iCmdShow)
{
    MessageBox(NULL,TEXT("Hello,Windows"),TEXT("HelloMsg"),0);
    return 0;
}
```

要想运行上面的程序,要新建一个 Win32 应用程序(Win32 Application)的空白项目文件,然后建立一个 C 源程序文件,输入上面代码即可。

windows.h 是主要的包含文件,它包含了其他 Windows 头文件,这些头文件也包含了其他头文件。这些头文件中最重要和最基本的是:

- windef.h 基本型态定义。
- winnt.h 支持 Unicode 的型态定义。
- winbase.h Kernel 函数。
- winuser.h 使用者接口函数。
- wingdi.h 图形设备接口函数。

这些头文件定义了 Windows 的所有数据型态、函数声明、数据结构和常数标识符,它们是 Windows 文件中的一个重要部分。

C 程序的程序入口是函数 main,而 Windows 程序的入口函数是 WinMain,在这里看到了一些奇怪的数据类型(HINSTANCE、PSTR 等),这是 Windows API 给出的一些结构类型。

MessageBox 函数是一个用于显示简短信息的对话框调用函数。MessageBox 的第一个参数通常是窗口句柄,代表一个指向此窗口的指针,第二个参数是在消息框主体中显示的字符串,第三个参数是出现在消息框标题栏上的字符串。在示例程序中,这些文字字符串的每一个都被封装在一个 TEXT 宏中。这个宏是为不同字符集字符之间的转换而准备的,通常不必将所有字符串都封装在 TEXT 宏中。MessageBox 的第四个参数可以是在 winuser.h 中定义的一组以前缀 MB_ 开始的常数的组合。可以通过它来设定希望在对话框中显示的按钮,以及在消息框中显示一个小的提示图标。

4.2 进程和线程管理

程序在并发执行时,需要共享系统资源,从而导致各程序在执行过程中,出现相互制约的关系,程序的执行表现出间断性的特征。这些特征都是在程序的执行过程中发生的,是动态的过程,而传统的程序本身是一组指令的集合,是一个静态的概念,无法描述程序在内存中的执行情况,即我们无法从程序的字面上看出它何时执行,何时停顿,也无法看出它与其他执行程序的关系,因此,程序这个静态概念已不能如实反映程序并发执行过程的特征。为了深刻描述程序动态执行过程的性质,人们引入进程(process)概念。

4.2.1 进程与线程定义

进程是操作系统中重要的概念。这是多道程序系统出现后,为了刻画系统内部出现的动态情况,描述系统内部各道程序的活动规律引进的一个概念,所有多道程序设计操作系统都建立在进程的基础上。进程是一个具有独立功能的程序关于某个数据集合的一次运行活动。它可以申请和拥有系统资源,是一个动态的概念,是一个活动的实体。它不只是程序的代码,还包括当前的活动,通过程序计数器的值和处理寄存器的内容来表示。

线程是进程中的一个实体,是被系统独立调度和分派的基本单位,线程自己不拥有系统资源,但它可与同属一个进程的其他线程共享进程所拥有的全部资源。每个进程至少都有一个线程,在单个进程中同时运行多个线程以完成不同的工作,称为多线程。

4.2.2 多进程程序开发

计算机程序是一个静态概念,是一个有严格时间顺序的可执行指令序列。程序有三个特点:顺序性、封闭性和可再现性。顺序性说明程序指令的执行次序是一定的;封闭性是指程序的运行结果仅仅依赖于程序要求输入变量的值,而与其他外部环境(如计算机的运算速度)无关;可再现性是指程序可以反复运行多次,而同样的输入必然得到同样的结果。

程序是静态的,但程序在执行时是动态的,这就是所谓的进程。进程具有六个特点:动态性、并发性、独立性、异步性、结构性和制约性。动态性说明可以随时创建进程、调度进程和撤销进程;并发性是指操作系统支持多个进程同时执行;独立性说明各个进程之间是相互独立的;异步性说明各个进程都有各自的运行轨迹;结构性是指操作系统具有专门管理进程的数据结构;制约性是指多个进程之间在资源的使用上必然会相互制约。

在操作系统中,进程具有三个状态:就绪状态、运行状态和停止状态。当系统资源已经可用时,进程就进入准备运行状态,该状态称为就绪状态;当进程正在被 CPU 执行,或已经准备就绪随时可由调度程序执行,则称该进程为处于运行状态;进程运行完毕,将释放系统资源,进程结束,称为停止状态。

一般来说,我们开发的一个应用程序就是一个进程,通常不需要与其他应用程序进行通信。在 Windows 环境下,可以使用 CreateProcess 函数创建新的进程及其主要线程,具体请参阅有关的 Windows API 教程。

4.2.3 多线程程序开发

线程是比进程更小的单位,一个进程包含一个或多个线程。从执行过程角度来看,每个进程都拥有独立的内存单元,而多个线程共享进程的内存单元;从逻辑角度来看,多线程的意义在于一个应用程序中,有多个执行部分可以同时执行。但是操作系统并没有将多个线程看做多个独立的应用,而只按照一个进程来调度、管理和分配资源。

如图 4.4 所示,一个进程至少要包含一个线程,在一个进程中可以有多个线程,同一个进程下的线程共享存储空间,不同进程间的线程没有关系。

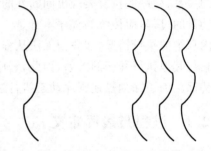

包含一个线程的进程　　包含三个线程的进程

图 4.4　进程与线程的关系

在 Windows 中,当某个程序启动时,将建立一个进程,它拥有这个程序所需要的内存和其他资源,同时会建立一个主线程,可以通过 CreateThread 函数创建多个线程。

CreateThread 的函数原形如下所示:

```
HANDLE CreateThread(
LPSECURITY_ATTRIBUTES lpThreadAttributes,
DWORD dwStackSize,
LPTHREAD_START_ROUTINE lpStartAddress,
LPVOID lpParameter,
DWORD dwCreationFlags,
LPDWORD lpThreadId);
```

参数说明:

(1) lpThreadAttributes:指向 SECURITY_ATTRIBUTES 形态的结构的指针,该结构确定了该进程的子进程是否能继承该句柄。该结构的 lpSecurityDescriptor 成员用于表示线程的安全级别,它被设为 NULL,表示使用默认值。

(2) dwStackSize:制定新线程堆栈的字节大小。如果设置为 0,则堆栈的默认大小和主线程的大小相同。在任何情况下，Windows 都会根据需要动态延长堆栈的大小。

（3）lpStartAddress：指向线程函数的指针，表明新线程的起始地址。函数名称没有限制，但是必须以下列形式声明：

```
DWORD WINAPI ThreadProc(LPVOID pParam)
```

格式不正确将无法调用成功。

（4）lpParameter：向线程函数传递的参数，是一个指向结构的指针，不需传递参数时，为 NULL。

（5）dwCreationFlags：线程标志，1 表示创建一个挂起的线程，0 表示创建后立即激活。

（6）lpThreadId：保存新线程的 ID。

（7）使用 CreateThread 函数创建线程成功，返回线程句柄，否则返回 false。

例 4.1 包含两个线程的应用程序。

```
#include<stdio.h>
#include<windows.h>
/*线程1,输出 i=1…i=100*/
long WINAPI Thread1(LPVOID pParam )
{
    int i;
    for(i=0;i<=100;i++)
        printf(" i=%d\n",i);
    return 1;
}
/*线程2,输出 j=1…j=100*/
long WINAPI Thread2(LPVOID pParam )
{
    int j;
    for(j=0;j<=100;j++)
        printf(" j=%d\n",j);
    return 1;
}
void main(void)
{
    unsigned long * p=NULL;
    /*Windows 通过 CreateThread 函数来建立线程*/
    CreateThread(0,0,(LPTHREAD_START_ROUTINE)Thread1,NULL,0,p);
    CreateThread(0,0,(LPTHREAD_START_ROUTINE)Thread2,NULL,0,p);
    getchar();
}
```

由于**两个线程同时运行**，并使用同样的系统资源——输出窗口，两个线程的输出会互相干扰,每次运行的结果都各不相同,图 4.5 显示的是程序运行的两种结果,可以很明显看出两个线程交互运行的情况。

图 4.5　包含两个线程的程序运行结果

4.2.4　进程通信

在多道程序系统中,进程是并发执行的,有些进程之间存在着相互制约关系。例如某一个进程要求使用某一个资源,而该资源正在被另一个进程使用,并且这一资源不允许两个进程同时使用,那么这个进程就只好等待已经占用资源的进程释放资源后,才能使用该资源。这就是进程之间的一种制约关系。

例如有两个进程 A、B 共享一台打印机,如果允许它们同时使用,就会发生 A 和 B 的打印信息交织在一起,甚至无法区分的情况。因此,打印机一旦被进程 A 占用,那么另一个进程 B 就只能等待。这样的资源就被称为临界资源,有许多物理设备都属于临界资源,如打印机、绘图仪、扫描仪等。

除了物理设备外,有一些变量、数据等也可以被多个进程或线程共享,它们也属于临界资源。例如,有两个网页进程 A 和 B,共享站点计数器 x,它们按以下次序对站点计数器 x 进行访问和修改:

A 进程:Ra=x;
　　　　Ra=Ra+1;
　　　　x=Ra;
B 进程:Rb=x;
　　　　Rb=Rb+1;
　　　　x=Rb;

以上两个进程的操作都对计数器 x 的值进行了加 1 操作,如 x=100,两个进程运行过后,x 的值为 102。由于进程执行次序的不确定性,程序有可能按下面次序执行:

A 进程:Ra=x;
B 进程:Rb=x;
A 进程:Ra=Ra+1;
　　　　x=Ra;
B 进程:Rb=Rb+1;
　　　　x=Rb;

虽然两个进程都对计数器进行了加 1 操作,可是执行结果却是 x 的值等于 101。

显然这是不应该出现的结果,为了防止这种错误的发生,计数器 x 也应按临界资源处理。

多进程(线程)的程序开发,如果不涉及进程通信,各个进程独立运行、互不干扰,那么进程的设计与独立的应用程序设计没有什么不同。由于不同的进程占据不同的存储空间,进程之间通常采用消息的方式进行通信,而多线程之间共享存储空间,因此大多采用全局性变量进行通信,由于线程运行的时间、次序都具有不确定性,必须对这类全局性变量进行有效的管理,这就是线程的同步问题。

出于性能的考虑,Windows 共设置了五种主要的同步对象,分别是临界区(critical section)、互斥量(mutex)、信号量(semaphore)、事件(event)和等待计时器(waitable timer)。具体使用请参见 Windows API 参考书。

4.3 内存管理技术

存储器管理在程序设计中占据重要的位置,存储器管理的对象是主存储器(内存),各种数据、程序都应该运行在自己的存储空间中。存储器是计算机系统中最重要的资源,是存放各种信息的主要场所。特别是近几年来,系统软件、应用软件在功能及其所需存储空间等方面都在急剧增加,如何对存储器实施有效的管理,不仅直接影响到存储器的利用率,而且还对系统性能有重大的影响。

4.3.1 内存管理概述

在 Windows 操作系统下,存储器被保护起来,程序和用户无法直接访问。Windows 的存储管理器完成物理内存和虚拟内存之间的交换,虚拟内存可达 4GB 的大小。存储管理器还提供了一个核心服务,完成内存映射文件、程序使用情况管理等功能。

在程序设计中,经常会遇到堆和栈的概念。栈是一种静态的存储结构,由程序设计语言的编译器来管理;堆是一种动态的存储结构,实际上就是数据段中的自由存储区,常常用于动态数据结构的存储分配。

动态存储结构是指只有在程序运行期间才能确定其存储空间大小的存储结构,应用程序根据需要动态地向系统申请存储空间。程序可以不断申请空间从而使存储数据的堆变大,直到系统没有可分配的空间为止,也可以随时释放已申请的空间,通常程序设计中的内存管理指的就是堆的管理。例如在 C 语言中的数组被称为静态数组,因为这些数组必须在程序的开始处声明存储数据的类型、数组的大小,它们在系统编译时固定地分配存储空间,且占据连续的存储空间,而且该空间的大小不能改变,它们的位置就在栈中,不是在堆中,采用的是静态存储结构,空间一旦被占用后就不能再次分配。在有些语言中提供的动态数组就是一种堆存储结构,这些数组在程序的开始部分只需要声明要存储的数据类型,不必声明数组的大小,即数组的大小在程序运行过程中被动态的确定,也就是说,数组的大小可以根据需要而动态设定,动态数组就是在堆中分配的,数组中的数据使用后,可以释放它们所占用的堆空间,并可进行再分配。

4.3.2 内存管理函数

因为在操作系统中内存被保护起来,所以应用程序只能通过操作系统提供的内存管理函数来静态或动态访问内存,栈的管理工作由编译系统来完成,下面介绍堆管理函数。

1. 动态内存分配

C 语言的指针为动态分配系统提供了必要的支持,其内存管理过程通过函数来实现。所涉及的函数主要包括:

```
void * malloc(unsigned size);                    /* 动态内存分配函数 */
void * calloc(unsigned n,unsigned size);         /* 计数动态内存分配函数 */
void * realloc(void * ptr,unsigned size);        /* 内存分配调整函数 */
void free(void * ptr);                           /* 动态内存释放函数 */
```

上述函数的原型定义包含在头文件 stdlib.h 中,使用时程序中需包含 #include <stdlib.h> 宏命令。

1) 动态内存分配函数 malloc()

malloc()函数用于向内存申请分配一个连续存储空间。若申请成功,则返回一个指向该存储空间起始地址的指针;若内存空间不足,申请失败,则返回空指针 NULL。

函数原型:

```
void * malloc(unsigned size);
```

其中,size 为申请的存储空间字节数,malloc()函数的返回值为 void 类型的指针,在具体应用中,可将该函数的返回值转换为指定的指针类型。

例如:利用 malloc()函数分别分配 2 个连续的存储空间,将其起始地址分别赋给字符指针 pc 和整型指针 pi:

```
char * pc; int * pi;
pc=malloc(100);                    /* 分配 100 个字节,使用字符指针 pc 指向该空间 */
pi=malloc(50 * sizeof(int));       /* 为 50 个整数分配内存空间,使用 pi 指向该空间 */
```

调用 malloc()函数时,一般使用 sizeof 来计算存储单元的大小,因为不同平台中同一种数据类型所占用的空间大小可能不同,例如,一个 int 型变量在 TC 环境下占用 2 个字节,而 VC 环境下需要占用 4 个字节。另外,使用 malloc()函数所分配的空间是未初始化的,即这块内存中的值是不确定的。

尽管系统中可进行动态分配的内存空间一般都很大,但它仍然是有限的,因此存储空间的分配也可能失败,返回空指针。所以,一般在调用内存分配函数后,都要对它的返回值进行检查,确保指针是否有效。例如:

```
if((pi=malloc(50 * sizeof(int)))==NULL)          /* 检查返回指针 */
{
    printf("内存分配失败!");
```

```
    exit(1);
}
```

2) 计数动态内存分配函数 calloc()

calloc() 函数用于申请分配 n 个连续的存储区域,每个存储区域的长度为 size 个字节,并且将所分配的空间初始化为零。若申请成功,则返回一个指向该空间起始地址的指针;若申请失败,则返回空指针 NULL。

函数原型:

```
void * calloc(unsigned n,unsigned size);
```

例如:

```
int * pi;
if((pi=calloc(50,sizeof(int)))==NULL)    /* 分配 50 个整数的存储区域,并检查返回指针 */
{
    printf("内存分配失败!");
    exit(1);
}
```

3) 内存分配调整函数 realloc()

realloc() 用于变更已分配内存空间的大小。realloc 可以将指针 ptr 所指向的空间扩展或者缩小为 size 大小的空间。如果变更成功,则返回一片大小为 size 的空间。

函数原型:

```
void * realloc(void * ptr, unsigned size);
```

无论是扩展或是缩小,原有内存中的内容将保持不变。对于缩小空间,则被缩小的那一部分空间的内容会丢失。例如:

```
int * p=(int * )malloc(sizeof(int) * 10);    /* 先用 malloc 分配一指针,可以存放 10 个整数 */
⋮
p=(int * )realloc(p,sizeof(int) * 15);    /* 原有空间不足,扩展了 5 个整数的存储空间 */
⋮
p=(int * )realloc(p,sizeof(int) * 5);    /* 再对空间缩小 10 个整数的存储空间 */
```

4) 动态内存释放函数 free()

free() 函数用来释放由动态分配函数所分配的空间。

函数原型:

```
void free(void * ptr);
```

其中,参数 ptr 为指向某空间的指针。如果 ptr 为空指针(NULL),则 free() 函数什么都不做。

为保证动态存储区的有效利用,在某个动态存储区域不再使用时,应及时将其释放。例如:

```
int * p=(int * )malloc(4);
* p=100;
free(p);                    /* 释放 p 所指的内存空间 */
```

需要注意的是,在动态存储区域被释放后,不允许再通过该指针去访问已经释放的区域,否则有可能引起灾难性后果。

2. 内存分配示例

C 语言支持动态存储分配,即在程序执行期间分配内存单元的能力,利用动态内存分配,可以根据需要设计扩大或缩小的结构。虽然动态内存分配适用于所有类型的数据,但更常用于字符串操作、数组和结构。

1) 动态分配字符串

字符串始终存储在固定长度的数组中,而且很难预测字符串的长度。通过动态分配字符串,可根据程序运行的需要确定字符串的实际长度。

例 4.2 利用动态内存分配函数实现字符串的动态分配。

```
#include <stdlib.h>
#include <stdio.h>
#include <string.h>
main()
{
    char * s;
    register int t;
    if((s=malloc(50))==NULL)          /* 使用 malloc 分配 50 个字节动态空间 */
    {
        printf("内存分配失败");
        exit(1);
    }
    gets(s);
    for(t=strlen(s)-1;t>=0;t--)
        putchar(s[t]);                /* 反向打印 */
    free(s);                          /* 释放 */
}
```

上例利用动态内存分配函数 malloc() 和指针实现了一个字符串的分配和释放过程。

2) 动态分配数组

C 语言允许在程序执行期间为数组分配空间,然后用指向数组第一个元素的指针访问数组。计算数组需要的空间可以使用 sizeof 运算符,例如:

```
int * a,n=100;
a=malloc(n * sizeof(int));
```

一旦 a 指向了动态分配的内存区域,就可以像数组一样操作,a 类似于一个数组名。

例 4.3 利用动态内存分配函数实现二维数组的动态分配。以表格形式显示 1~10 的 n 次幂。

```
#include <stdlib.h>
#include <stdio.h>
int pwr(int a,int b)
{
    int t=1;
    for(;b;b--)
        t=t*a;
    return t;
}

main()
{
    int(*iPtr)[10];                        /*二维数组指针 iPtr,二维长度为 10*/
    int i,j;
    iPtr=malloc(80*sizeof(int));           /*动态分配二维数组,确定一维长度为 8*/
    if(!iPtr)                              /*检查指针*/
    {
        printf("内存分配失败");
        exit(1);
    }
    for(i=0;i<8;i++)
        printf("  %5d 次幂",i+1);
    printf("\n ---------------\n");        /*显示输出*/
    for(j=0;j<10;j++)
        for(i=0;i<8;i++)
            iPtr[i][j]=pwr(j+1,i+1);       /*计算 1~10 的 n 次幂*/
    for(j=0;j<10;j++)
    {
        for(i=0;i<8;i++)
            printf("%10d",iPtr[i][j]);     /*显示输出*/
        printf("\n");
    }
    free(iPtr);                            /*释放*/
}
```

3) 动态分配字符串数组

利用二维数组存储字符串可能会浪费很多空间,因此采用指针数组保存多个字符串的首地址以节约空间,此外,还可以动态分配字符串数组。

例 4.4 输入若干字符串,统计其中 test 字符串出现的次数(使用指向指针的指针)。

因为要输入的字符串个数和字符串长度都不确定,因此定义定长的字符数组会很浪费存储空间。可以使用 malloc 函数实现动态的定义数组:首先动态定义指针数组,并让指向指针的指针 pArray 指向该数组。然后在循环过程中再次定义动态字符数组,保存每个字符串,并将每个字符数组的首地址保存在之前定义的指针数组中。

统计 test 字符串出现的次数,可以利用 strcmp 循环比较并累加即可。

统计过程结束后,先释放每个字符数组,再释放指针数组。注意这个过程不能颠倒,否则会丢失字符数组指针的信息。

源程序代码:

```c
#include <alloc.h>
#include <stdio.h>
#include <string.h>
char **DefinePointerArray(int n);        /*定义动态字符指针数组*/
char * DefineCharArray(int n);           /*定义动态字符数组*/
void FreePointerArray(char**p);          /*释放指针数组*/
void FreeCharArray(char * p);            /*释放字符数组*/
main()
{
    char **pArray, t[30];
    int i,nCount,nLen,nTestCount=0;

    printf("请输入字符串个数:");
    scanf("%d",&nCount);                 /*输入字符串个数*/
    pArray=DefinePointerArray(nCount);   /*定义动态指针数组,返回数组的指针*/
    printf("请输入字符串:\n");
    for(i=0;i<nCount;i++)                /*输入多个字符串*/
    {
        scanf("%s",t);                   /*将输入的字符串临时保存在数组 t 中*/
        nLen=strlen(t);
        /*定义长度为 nLen+1 的动态 char 型数组,数组首地址存入指针数组 pArray [i]。
        nLen+1 是因为包括了字符串结束符*/
        pArray[i]=DefineCharArray(nLen+1); /* pArray [i]等价于 * (pArray+i)*/
        strcpy(pArray [i],t);
                /*将临时字符数组 t 里的内容复制到 pArray[i]对应的字符数组*/
    }
    for(i=0;i<nCount;i++)                /*统计"test"字符串的个数*/
    {
        if(strcmp("test",* (pArray+i))==0)
            nTestCount++;
    }
    printf("上述字符串中共包含%d个'test'。\n",nTestCount);
    for(i=0;i<nCount;i++)                /*先释放指针数组 pArray[i]对应的字符数组*/
        FreeCharArray(pArray[i]);
    FreePointerArray(pArray);            /*释放指针数组 pArray*/
}
```

```
char**DefinePointerArray(int n)      /*定义动态的指针数组,返回指针数组的首地址*/
{
    return(char**)malloc(n*sizeof(char*));
}

char*DefineCharArray(int n)          /*定义动态的字符数组,返回字符数组的首地址*/
{
    return(char*)malloc(n*sizeof(char));
}

void FreePointerArray(char**p)       /*释放动态指针数组*/
{
    free((void*)p);
}

void FreeCharArray(char*p)           /*释放动态字符数组*/
{
    free((void*)p);
}
```

程序中,DefinePointerArray 函数用于动态的定义一个指针数组,数组中的元素均为指针,而函数的返回值为该指针数组的首地址,即指向指针的指针,将其返回给 pArray,则 pArray[i]即可表示该指针数组中的每个元素。DefineCharArray 函数用于动态定义字符型数组,该数组用于保存第 i 个字符串,而字符串的首地址返回给 pArray[i]。该例的内存映射形式如图 4.6 所示。

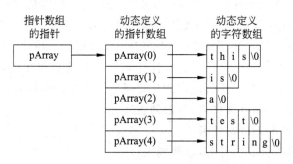

图 4.6 指向指针的指针内存示意图

使用动态内存分配函数过程中经常会遇到一些错误,主要包括以下内容:

① 调用动态内存分配函数后,没有检查函数所返回的指针。如果函数返回空指针,则会导致引用错误。防止该错误发生的方法是在每次动态分配函数返回的同时对其返回值进行检查。

② malloc()函数返回的存储空间是未经过初始化的区域,用户在初始化或赋值之前引用该区域会导致数据引用错误。

③ 所引用的范围超出所分配的内存区域。

④ 退出程序前没有调用 free() 函数来释放所分配的内存,造成内存泄露。动态内存分配的申请与释放应该相匹配,即 malloc 与 free 的使用次数应相同。

⑤ 调用 free() 函数释放内存后,没有将对应指针设置为 NULL,导致产生"野指针"(dangling pointer)。

⑥ 调用 free() 函数释放内存后,却仍然使用该区域而导致引用错误,或者再一次调用 free() 函数释放而导致错误。

4.4 文件管理技术

在计算机系统中,根据信息的存储时间,可以分为临时性信息和永久性信息。简单来说,临时性信息存储在计算机系统临时存储设备(例如存储在计算机内存),这类信息随系统断电而丢失。永久性信息存储在计算机的永久性存储设备(例如存储在磁盘和光盘)。永久性的最小存储单元为文件,因此文件管理是计算机系统的一个重要问题。

4.4.1 文件的定义

文件是一组在计算机上存储的信息的集合,以文件名作为访问文件的标识。存放文件的介质一般是磁盘、磁带、光盘等。文件可以是文本文档、图片、程序等。文件通常带有由 3 个字母组成的文件扩展名,用于指示文件类型。

4.4.2 文件管理函数

操作系统负责将用户的逻辑文件按一定的组织方式转换成物理文件存放到存储设备中,也就是说操作系统管理每个文件及其存储之间的对应关系。当用户使用文件时,操作系统通过用户给出的文件名和存储路径,查出对应文件的存放位置,读出文件的内容。在多用户环境下,为了保证文件的读写安全,操作系统负责建立和维护每个文件的拥有者、访问权限等方面的信息。并在编程级向用户提供以下系统调用函数:

- 创建文件:如 create(文件名,参数列表)。
- 删除文件:如 delete(文件名)。
- 打开文件:如 open(文件名,参数列表)。
- 关闭文件:如 close(文件名)。
- 读文件:如 read(文件名,参数列表)。
- 写文件:如 write(文件名,参数列表)。

4.4.3 文件管理程序开发

例如,采用 C 语言开发一个通讯录程序,记载姓名、电话号码、通信地址等信息,下面是记录一条信息的数据结构:

```
struct person
```

```
{
    char name[8];
    char phone[12];
    char address[50];
};
```

这个结构体有 3 个字段，name 中存放的是姓名，最多可以存放 8 个字节，phone 字段用来记录电话号码，最多可以存储 12 个字节，address 用来存储通信地址，它由 50 个字节组成。

下面给出的 create 函数用来创建一个通讯录文件，在使用它之前，必须先声明一个用于存放文件指针的 FILE 类型指针 fp。

```
void create()
{
    struct person one;
    /*声明一个 person 结构类型的变量*/
    char fileName[20];
    /*用于存放文件名*/

    printf("请输入通讯录名称：");
    gets(fileName);
    /*输入通讯录名称*/
    if((fp=fopen(fileName,"w"))==NULL)
    {
        printf("\n不能建立通讯录！");
        exit();
    /*如果没能建立通讯录文件,给出提示信息,然后结束程序*/
    }
    fprintf(fp,"%-8s%-12s%-50s\n","姓名","电话","通信地址");
    /*将字段名称写入通讯录文件*/
    printf("\n请输入姓名,代表输入结束\n");
    gets(one.name);
    /*输入一个人的姓名*/
    while(strcmp(one.name,"0"))
    /*如果输入的不是 0*/
    {
        printf("\n请输入电话号码\n");
        gets(one.phone);
        /*输入电话号码*/
        printf("\n请输入通信地址\n");
        gets(one.address);
        /*输入通信地址*/
        fprintf(fp,"%-8s%-12s%-50s\n",one.name,one.phone,one.address);
```

```
        /*将此人信息写入通讯录文件*/
        printf("\n请输入姓名,代表输入结束\n");
        gets(one.name);
        /*输入下一个人的姓名*/
    }
    fclose(fp);
    /*文件创建完毕,关闭文件*/
}
```

4.5 用户界面设计技术

用户界面是计算机系统中实现用户与计算机信息交换的软件和硬件部分。软件部分包括用户与计算机信息交换的约定、操作命令等处理软件,硬件部分包括输入装置和输出装置。目前常用的是图形用户界面,它采用多窗口系统,直观形象,操作简便。

4.5.1 用户界面概念

在人和计算机的互动过程(human machine interaction)中,有一个层面,即我们所说的界面(interface)。用户界面设计是屏幕产品的重要组成部分。界面设计是一个复杂的有不同学科参与的工程,认知心理学、设计学、语言学等在此都扮演着重要的角色。随着带有各种不同操作界面的软件产品的不断普及,用户界面已经融入我们的日常生活。一个设计良好的用户界面,可以大大提高工作效率,使用户从中获得乐趣,减少由于界面问题而造成用户的咨询与投诉,减轻客户服务的压力,减少售后服务的成本。因此,用户界面设计对于任何产品/服务都极其重要。在国外,用户界面设计人员有了一个新的称谓:information architecture(信息建筑师)。

常用的用户界面有两种:文本界面和图形界面。

4.5.2 文本界面

文本界面又称为命令行界面(Command Line Interface,CLI),是在图形用户界面得到普及之前使用最为广泛的用户界面,它通常不支持鼠标,用户通过键盘输入指令,计算机接收到指令后,予以执行。

尽管熟练掌握命令语言后,人们能够灵活高效地操纵计算机,但是由于需要记忆大量的语法和命令,在使用中很容易产生错误,因此通常认为命令行界面没有图形用户界面那么使用方便。但是,由于其本身的特点,命令行界面要较图形用户界面节约计算机系统资源。在熟记命令的前提下,使用命令行界面往往要较使用图形用户界面的操作速度要快。所以,在现在的图形用户界面操作系统中,通常都保留着可选的命令行界面,特别是在一些高级的用户服务方面,命令行界面的应用更为广泛。

4.5.3　图形界面的基本要素

文本界面不能提供简单、直观的操作,随着计算机性能的提高,如今的操作系统都提供了图形用户接口(GUI),使得用户或程序员在统一的界面下,简单地通过鼠标和键盘就可以完成大部分操作。通常的图形用户界面都提供以下的基本要素:

(1) 桌面:在启动时显示,位于所有图形界面的最底层,有时也指代包括窗口、文件浏览器在内的"桌面环境"。在桌面上由于可以重叠显示窗口,因此可以实现多任务化。一般的界面中,桌面上放有各种应用程序和数据的图标,用户可以依此开始工作。

(2) 窗口:应用程序为使用数据而在图形用户界面中设置的基本单元。应用程序和数据在窗口内实现一体化。用户可以在窗口中操作应用程序,进行数据的管理、生成和编辑。在窗口中,根据各种数据/应用程序的内容设有标题栏,一般放在窗口的最上方,并在其中设有最大化、最小化、还原、关闭等动作按钮,通常在窗口四周设有菜单和图标,数据放在中央。

(3) 菜单:将系统可以执行的命令按照相关性采用层次的方式组织并显示给用户的一个界面。一般置于画面的最上方或者最下方,应用程序能使用的所有命令几乎全部都能放入。一般使用鼠标的左键进行操作。

(4) 即时菜单:与应用程序准备好的层次菜单不同,在菜单栏以外的地方,通过鼠标的右键调出的菜单称为"即时菜单"。根据调出位置的不同,菜单内容即时变化,列出所指示的对象目前可以进行的操作。

(5) 工具栏:将菜单中利用程度高的命令用图形表示出来,配置在应用程序中,成为按钮,由多个完成一组常用功能的按钮组成工具栏。应用程序中的工具栏通常可以代替菜单。这样那些被频繁使用的命令,不必通过菜单一层层翻动才能调出,极大提高了工作效率。

(6) 图标:一个小的图片用于代表数据文件,或者表示某一个应用程序。图形用户界面将数据文件通过图标显示出来,通常情况下显示的是数据的内容或者与数据相关联的应用程序的图案。另外,双击代表数据文件的图标,一般可以完成启动相关应用程序,然后再用此程序显示数据文件内容这两个步骤的工作。而应用程序的图标只能用于启动应用程序。

4.5.4　图形界面的设计原则

用户界面设计的三大原则是:置界面于用户的控制之下;减少用户的记忆负担;保持界面的一致性。

用户界面设计在工作流程上分为结构设计、交互设计、视觉设计三个部分。

1. 结构设计

结构设计(structure design)又称为概念设计,是界面设计的骨架。通过对用户研究和任务分析,制定出产品的整体架构。在结构设计中,将用户的需求合理地分解到不同的界面上是最为重要的任务,每个界面显示的信息都应该是用户易于理解的,并且要符合用户的操作习惯。

2. 交互设计

交互设计(interactive design)的目的是使产品让用户能简单使用。任何产品功能的实现都是通过人和计算机的交互来完成的。因此,人的因素应作为设计的核心被体现出来。交互设计的原则如下:

① 要有清楚的错误提示。误操作后,系统提供有针对性的提示。

② 让用户控制界面。面对不同层次的用户提供多种选择,给不同层次的用户提供多种可能性。例如针对同一种功能,既可以用鼠标操作,也可以用键盘操作,对有些常用操作提供快捷键。

③ 使用用户的语言,而非技术的语言。

④ 允许用户临时中断当前工作。

⑤ 让用户知道自己当前的位置,提供导航功能。可以使用户很容易地从一个功能跳到另外一个功能。

3. 视觉设计

在结构设计的基础上,参照目标群体的心理模型和任务达成进行视觉设计(visual design),包括色彩、字体、页面等。视觉设计要达到用户愉悦使用的目的。视觉设计的原则如下:

① 界面清晰明了,允许用户定制界面。

② 减少短期记忆的负担,让计算机帮助记忆。

③ 依赖认知而非记忆,如打印图标的记忆、下拉菜单列表中的选择。

④ 提供默认(default)、撤销(undo)、重做(redo)的功能。

⑤ 尽量使用真实世界的比喻。如:电话、打印机的图标设计,尊重用户以往的使用经验。

⑥ 界面要协调一致,符合通用软件的设计习惯,如文件菜单在最左侧,帮助菜单在最右侧。

⑦ 色彩与内容要协调。整体软件不超过 5 个色系,尽量少用红色、绿色,近似的颜色表示近似的意思。

4.5.5　图形界面开发技术

下面我们以菜单的开发为例介绍在 Windows 下有关图形界面的开发技术。一个菜单是一列可用的选项,它告诉程序的使用者一个应用程序能够执行哪些操作。菜单虽然可能是 Windows 程序提供的图形用户界面接口中最重要的部分,然而在应用程序中增加菜单是 Windows 程序设计中相对简单的部分。

快速开发工具中都提供丰富的图形用户界面开发支持，以 Visual C++ 为例，建立一个新的 Win32 Application，选择典型的"Hello World!"应用程序，就会自动生成一个包含 File 和 Help 两个菜单的应用程序。在资源视图下打开菜单，就可以在图形界面下轻松地管理菜单项了。每个可选的菜单项被赋予唯一的 ID，用于唯一标识某项菜单。当使用者选择一个菜单项时，Windows 给应用程序发送包含该 ID 的 WM_COMMAND 消息。

下面是采用 C 语言编写的菜单显示程序，该示例中的 File 弹出式菜单的格式与其他 Windows 程序中的格式非常类似。Windows 的目的之一是为使用者提供一种易懂的接口，而不要求使用者为每个程序重新学习基本操作方式。如果 File 菜单在每个 Windows 程序中看起来都一样，并且都使用同样的字母和 Alt 键来进行选择，那么当然有助于减轻使用者的学习负担。

除了 File 这样的弹出式菜单外，大多数 Windows 程序的菜单都是不同的。当设计一个菜单时，应该注意与现有的 Windows 程序尽量保持一致。另外，应该采用资源信息单独存储的方式，这样修改一个菜单，通常只需要修改资源描述文档而不必修改已经编好的应用程序代码。即使以后要改变菜单项的位置，也不会有多大的问题。

本例由三个文件组成：程序文件 menu.c、菜单资源文件 menu.rc 和资源标识符定义文件 resource.h。

menu.c 程序的代码：

```c
#include <windows.h>
#include "resource.h"

#define ID_TIMER 1

LRESULT CALLBACK WndProc(HWND,UINT,WPARAM,LPARAM);
/*消息处理函数的声明*/
TCHAR szAppName[]=TEXT("MenuDemo");
/*支持在不同编码格式下正确设置标题信息*/
int WINAPI WinMain(HINSTANCE hInstance,HINSTANCE hPrevInstance,PSTR szCmdLine,
                   int iCmdShow)
/*Windows 应用程序的入口函数*/
{
    HWND hwnd;
    MSG msg;
    WNDCLASS wndclass;

    wndclass.style          =CS_HREDRAW|CS_VREDRAW;
    wndclass.lpfnWndProc    =WndProc;
    /*设定消息队列处理函数*/
    wndclass.cbClsExtra     =0;
    wndclass.cbWndExtra     =0;
    wndclass.hInstance      =hInstance;
    wndclass.hIcon          =LoadIcon(NULL,IDI_APPLICATION);
```

```
        wndclass.hCursor        =LoadCursor(NULL,IDC_ARROW);
        wndclass.hbrBackground  =(HBRUSH)GetStockObject(WHITE_BRUSH);
        wndclass.lpszMenuName   =szAppName;
        wndclass.lpszClassName  =szAppName;

        if(!RegisterClass(&wndclass))
        {
            MessageBox(NULL,TEXT("This program requires Windows NT!"),
                        szAppName,MB_ICONERROR);
            return 0;
        }

        hwnd=CreateWindow(szAppName,TEXT("Menu Demo"),
                    WS_OVERLAPPEDWINDOW,
                    CW_USEDEFAULT,CW_USEDEFAULT,
                    CW_USEDEFAULT,CW_USEDEFAULT,
                    NULL,NULL,hInstance,NULL);
        /*建立应用程序窗口*/
        ShowWindow(hwnd,iCmdShow);
        UpdateWindow(hwnd);

        while(GetMessage(&msg,NULL,0,0))
        {
            TranslateMessage(&msg);
            DispatchMessage(&msg);
        }
        return msg.wParam;
}

LRESULT CALLBACK WndProc(HWND hwnd,UINT message,WPARAM wParam,LPARAM lParam)
/*消息队列处理函数*/
{
    HMENU hMenu;

    switch(message)
    /*菜单消息处理*/
    {
    case WM_COMMAND:
        hMenu=GetMenu(hwnd);

        switch(LOWORD(wParam))
        {
        case IDM_FILE_NEW:
        case IDM_FILE_OPEN:
```

```
        case IDM_FILE_SAVE:
        case IDM_FILE_SAVE_AS:
            MessageBeep(0);
            return 0;

        case IDM_APP_EXIT:
            SendMessage(hwnd,WM_CLOSE,0,0);
            return 0;

        case IDM_APP_HELP:
            MessageBox(hwnd,TEXT("这是帮助对话框!"),
                    szAppName,MB_ICONEXCLAMATION|MB_OK);
            return 0;

        case IDM_APP_ABOUT:
            MessageBox(hwnd,TEXT("这是关于对话框!\n"),
                    szAppName,MB_ICONINFORMATION|MB_OK);
            return 0;
        }
        break;

    case WM_TIMER:
        MessageBeep(0);
        return 0;

    case WM_DESTROY:
        PostQuitMessage(0);
        return 0;
    }
    return DefWindowProc(hwnd,message,wParam,lParam);
}
```

menu.rc 和 resource.h 是记录菜单项信息的资源文件,将资源文件与代码分离方便了对多语言环境的支持。

menu.rc(摘录)

```
#include "resource.h"
#include "afxres.h"

MENUDEMO MENU DISCARDABLE
BEGIN
    POPUP "&File"
    BEGIN
        MENUITEM "&New",                IDM_FILE_NEW
        MENUITEM "&Open",               IDM_FILE_OPEN
```

```
            MENUITEM "&Save",                 IDM_FILE_SAVE
            MENUITEM "Save &As...",           IDM_FILE_SAVE_AS
            MENUITEM SEPARATOR
            MENUITEM "E&xit",                 IDM_APP_EXIT
        END
        POPUP "&Help"
        BEGIN
            MENUITEM "&Help...",              IDM_APP_HELP
            MENUITEM "&About MenuDemo...",    IDM_APP_ABOUT
        END
    END

    resource.h(摘录)

    #define IDM_FILE_NEW              40001
    #define IDM_FILE_OPEN             40002
    #define IDM_FILE_SAVE             40003
    #define IDM_FILE_SAVE_AS          40004
    #define IDM_APP_EXIT              40005
    #define IDM_APP_HELP              40006
    #define IDM_APP_ABOUT             40007
```

4.6 数据库开发技术

4.6.1 SQL 技术

结构化查询语言(Structured Query Language,SQL)是一种数据库查询和程序设计语言,用于存取数据以及查询、更新和管理关系数据库系统。SQL 是高级的非过程化编程语言,允许用户在高层数据结构上工作。它不要求用户指定对数据的存放方法,也不需要用户了解具体的数据存放方式,所以可以采用 SQL 语言作为数据输入与管理的接口,从而可以用相同的语句来访问底层数据存储结构完全不同的各种数据库系统。

1992 年,国际标准化组织(ISO)发布了 SQL 国际标准,称为 SQL-92。美国国家标准局(ANSI)发布的相应标准是 ANSI SQL-92。ANSI SQL-92 有时称为 ANSI SQL。尽管不同的关系数据库使用的 SQL 版本有一些差异,但大多数都遵循 ANSI SQL 标准。SQL Server 使用 ANSI SQL-92 的扩展集,简称为 T-SQL,其遵循 ANSI 制定的 SQL-92 标准。

SQL 语言包含 4 个部分:
- 数据定义语言(DDL),如 CREATE、DROP、ALTER 等语句。
- 数据操纵语言(DML),如 INSERT、UPDATE、DELETE 语句。
- 数据查询语言(DQL),如 SELECT 语句。
- 数据控制语言(DCL),如 GRANT、REVOKE、COMMIT、ROLLBACK 等语句。

4.6.2 ODBC 技术

开放数据库互连(Open Database Connectivity,ODBC)是 Microsoft 公司提出的一种针对不同数据库的统一访问方式,它定义了一组对数据库访问的标准应用程序接口(Application Interface,API)。这些 API 利用 SQL 语句完成大部分数据库管理任务。一个基于 ODBC 技术开发的应用程序对数据库的操作不依赖于任何特定的数据库管理系统,也就是说,无论是针对 Oracle、SQL Server,还是 Access 数据库,对于应用程序来说,都可以采用统一的方式来访问数据库。ODBC 为所有数据库的开发提供了统一的处理方式。

采用 ODBC 技术的应用程序系统由下面几个部分组成:
- 应用程序;
- ODBC 管理器,主要用于管理安装的 ODBC 驱动程序和管理数据源;
- ODBC API;
- ODBC 驱动程序,提供了 ODBC 和不同数据库之间的接口;
- 数据源。数据源包含数据库位置和数据库类型等信息,实际上是一种数据连接的抽象。

应用程序要访问一个数据库,首先必须用 ODBC 管理器注册一个数据源,管理器根据数据源提供的数据库位置、数据库类型及 ODBC 驱动程序等信息,建立起 ODBC 与具体数据库的联系。这样,只要应用程序将数据源名提供给 ODBC,ODBC 就能建立起应用程序与相应数据库之间的连接。

在 ODBC 中,ODBC API 不能直接访问数据库,必须通过相应数据库的 ODBC 驱动程序与数据库交换信息。

4.6.3 ADO 技术

OLE DB 是 Microsoft 提出的连接不同的数据源的低级应用程序接口,类似于 API,它可以在 C 或 C++ 等语言中直接使用。OLE DB 不仅包括与 ODBC 一样的支持 SQL 的能力,还具有面向其他非 SQL 数据类型的通路。作为 Microsoft 的组件对象模型(COM)的一部分,OLE DB 是一组读写数据的方法。OLE DB 为任何数据源都提供了高性能的访问,包括关系型数据库、非关系型数据库、电子邮件、文件系统、文本和图形以及自定义业务对象等。

Microsoft 公司提供的 ADO(ActiveX Data Objects)是一个用于存取数据源的 COM 组件。它提供了编程语言和统一数据访问方式 OLE DB 的一个中间层,是对 OLE DB 的一种封装,允许开发人员编写访问数据的代码,而不用关心数据库是如何实现的。ADO 对象给开发人员提供了一种快捷、简单、高效的数据库访问方法。

4.6.4 JDBC 和 ORM 技术

JDBC(Java Data Base Connectivity,Java 数据库连接)是一种用于执行 SQL 语句的

Java API,可以为多种关系数据库提供统一访问,它由一组用 Java 语言编写的类和接口组成。JDBC 对 Java 程序员而言是 API,对实现与数据库连接的服务提供商而言是接口模型。作为 API,JDBC 为程序开发提供标准的接口,并为数据库厂商及第三方中间件厂商实现与数据库的连接提供了标准方法。JDBC 使用已有的 SQL 标准并支持与其他数据库连接标准,如与 ODBC 之间的桥接。JDBC 实现了所有这些面向标准的目标,并且具有简单、严格类型定义,且高性能实现的接口。

Java 具有坚固、安全、易于使用、易于理解和可从网络上自动下载等特性,是编写数据库应用程序的杰出语言。所需要的只是 Java 应用程序与各种不同数据库之间进行对话的方法。而 JDBC 正是作为此种用途的机制。JDBC 扩展了 Java 的功能。例如,用 Java 和 JDBC API 可以发布含有 applet 的网页,而该 applet 使用的信息可能来自远程数据库。企业也可以用 JDBC 通过 Intranet 将所有职员连到一个或多个内部数据库中(即使这些职员所用的计算机有 Windows、Macintosh 和 UNIX 等各种不同的操作系统)。随着越来越多的程序员开始使用 Java 编程语言,对从 Java 中便捷地访问数据库的要求也在日益增加。

对象-关系映射(Object Relation Mapping,ORM)是随着面向对象的软件开发方法发展而产生的。面向对象的开发方法是当今企业级应用开发环境中的主流开发方法,关系数据库是企业级应用环境中永久存放数据的主流数据存储系统。对象和关系数据是业务实体的两种表现形式,业务实体在内存中表现为对象,在数据库中表现为关系数据。内存中的对象之间存在关联和继承关系,而在数据库中,关系数据无法直接表达多对多关联和继承关系。因此,ORM 系统一般以中间件的形式存在,主要实现程序对象到关系数据库数据的映射。ORM 系统建立了面向对象程序设计中的对象与关系型数据库中的存储数据之间的自动转换,从而简化了面向对象程序设计中的数据存储设计的复杂程度。

第2篇

方法篇

第2章

第5章

传统的软件开发方法

软件开发方法又称为开发模式、开发范型,是一种编制软件的系统方法。它确定开发的各个阶段,规定每一阶段的活动、产品、验证步骤和完成准则。良好的软件开发方法是生产出高质量软件的重要途径之一,对开发方法的选择将影响整个软件开发过程。因此,从软件工程诞生以来,人们重视软件开发方法的研究,提出了多种软件开发方法和技术,对软件工程及软件产业的发展起了非常重要的作用。其中最先提出和成熟的开发方法是传统软件开发方法,而结构化开发方法是传统软件开发方法中最典型的方法。

本章将以一个虚拟的网上商店为例阐述传统软件开发方法各个阶段的主要任务及所使用的技术方法。

5.1 结构化开发方法概述

结构化开发方法建立在传统的结构化思想基础上,由结构化分析方法(SA)、结构化设计方法(SD)、结构化程序设计方法(SP)组成,是一种面向数据流的开发方法,其核心是基于功能分解的模块化层次结构方法。结构化方法首先采用结构化分析方法进行需求分析工作,然后在其基础上采用结构化设计方法进行设计,最后采用结构化编程方法进行编程实现。由此形成了一整套从分析、设计到实现的完整开发体系。

实际上,在结构化开发方法的发展过程中,是先有结构化程序设计方法,然后在其基础上发展形成了结构化设计方法,最后为配合结构化设计方法才出现了结构化分析方法。在传统软件开发方法中,最常用的就是结构化开发方法。

5.2 可行性研究

软件项目的开发是从问题定义开始的,问题定义的目的是确定项目的目标,即定义要解决的问题并确定它的范围,一般需要开发人员与客户共同参与完成。在问题定义阶段,开发人员的任务是标识出所要解决的问题,而不尝试去解决问题,研究问题的范围和所要达到的目标,同时估算建立该系统的费用,最后根据这些信息形成问题定义报告。目前企业界没有关于问题定义报告的内容、格式的统一标准,但基本上都包括项目名称、背景、面临问题、项目目标、项目范围、初步设想、预计投资、预计开发周期等内容。

可行性研究,也称为可行性分析,是在问题定义基础上进行的。

5.2.1 可行性研究的任务

在资源、时间、费用等都没有任何限制的情况下,所有项目都是可行的,但软件系统的开发往往受到资源、费用和时间等各种约束条件的限制,因此项目的目标能否最终实现是不能肯定的,为此,在尽可能早的时间内评估项目的可行性,从而较早地识别出一个本质上不能实现的项目或者一个错误构思的系统,避免大量的人力、物力、财力以及时间上的浪费,是非常必要的。经过了问题定义阶段,软件开发人员就需要在确定项目目标的基础上,对项目的范围、时间及费用限制、业务背景以及开发该软件所必需的技术方案进行论证,以便在项目进入实际开发过程前用最小代价论证项目是否能做、是否值得做。可行性研究的目的不是解决问题,而是以相对短的时间和相对低的成本来确定给定的问题是否有解。这里相对短的时间和相对低的成本代表了最小代价,而其中的相对是指与实现项目所需的时间和成本相比较而言的,一般占项目总时间和成本的5%~10%。

因此,研究一个项目是否可行是可行性研究最主要的任务,可行性研究主要解决"做还是不做"的问题。

在可行性研究过程中,针对项目的问题定义,可能给出多套可供选择的解决方案,对每套方案从不同角度和方面进行分析和评价,找出可行以及最佳的方案进行推荐。对每套解决方案的分析和评价一般从客户和开发方两个角度进行。

1. 从客户角度进行可行性分析

从客户角度进行分析主要关注该解决方案所能带来的经济效益、社会效益以及系统正式运行后是否能顺利开展工作等,即从经济可行性、社会可行性以及操作可行性等几个方面分析解决方案是否合理。

(1) 经济可行性:从经济的角度分析项目有无实现的可能和开发的价值,主要是对开发项目的投资与效益做出预测分析,即分析新系统所带来的经济效益是否超过其成本,这种分析通常为成本/效益分析。一般来说,如果新系统的效益超过其成本,则开发新系统是可行的,否则除非有特殊原因,新系统的开发是不可行的。

(2) 操作可行性:分析在实现了新系统后,所需要配合的手工操作是否可行,是否有足够的人力资源来运行新系统,新系统的使用者是否具有正常使用、维护和管理新系统硬件、软件的能力,用户对新系统是否具有抵触情绪从而导致新系统无法正常运行等。例如微机系统、小型机系统、大型机系统,或者单机版系统、网络版系统等,对操作人员、维护和管理人员的数量和水平的要求是不同的。

(3) 社会可行性:研究开发的项目是否存在任何侵犯、妨碍等责任问题。社会可行性涉及的范围比较广,包括分析是否满足所有项目涉及者的利益、是否满足法律、政策或合同要求、是否满足知识产权要求等。

2. 从开发方角度进行可行性分析

从开发方角度进行分析主要考虑该方案所采用的技术是否可行,是否能如期按时完成任务等,即从技术可行性、调度可行性等方面分析方案是否可行。

(1) 技术可行性:从技术角度分析新系统是否能做、是否能做得好、是否能做得快。随着信息技术的不断发展,可能有很多种技术可以实现新系统,因此需要考虑技术的现实性和合理性。首先考虑用户是否已经拥有或准备购买相应的计算机硬件和软件以支持新系统的开发和应用;其次考虑在规定平台之上,利用现有的成熟技术能否实现这个应用;再次要考虑技术的成熟程度,新系统的开发既不能采用先进但不成熟的技术,也不能采用过时的技术;最后要考虑技术的转换成本,如开发单位习惯于采用 A 技术进行开发,要转到使用 B 技术开发新系统,则其人员培训、技术熟悉、技术应用可能需要很长时间的磨合,导致开发成本的增加以及项目开发时间的拖延。

(2) 调度可行性:也称时间可行性,分析新系统能否在规定的期限内交付给用户。如果软件开发方不能在规定的期限内交付产品,不但会导致罚款(如果合同中有此规定),还可能会丧失信誉,从而导致严重的后果。因此要估算在所能调度的所有资源(人力、物力、财力)的支持下项目完成所需要的时间,以便评估是否能在规定期限内完成新系统的开发工作。

5.2.2 可行性研究的步骤

(1) 复查定义,确定项目的规模和目标,明确限制和约束条件。分析人员对有关人员进行调查访问,仔细阅读和分析有关的材料,对项目的规模和目标进行定义和确认,澄清问题定义中的模糊部分,更正错误部分,或者增加新的要求。清晰地描述项目的所有约束和限制,确保分析人员正在解决的问题确实是要解决的问题。

(2) 研究现行系统。现行系统可能是计算机系统,也可能是人工操作的系统,对其进行研究是开发新系统的基础。这里只研究现行系统都做些什么,具有什么功能,存在哪些问题,而不去研究其是怎样做及如何做的。同时还需要了解现行系统与其他系统之间的接口,即与其他系统之间的交互关系。根据这些信息,得出现行系统的物理模型,物理模型可以使用系统流程图、业务流程图或数据流程图等进行描述。

(3) 导出新系统的高层逻辑模型。根据对当前系统的研究,逐步明确新系统应具有的功能、处理流程和应有的约束条件,然后对当前系统进行抽象,形成当前系统的逻辑模型,再进行改进,形成新系统的高层逻辑模型。逻辑模型一般使用建立逻辑模型的工具——数据流图和数据词典来描述。

(4) 导出并评价各种解决方案。针对新系统的高层逻辑模型,通过小规模的设计和技术实现论证,探索出若干种可供选择的解决方案(即导出针对新系统的多种解法),针对每种解决方案分别从技术可行性、操作可行性、经济可行性、调度可行性等方面进行分析评价,以便找出可行的以及最佳的方案并进行推荐。

(5) 编写可行性研究报告。根据以上 4 步的结果,编写相应的可行性研究报告,作为后续工作的参考,以及签订项目合同的依据等。

5.2.3 可行性研究报告

可行性研究的结果将以可行性研究报告形式体现,可行性研究报告的内容、格式等也会根据采用的研究方法或企业而有不同的写法。

我国制定了一个可行性研究报告的国家标准,但是该标准并不是强制性的标准,而是一个建议标准。该标准主要包括8个部分。

(1) 引言:包括编写目的、背景、定义、参考资料4部分。其中在定义中列出可行性研究报告中用到的专门术语的定义和外文首字母组词的原词组,即制作一个词汇表,以便阅读本研究报告的各方能在一个统一的语境中进行交流和沟通;在参考资料中列出所使用的参考资料的情况。

(2) 可行性研究的前提:说明对所建议的开发项目进行可行性研究的前提,分别列出对所建议开发软件的基本要求,所建议系统的主要开发目标,所应遵守的条件、假定和限制,进行可行性研究的方法以及对系统进行评价的指标等。

(3) 对现有系统的分析:现有系统是指当前实际使用的系统,这个系统可能是计算机系统,也可能是一个机械系统甚至是一个人工系统。分析现有系统的目的是为了进一步阐明建议中的开发新系统或修改现有系统的必要性。分别列出现有系统的基本的处理流程和数据流程,所承担的工作及工作量,所需费用、人员和设备,主要的局限性(如响应不及时、数据存储能力不足)等。

(4) 所建议的系统:说明所建议系统的目标和要求将如何被满足。概括地说明所建议的系统,给出所建议系统的处理流程和数据流程,逐项说明所建议系统相对于现存系统具有的改进,预期将带来的影响,所建议系统尚存在的局限性以及这些问题未能消除的原因,以及说明技术条件方面的可行性等。

(5) 可选择的其他系统方案:扼要说明曾考虑过的每一种可选择的系统方案,包括需开发的和可从国内国外直接购买的,如果没有供选择的系统方案可考虑,则说明这一点。每个方案都按照所建议的系统的写法进行描述。

(6) 投资及效益分析:说明经济可行性分析的结果。

(7) 社会因素方面的可行性:说明对社会因素方面的可行性分析的结果,包括法律方面、使用方面等的可行性。

(8) 结论:说明进行可行性研究的结论。结论可以是:可以立即开始进行;需要推迟到某些条件(例如资金、人力、设备等)落实之后才能开始进行;需要对开发目标进行某些修改之后才能开始进行;不能进行或不必进行(例如因技术不成熟、经济上不合算等)等几种。

5.3 需求分析

经过可行性研究,如果得出的结论是可行的,就需要进行需求分析,以便确定新系统的具体需求。在可行性研究阶段已经初步对现有系统进行了分析,并提出了新系统的逻辑模型,但是由于可行性研究的任务是用尽量短的时间和尽量低的成本来确定系统是否可行,主要是确定系统"做还是不做"的问题,因此在可行性研究阶段所做的分析和所建立的新系统的逻辑模型都很粗略,并没有对现行系统进行详细的分析,因此还需要进一步详细地确定客户的需求。需求分析的任务是确定新系统"做什么,不做什么,做到什么程度"。

5.3.1 需求分析概述

客户的需求需要进一步具体化地、详细地描述,才能被开发人员全面正确地理解,才能设计和实现出符合要求的软件系统。

1. 需求

软件需求就是客户对所开发的新系统所应具有功能以及这些功能的表现情况所做出的要求,需求是客户或用户所有待解决问题及对新系统要求的总结,必须经过所有与新系统开发和使用相关的人员的认可同意。不同的组织或研究者对软件需求给出了不同的定义。

IEEE 将需求定义为:
(1) 用户所需的为解决某个问题或达到某个目标而所要具备的条件或能力;
(2) 系统或系统组件为符合合同、标准、规范或其他正式文档而必须满足的条件或必须具备的能力;
(3) 上述第一项或第二项定义中的条件和能力的文档表述。

RUP 中将需求定义为:需求描述了系统必须满足的情况或提供的能力,它可以是直接来自于客户的需要,也可来自于合同、标准、规范或其他有正规约束力的文档。

我国国家标准 GBT 11457—2006《信息技术 软件工程术语》中也给出了需求的定义:为解决用户的问题或实现用户的目标,用户所需的软件必须满足的能力和条件。

综上,需求就是新系统必须做什么,需要做到什么程度的描述的集合,总体来说可以分成三大类:功能性需求、非功能性需求和约束。

(1) 功能性需求。

功能性需求描述系统必须做什么,即系统所提供的功能或服务,如输入、输出、处理、存储等。例如,网上商店的功能性需求可能包括:网上购物、商品维护、客户管理、订单管理、统计分析、报表打印等,其典型的描述方式可以为:"系统应提供商品维护功能,以便网站的管理者可以进行商品的添加、修改、删除以及查询等工作"。

(2) 非功能性需求。

非功能性需求描述系统必须做到什么程度,即系统应提供什么质量的功能或服务。ISO 9126 中描述了软件的六个质量特征:功能性、可靠性、可用性、有效性、可维护性和可移植性,除功能性之外,其他五个质量特征皆可归为非功能性需求。

① 可靠性:指系统在规定时间和规定条件下,完成规定功能和性能的能力。
② 可用性:描述与用户相关的操作特征,即软件是否方便用户使用,是否对用户友好,如用户界面、工作流程、在线帮助和文档等。

③ 有效性：描述系统运行的效率，包含以下几个方面。
- 响应时间：从用户指定某项功能开始执行，到该项功能执行完毕并反馈给用户的最长时间，如网上商店系统要求查询结果的反馈不能超过 1 秒钟。
- 吞吐量：指在给定时间范围内，系统某项功能能够处理的最大请求的数量，如网上商店系统要求每小时最多可处理 1000 笔订单。
- 容量：系统能存储的数据量，如网上商店系统至少能存储一百万笔交易记录。

④ 可维护性：描述系统升级或修正的能力。
⑤ 可移植性：描述系统移植到其他环境中的能力。

非功能性需求不但包含以上五类，还可能根据实际的不同包含可扩展性、可复用性、安全性等。

(3) 约束。

约束描述系统开发时所必须遵守的约束条件，即对系统的设计或开发过程的限制，约束将影响系统的构建方式。最常见的约束就是时间和费用上的约束，如果客户规定了新系统运行所基于的软硬件环境，则新系统的开发将受到该环境的限制；有些客户可能基于某种原因要求开发必须使用某种开发方法、开发标准或开发语言，则整个的开发过程将受到一定约束。

定义需求是一项非常困难的任务，这是由于对于软件的需求不同人员有着不同的理解，以及不同人员之间的交流沟通存在着障碍和理解歧义。因此，为更好地获取和分析需求，需要采用一系列的方法进行需求的获取和分析工作。

2. 需求分析的重要性

开发软件的目标就是满足用户的需求，由于需求问题而导致项目失败的案例有很多，因此如何获得用户真正的需求是至关重要的。需求分析的重要性体现在以下几个方面。

(1) 在所有导致项目失败的原因当中，由于需求而导致失败的比率是最高的。据 Standish Group 公司统计，失败及延期项目中超过 1/3 是由于需求相关的问题导致的。

(2) 软件需求活动在整个软件开发过程中所占比重大，Walker Royce 提出了软件工程领域里的一个著名的 2-8 原则：80% 的工程活动是由 20% 的需求消耗的。

(3) 事实表明，对一个错误而言，发现时间越晚，其修复的费用就越高，如在需求分析阶段的修复费用与测试阶段的修复费用之比为 1∶10 到 1∶50 之间，而在维护阶段的修复费用之比为 1∶100 到 1∶200 之间。在需求分析过程中会产生很多错误，其中许多错误是潜伏的，并且在错误产生后很长一段时间才被检查出来，但需求错误是可以被检查出来的，所以应在需求分析阶段尽可能多地发现潜在的错误。

(4) 分析人员从多个部门、人员处采集和获取需求，因此这些需求通常是零散的，并没有形成一个完整的整体，而且各类需求之间可能存在着矛盾或不一致之处，因此需要进行分析、整理、协调，以便获得用户真正的有效的需求。

(5) 有时用户对需求的描述是模糊的、抽象的，并不明确，甚至可能一开始无法提出需求，而随着项目的进展（甚至完成）才提出具体需求。而且由于人与人之间在交流沟通过程中还存在着理解歧义、信息衰减等因素,因此分析人员所获得的需求可能与用户的初衷产生偏差,或遗漏某些重要需求,这就需要分析人员与用户之间反复沟通,循序渐进,采取迭代的方式获得需求。

3. 对需求描述的要求

由于需求非常重要,而且往往存在上面所提到的问题,因此为客观、准确、完整地获取用户的需求,对需求的描述应有如下要求。

(1) 清晰性:需求的描述必须明确,不能模糊不清。

(2) 简洁性:针对需求的描述要简明扼要,一般采用各种图表并辅以文字说明加以表示。

(3) 一致性:各种需求之间不应存在不一致、相互矛盾的现象,并且应被所有相关人员认可。

(4) 无歧义性:需求的描述应该准确,不能产生歧义。例如以下文字就会产生歧义:"老张对老李说他儿子考上了大学"。这句话可能会产生两种意思:一是老张的儿子考上了大学,二是老李的儿子考上了大学。这就产生了歧义,使得读这段文字的人不清楚到底哪种理解方式是作者想要表达的意思。如果需求中出现了歧义,则将给后续工作带来极大的麻烦。

(5) 有意义性:需求是各个有意义方面的陈述的一个集合,所有与新系统开发无关的方面都不应涉及(即无意义的),所描述的需求都应使用陈述句的形式,不应存在疑问。

(6) 可验证性:所有需求必须可以通过某种方法进行验证,否则就没有意义。

(7) 唯一性:所有需求必须具有唯一性,避免描述重复的需求。

(8) 完整性:所描述的需求必须是完整的,不应有遗漏。

(9) 可追踪性:每个需求必须描述其来源,即该需求的提出者是谁,以便需求变更、设计和测试等工作能有针对性。

(10) 有界性:对做什么、不做什么的需求描述要有明确的界限划分,同时用户对各项需求的要求程度也是不同的,有的是必须完成的,有的是尽量完成的,因此要对这些不同程度的需求加以区分。

4. 需求分析的步骤

需求分析的任务是发现、求精、建模和规约的过程。软件的需求分析是一个复杂的软件工程活动,为了更好地进行需求分析,人们开始将工程化应用于需求分析过程中,形成了需求工程。需求工程是系统地使用已被证明的原理、技术、语言和工具进行需求分析,确定用户需求,并帮助分析人员理解问题并定义目标系统的外部行为规约的一门学科。

需求分析是一种软件工程活动,其主要步骤包括:

(1) 需求采集和获取:需求采集和获取的目的是清楚地理解所要解决的问题,通过采集各个不同用户的各类需求,从而完整地获得用户的需求,以及这些需求实现的条件、应达到的标准,即获得用户对软件做什么以及做到什么程度的要求。需求采集和获取的结果是所有用户对新系统的要求。需求采集和获取的方法有很多,主要是通过个别访问、开座谈会、问卷调查、网上调查等方式与用户进行交流,交流的手段包括问答、头脑风暴、鱼骨图等方式。在需求采集过程中,还要收集当前系统所使用的相关数据表以及相关文档,以便进行分析。这一阶段的成果就是用户需求说明书。

(2) 需求分析与综合:由于需求采集和获取阶段所采集到的需求有很多,并没有形成一个完整的整体,而且各类需求之间可能存在着矛盾或不一致之处,因此需要进一步进行分析和综合才能形成一个相对完整的需求。在这个阶段,首先应对相对复杂的用户需求进行进一步的细化整理,分析出各需求之间的关系,剔除不合理的部分,消除各种矛盾和不一致之处,从而得出系统的功能性和非功能性需求。这些工作主要是通过需求建模完成的。这一阶段的成果就会形成软件需求说明书。

(3) 需求评审和确认:开发方和客户方对需求文档(包括用户需求说明书、软件需求说明书)进行分析和评审,达成共识。主要评审的内容包括:系统定义的目标与用户的要求是否一致;系统功能及非功能要求是否完整;系统需求分析阶段所提供的文档资料是否齐全;需求文档中对需求的描述是否完整、清晰、准确地反映用户的要求,有无遗漏、矛盾或不一致、歧义之处;与其他系统的外部接口是否描述完整;所描述的需求是否可验证;是否描述系统的验收方法;所描述的需求是否被各相关人员认可等。

(4) 需求变更管理:需求不是一成不变的,可能存在各种变更情况,对于需求变更的处理是非常重要的。首先应对需求变更所产生的影响进行评估,包括对其他需求、项目进度、人员安排、资金使用以及资源调度等各方面的影响,根据评估结果决定是否进行需求变更,如果进行需求变更,则修改相应的用户需求说明书和软件需求说明书。

5.3.2 需求分析原则和模型

目前已经出现了大量的需求分析建模方法,每种方法各有其特点和优点,但都使用分析模型来对需求进行描述和建模,每种方法都对应了一系列建模符号体系和对应的规则,并且都遵循一些基本的操作性原则,著名的软件工程领域专家Pressman将其总结为5条原则。

(1) 必须表示和理解问题的信息域。通过检查信息域来建立数据模型,即数据建模。在结构化方法中,所有的软件应用均可被称作数据处理。通过数据处理,将数据从一种形式变换为另一种形式,即软件接收数据输入,按照一定规则或方法对其进行处理,产生输出数据。

(2) 必须定义软件所要完成的功能。需要建立软件的功能模型,即功能建模。软件主要是通过输入、处理和输出三个功能来完成数据变换的,需要针对软件的所有功能分析出其功能是如何实现的。

(3) 必须表示软件的行为。需要建立软件的行为模型,即行为建模。计算机软件总是处于某种状态,当某个事件发生时会引起状态的改变,从而完成相应的功能,需要分析出系统的状态集合以及导致状态变化的事件集合。

(4) 必须划分出软件的数据、功能和行为模型,并使用分层的方法揭示细节。

(5) 分析过程应该遵循自顶向下、逐层细化的原则。

上述原则中的(4)和(5)原则实际上都涉及划分问题。对于太大而且复杂的问题,进行整体理解是比较困难的,为此,往往将其划分为多个易于理解的子问题,分别进行处理。

通过这些操作性原则,系统的分析人员可以分析和处理新系统的关键和核心问题。除上面这5个操作性分析原则外,Davis提出一组针对需求工程的指导性原则:

(1) 在开始建立分析模型之前首先理解问题。

(2) 开发原型,使得用户能够了解将如何发生人机交互。

(3) 记录每个需求的起源和原因。

(4) 使用多个需求视图,为软件系统的需求建立数据模型、功能模型和行为模型,以减少遗漏某些需求的可能性,提高识别出不一致需求的可能性。

(5) 给需求赋予优先级。

(6) 努力消除歧义性,大多数的需求都使用自然语言进行描述,存在着歧义的可能(如5.3.1节所述),因此使用需求模型对需求进行描述,并坚持正式的需求评审和确认工作是发现并消除歧义性的一种可行的和有效的方法。

软件工程从一系列建模任务开始,产生完整的软件需求以及全面的设计表示,从而最终才能生产出满足用户要求的软件产品。在需求分析阶段进行建模所产生的成果就是分析模型。分析模型必须达到三个主要目标:描述客户的需要;建立创建软件设计的基础;定义在软件完成后可以被确认的一组需求。为了达到这些目标,应用前文讲述的分析原则,著名软件工程专家Pressman给出了从结构化分析中导出的分析模型,使用数据模型、功能模型和行为模型三个模型对分析建模的结果进行描述。

数据模型使用E-R图(实体-关系图)进行建模,描述数据对象及其相互关系,其辅助说明信息包含在数据对象描述中。有关E-R图的内容参见3.4.2节。

功能模型使用数据流程图进行建模,描述数据对象在系统中如何流动及其变换情况,以及描述对数据对象进行变换的功能,其辅助说明信息包含在数据字典中。

行为模型使用状态变迁图进行建模,描述外部事件如何影响系统的动作行为,其辅助说明信息包含在控制规约中。

5.3.3 功能建模与数据流程图

功能建模着重于描述用户对系统的功能需求,在结构化需求分析中,数据流程图是进行功能建模的一种应用最广泛的模型。数据流程图(Data Flow Diagram,DFD图)通过描述数据对象流经系统时被处理、加工或变换的情况,从而为系统进行功能建模。

1. 数据流程图概述

数据流程图采用图形化的方式,直观地描述了系统中的数据从输入到输出的移动和变换过程,可对系统进行抽象的表示,既提供了功能建模的机制,也提供了信息流建模的机制,通过自顶向下的方式逐层描述系统的功能细节和数据变换细节。

数据流程图描述了计算机系统的四大基本功能:输入、处理、输出和存储。数据流程图有两大目标:指明数据在系统中移动时如何被变换;描述对数据流进行变换的功能。

数据流程图中共有4种基本元素,其符号如图5.1所示。

(1) 外部实体:为系统提供数据或接收系统输出数据的系统外的事物,是系统边界之外的个人、组织或与该系统有交互关系的其他系统,例如系统的使用者、外围设备或者其他系统等。作为外部实体,必须通过系统才能获取所需数据。

(2) 数据处理:又称数据加工或数据变换,是对数据进行处理的地方,将输入数据按照某种方法进行处理,产生输出数据,输出数据与输入数据的内容不同或者内容相同但形态不同。数据处理一般使用一个动词短语进行描述,如订单处理、商品浏览、购物等。在对数据处理进行建模时,仅仅考虑处理的功能,而不考虑该处理是由人工执行还是由计算机执行。

(3) 数据存储:保存数据的地方,以供数据处理使用。数据流程图中的数据存储可以是数据库、文件或者任何形式的数据组织方式。

(4) 数据流:表示在数据处理、数据存储以及外部实体之间移动的数据,箭头表示数据流动的方向。数据流程图中最重要的一点就是数据的流动,而数据的流动就形成了数据流,它表达了数据流动的方向,代表了数据传送的通道,通过数据流可以将以上3种元素相互连接起来。

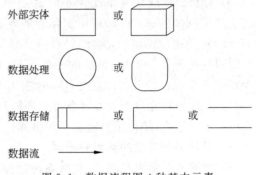

图 5.1 数据流程图 4 种基本元素

数据流程图使用以上4种基本元素表达系统数据加工的过程。数据流程图遵循自顶向下、逐层细化的原则进行描述,因此一个系统的数据流程图也是分层次的。图5.2从数据变换角度描述了分层的数据流程图,即通过分层,逐层细化地表达了系统 F 如何将数据 A 变换为数据 B。而图5.3则着重从分层角度描述了每个系统中数据处理的逐层细化过程。

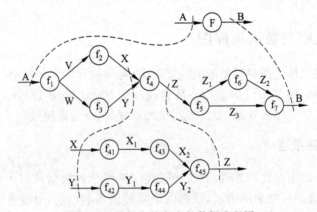

图 5.2 数据变换角度的数据流程图

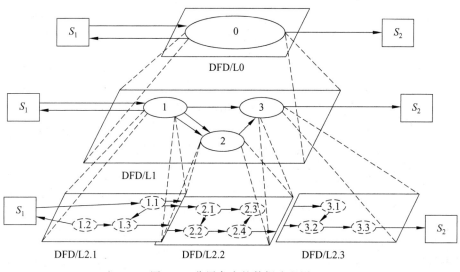

图 5.3　分层角度的数据流程图

2. 分层的数据流程图

在分层的数据流程图中,每层所描述的重点是不同的,一般将数据流程图分为三个层次进行描述:总体图、零级图和细节图。

(1) 总体图:由一个数据处理结点(一般用于表示系统)、若干外部实体结点以及数据流组成,用于描述系统与外部实体之间的关系。

例 5.1　一个网上商店的总体图如图 5.4 所示。该网上商店系统共涉及 3 个外部实体:用户、后台管理员以及配送人员。

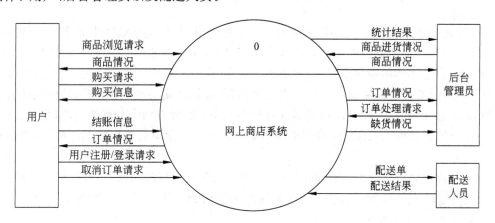

图 5.4　网上商店总体图

(2) 零级图:由若干外部实体、数据处理、数据存储以及数据流组成,描述一个系统的主要子系统(或功能)。

例 5.2　一个网上商店的零级图如图 5.5 所示。可以看出该网上商店系统共包含 6 个子系统:商品浏览、购物、注册/登录、订单管理、商品维护、统计分析。

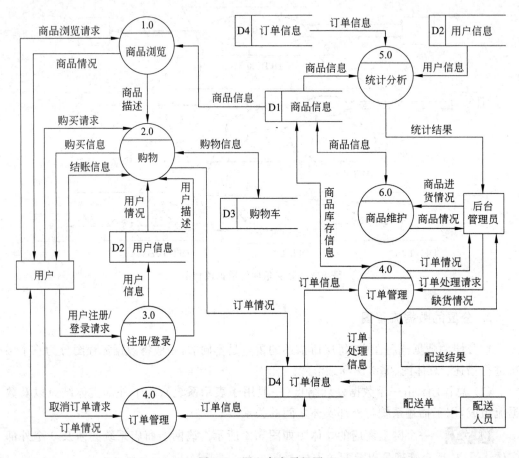

图 5.5 网上商店零级图

(3) 细节图：由数据处理、数据存储以及数据流组成，描述零级图中某个复杂数据处理的详细过程。由于数据处理的复杂程度不同，因此细节图也可以采用逐层细化的方法分层绘制，但是不管绘制多少层，其都被称为细节图。由于细节图可以逐层细化，因此到底细化到什么程度才结束就是一个很重要的问题，如果细化层数不够，则无法将问题表述清楚，如果过于细化，将使分层图过多并且显得冗余。在此有两个分解指导原则：

① 当数据处理仅包含一个简单的输入数据流和一个简单的输出数据流时，可以停止分解。

② 当数据处理执行单一的、可以很容易理解其执行过程的功能时，可以停止分解。

例 5.3 例 5.2 网上商店购物子系统的细节图如图 5.6 所示。购物子系统又包含商品购买、结账两个功能。

例 5.4 对例 5.3 中网上商店购物子系统中的结账功能可进一步细化，形成如图 5.7 所示的细节图。

3. 数据流程图绘制的相关规则

从例 5.2 到例 5.4 的数据流程图中可以看出：

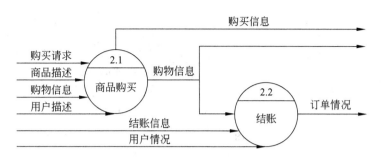

图 5.6　网上商店细节图 1

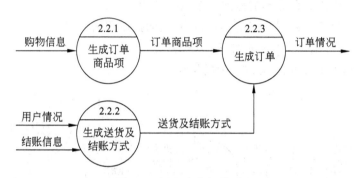

图 5.7　网上商店细节图 2

（1）每个数据处理上都有编号。

（2）细节图和零级图的编号是相互关联的，如例 5.7 中的 2.1 和 2.2 数据处理就对应了例 5.6 中的 2.0 号数据处理。

（3）每个数据存储也有编号，如 D1、D2 等。

（4）同一个数据处理或数据存储可以在图中不同位置画多个，但其编号相同。

由以上可知，数据流程图的绘制需要遵循一定的规则，才能使相关人员能在一个统一的语境上理解其所表达的含义。这些规则又分为两类：用来规定数据流程图绘制正确与否的规则、用来衡量数据流程图绘制质量的规则，使用这些规则，分析人员可以画出正确的和良好的数据流程图。

1）规定数据流程图绘制正确与否的规则

① 外部实体只出现在总体图和零级图中。

② 数据存储只出现在零级图和细节图中。

③ 数据存储在分层的数据流程图中只能出现在某一层上，即同一个数据存储不能在不同的层次上出现。

④ 图中的每个数据流必须与某个数据处理相关联，即数据流必须开始或结束在数据处理上。即数据不能直接在外部实体与外部实体间、外部实体与数据存储间、数据存储与数据存储间流动。

例 5.5　检查并修改图 5.8(a)中的错误。

分析：数据不能直接在数据存储与外部实体之间移动，每个数据流都应与一个数据

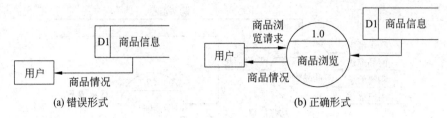

(a) 错误形式　　　　　　　(b) 正确形式

图 5.8　数据流绘制

处理相关联,可以改为图 5.8(b)所示的形式。

⑤ 数据流的源点和目标不能是同一个数据处理。
⑥ 数据流仅仅表示数据的流动,不表示有关的控制逻辑。
⑦ 系统的输入/输出命令不能作为图中的数据处理。

例 5.6　检查并修改图 5.9(a)中的错误。

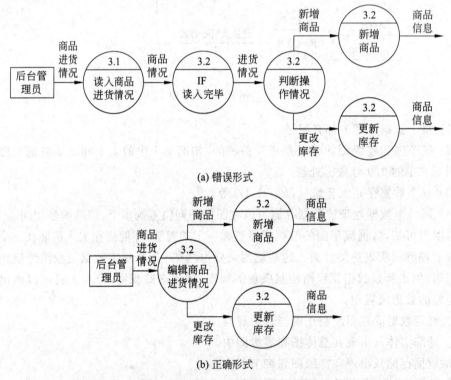

(a) 错误形式

(b) 正确形式

图 5.9　控制逻辑与输入/输出绘制

分析:该图共有两处错误:表达了控制逻辑、将输入命令作为数据处理,因此可以改为图 5.9(b)所示的形式。

⑧ 每个数据处理和数据存储都应该既有输入数据流,也有输出数据流。仅有数据流入而没有数据流出,则说明该数据被其吞噬了,因此有人形象地将其比喻为"黑洞"。仅有数据流出而没有数据流入,则说明该数据是无中生有的,有人形象地将其比喻为"奇迹"。

例 5.7 检查并修改图 5.10(a)中的错误。

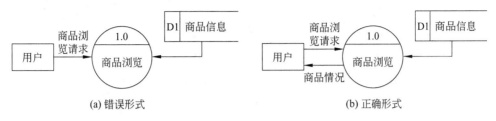

图 5.10 黑洞

分析：该图数据处理 1.0 只有输入，但没有输出，是一个"黑洞"，可以改为图 5.10(b)所示的形式。

例 5.8 检查并修改图 5.11(a)中的错误。

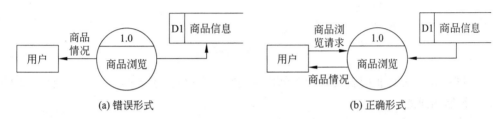

图 5.11 奇迹

分析：该图数据处理 1.0 只有输出，没有输入，存在奇迹，因此可以改为图 5.11(b)所示的形式。

⑨ 分层的数据流程图各层之间应保持平衡，即每次细化时，子图与父图对应的数据处理所执行的功能必须是相同的，并且其输入数据流和输出数据流也要一致，同时流入和流出同一外部实体及同一数据存储的数据流也要一致。

⑩ 表示数据流的箭头上要标有数据流的名字，但流入或流出数据存储的数据流除外，数据流入数据存储表示写操作，是对数据的存储或更新（删除或修改）；数据流出数据存储表示读操作，是对数据的检索或使用。

⑪ 每个数据处理或数据存储都不应该存在不必要的输入、输入缺失、不可能的输出。数据流程图只是使用图形方式描述的模型，因此需要针对图中相关元素辅以必要的文字说明，即数据字典（参见 5.3.5 节），此类问题仅通过数据流程图无法发现，只有辅以数据字典才能检查出来。

例 5.9 检查并修改图 5.12(a)中的错误。

分析：通过该处理的加工说明描述可知，并没有使用输入数据流中的购书列表，并且在输入数据流中也没有用户等级这一数据项，因此存在不必要的输入和输入缺失错误，应改为图 5.12(b)所示的形式。

例 5.10 检查并修改图 5.13(a)中的错误。

分析：通过该处理的加工说明描述可知，该数据处理并不能产生输出数据流中的消费积分，因此存在不可能的输出，应改为图 5.13(b)所示的形式。

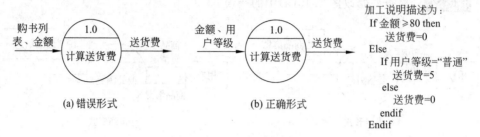

图 5.12 不必要的输入和输入缺失

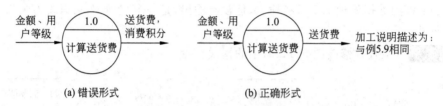

图 5.13 不可能的输出

⑫ 图中每个表达相同含义的元素都应使用唯一的名称,没有两个表达不同含义的元素的名称是相同的。

2) 衡量数据流程图绘制质量的规则

① 图中的每个数据处理都应有编号,但编号不表示执行的先后顺序。一般总体图中的数据处理编号为0,细节图和零级图的编号是相互关联的,如图 5.5、图 5.6 和图 5.7 之间存在关联关系,处理 2.2 包含在处理 2.0 内,而处理 2.2.1 包含在处理 2.2 内。

② 图中的每个数据存储都应有编号,一般使用"D+序号"的形式,如 D1。

③ 为避免图中信息超量,降低图的复杂度,便于理解,图的绘制尽量遵守 7±2 规则。7±2 规则源于心理学研究,研究表明一个人同时记住或操纵的信息"块"的数量介于 5 到 9 个之间,信息块数量太大则会引起信息超量。使用 7±2 规则,每层单个图中的数据处理个数不超过 9 个;保持接口最小化,图中某个元素与其他元素之间的连接不超过 9 个,具体为每层每个图中不应有超过 9 个数据流流入或流出每个数据处理、数据存储或外部实体。

④ 为保持图的整洁,避免数据流线的相互交叉,增加图的可读性,同一个数据处理、数据存储或外部实体可以在图中不同位置重复出现,但其编号和名称应完全相同,如图 5.5,共画了两个订单管理的数据处理、两个订单信息的数据存储以及两个用户信息的数据存储。

⑤ 一个数据处理的输出不应等同于其输入,因为数据处理的功能是对数据进行变换。

掌握好以上两类绘制数据流程图的规则,就可以绘制出正确的以及高质量的数据流程图。

5.3.4 行为建模与状态变迁图

数据建模和功能建模仅仅描述了系统的静态特征,而行为建模用于描述系统的动态特征。在行为建模中最常用的方法有使用状态变迁图、Petri 网等,本节主要讨论使用状态变迁图进行行为建模的方法。

状态变迁图(State-Transition Diagram,STD)通过描述系统的状态,以及导致系统状态发生改变的事件,从而描述系统的行为。每个状态代表系统的一种行为模式,状态变迁图指明系统的状态如何随外部事件而变化。

状态变迁图中共有两种符号:

(1) 状态:使用圆圈表示,在圆圈内部写上系统所处的状态名称。

(2) 变迁:使用连接两个状态圆圈的箭头表示从一种状态到另一种状态的变迁,在箭头上需要标注出引起这种状态迁移的事件名称。

例 5.11 为网上商店系统建立行为模型。

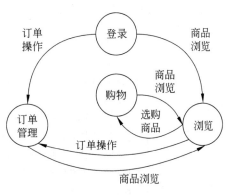

图 5.14 网上商店前台状态变迁图

分析:首先分析网上商店系统共有哪些状态,然后分析这些状态之间的迁移情况,最终得出状态变迁图。图 5.14 所示是其前台用户操作的状态变迁图节选。共有 4 个状态,这 4 个状态在一定的事件下进行变迁。

状态变迁图可以使用状态变迁表来进行描述。状态变迁表一般分成 3 个部分:右上部是状态名称,左下部为事件名称,中间为右上部状态在左下部事件下所迁移到的状态。

例 5.12 请为图 5.14 建立状态变迁表。

分析:图 5.14 中共描述了系统的 4 个状态,这 4 个状态之间通过 3 个变迁相互进行迁移,因此所绘制的状态变迁表由 5 列 4 行组成,具体如表 5.1 所示。

表 5.1 网上商店前台状态变迁表

事件＼状态	登录	浏览	购物	订单管理
订单操作	订单管理	订单管理		
商品浏览	浏览		浏览	浏览
选购商品		购物		

状态变迁图或状态变迁表仅从图表上描述了系统的行为模型,有些细节并不能交代清楚,如状态的形式、细节、属性以及事件的细节、属性等,因此还需要辅以相关的文字说明(即控制规约)。

5.3.5 数据字典

数据流程图仅以图形方式对系统进行了功能建模,但是仅有图形描述并不能完整地描述具体细节,为此还需要有其辅助文字描述信息,这就是数据字典。数据字典可对数据流程图中所出现的所有被命名的图形元素进行详细定义和描述,使得每个图元都有一个确切的解释说明,可使阅读数据流程图的各方在一个统一的语境中进行交流沟通。

1. 数据元素描述

数据流程图中的数据流以及数据存储都是由若干个数据元素所组成的,数据元素是数据处理的最小单元,不可再分,因此在数据字典中必须对数据元素进行描述。数据元素的主要内容有名称、说明、相关部分、数据类型及长度、取值范围、备注等。图 5.15 给出了一个数据元素描述示例。

```
数据元素描述
名称:用户名
说明:记载用户登录系统所使用的名称,并不等同于用户姓名
相关部分:
    相关数据流:用户注册/登录请求、用户信息、用户情况、用户描述
    相关数据存储:用户信息、订单信息
    相关处理:注册/登录、购物、订单管理、统计分析
数据类型:字符型
长度:12个字符
取值范围:6~12个字符
备注:用户名字符串只能由英文字母、数字0~9、下划线组成
```

图 5.15　数据元素描述

2. 数据流描述

数据流是数据流动的基本单元,由数据流将数据处理、外部实体以及数据存储关联起来,一个数据流由若干个数据元素组成,其描述内容有名称、说明、组成、来源、目的、备注等。图 5.16 给出了一个数据流描述示例。

```
数据流描述
名称:用户注册请求
说明:用户注册时所输入的信息
组成:用户名+密码+姓名+性别+电子邮件+送货地址+联系电话+邮编
来源:外部实体-用户
目的:数据处理注册/登录
备注:无
```

图 5.16　数据流描述

3. 数据存储描述

数据存储是保存数据的位置,一个数据存储可由若干数据元素组成,其描述内容有名称、说明、组成、存储方式、相关处理、备注等。图 5.17 给出了一个数据存储描述示例。

```
数据存储描述
名称：用户信息
说明：记载用户的信息
组成：用户名+密码+姓名+性别+电子邮件+送货地址+联系电话+邮编+
     权限等级+用户级别
存储方式：数据库
相关处理：注册/登录、购物、统计分析
备注：无
```

图 5.17　数据存储描述

4．数据处理描述（加工说明）

在数据流程图中仅给出了数据处理的名称和编号，并没有详细说明每个数据处理的内部处理逻辑，即输入数据流是如何转变为输出数据流的。数据流程图实际上并不能用来表示数据处理的详细实现逻辑，必须对每个数据处理进行描述，因此有人也将对数据处理的数据字典描述称为逻辑建模，也有人将其称为加工说明。对数据处理描述的主要内容有名称、说明、编号、输入数据流、输出数据流、相关数据存储、加工逻辑、备注等。图 5.18 给出了一个数据处理描述示例。

```
数据处理描述
名称：商品浏览
说明：响应用户的商品浏览请求，将商品展示给用户
编号：零级图1.0
输入数据流：商品浏览请求、商品信息
输出数据流：商品情况
相关数据存储：商品信息
加工逻辑：
    连接数据存储商品信息库
    按照用户输入的商品浏览请求查询商品
    If 未查到商品
        显示商品未查到提示信息
    Else
        生成显示结果展现给用户
备注：无
```

图 5.18　加工说明

加工逻辑的说明仅描述数据处理的策略，而不是数据处理的细节。加工逻辑说明可使用自然语言、程序流程图、PDL、判定表、判定树等进行描述，程序流程图和 PDL 详见 5.4.3 节。

1）判定表

在数据处理过程中，往往可能会有多个不同的判断条件，根据这些条件的判断结果而

选择不同的操作(即数据处理方法或过程),此时使用自然语言或程序流程图以及 PDL 表述起来可能不直观,也不够清晰。而判定表就可以清楚地表示复杂的条件组合与对应操作之间的对应关系。

判定表由 4 部分组成,左上部为条件定义,右上部为所有条件取值的组合,左下部为所有可能的操作定义,右下部为各种条件取值下所对应的操作。表 5.2 描述了一个网上商店生成订单时计算总金额的判定表示例。

2) 判定树

判定树是判定表的一种变形,一般情况下比判定表简单,易于理解和使用。图 5.19(a) 就是表 5.2 的一种判定树表示法。针对同一问题,所形成的判定树不是唯一的。对于表 5.2,如果首先判断其购物金额,则判定树的形式将会不同,如图 5.19(b)所示。

表 5.2 判断表

条件		1	2	3	4	5	6	7	8
条件	用户级别	白金	白金	金	金	银	银	普通	普通
	购物金额	≥80元	<80元	≥80元	<80元	≥80元	<80元	≥80元	<80元
操作	7折	√	√						
	7.5折			√	√				
	8折					√	√		
	8.5折							√	√
	免送货费	√		√		√		√	

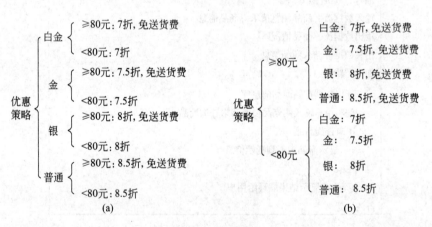

图 5.19 判定树

5. 外部实体

外部实体是系统的用户,其描述内容有名称、说明、输入数据流、输出数据流、备注等。图 5.20 给出了一个数据处理描述示例。

```
外部实体描述
名称：用户
说明：在本网上商店购物的人
输入数据流：商品情况、购买信息、订单情况
输出数据流：商品浏览请求、购买请求、结账信息、用户注册/登录请求、
取消订单请求
备注：系统应给用户划分权限等级及用户级别，不同权限等级的用户其
所能查看到的商品可能是不同的，不同级别的用户所对应的商品价格也
是不同的，级别越高则折扣越多。级别的评定通过在本网站购买商品的
价格以及在本网站浏览商品的时间综合评定而得
```

图 5.20　外部实体描述

5.3.6　软件需求说明书

需求分析的结果将以软件需求说明书形式体现，软件需求说明书的内容、格式等也会根据采用的研究方法或企业而有不同的写法。

软件需求说明书是总结用户需求，进行下一步工作的关键，因此对其内容描述有一定的要求。我国国家标准中规定的软件需求说明书主要包括 4 个部分。

1. 引言

引言包括编写目的、背景、定义、参考资料 4 部分。

（1）编写目的：说明编写本可行性研究报告的目的，并指出预期的读者。

（2）背景：包含三方面内容，所建议开发的软件系统的名称；项目任务的提出者、开发者、用户及实现该软件的计算机网络；该软件系统同其他系统或其他机构的基本往来关系。

（3）定义：列出可行性研究报告中用到的专门术语的定义和外文首字母组词的原词组，即制作一个词汇表，以便阅读本研究报告的各方能在一个统一的语境中进行交流和沟通。

（4）参考资料：列出所使用的参考资料情况。

2. 任务概述

任务概述包括目标、用户的特点、假定和约束 3 个部分。

（1）目标：叙述该项软件开发的意图、应用目标、作用范围以及其他应向读者说明的有关该软件开发的背景材料。解释被开发软件与其他有关软件之间的关系。如果本软件产品是一个独立的软件，而且全部内容自含，则说明这一点。如果所定义的产品是一个更大系统的一个组成部分，则应说明本产品与该系统中其他各组成部分之间的关系，为此可使用一张方框图来说明该系统的组成和本产品同其他各部分的联系和接口。

（2）用户的特点：列出本软件最终用户的特点，充分说明操作人员、维护人员的教育

水平和技术专长,以及本软件的预期使用频度。这些是软件设计工作的重要约束。

(3) 假定和约束:列出进行本软件开发工作的假定和约束,例如经费限制、开发期限等。

3. 需求规定

需求规定包括对功能的规定、对性能的规定、输入输出要求、数据管理能力要求、故障处理要求、其他专门要求 6 个部分。

(1) 对功能的规定:用数据流程图以及状态变迁图,配合数据字典等文字描述,逐项定量和定性地叙述对软件所提出的功能要求,说明输入什么量、经怎样的处理、得到什么输出,说明软件应支持的终端数和应支持的并行操作的用户数。

(2) 对性能的规定:从精度、时间特性要求、灵活性 3 方面进行说明。

(3) 输入输出要求:解释各输入输出数据类型,并逐项说明其媒体、格式、数值范围、精度等。对软件的数据输出及必须标明的控制输出量进行解释并举例,包括对硬拷贝报告(正常结果输出、状态输出及异常输出)以及图形或显示报告的描述。

(4) 数据管理能力要求:说明需要管理的文卷和记录的个数、表和文卷的大小规模,要按可预见的增长对数据及其分量的存储要求做出估算。

(5) 故障处理要求:列出可能的软件、硬件故障以及对各项性能而言所产生的后果和对故障处理的要求。

(6) 其他专门要求:如用户单位对安全保密的要求,对使用方便性的要求,对可维护性、可补充性、易读性、可靠性、运行环境可转换性的特殊要求等。

4. 运行环境规定

运行环境规定包括设备、支持软件、接口、控制 4 个部分。

(1) 设备:列出运行该软件所需要的硬设备。说明其中的新型设备及其专门功能,包括处理器型号及内存容量;外存容量、联机或脱机、媒体及其存储格式,设备的型号及数量;输入及输出设备的型号和数量,联机或脱机;数据通信设备的型号和数量;功能键及其他专用硬件。

(2) 支持软件:列出支持软件,包括要用到的操作系统、编译(或汇编)程序、测试支持软件等。

(3) 接口:说明该软件同其他软件之间的接口、数据通信协议等。

(4) 控制:说明控制该软件运行的方法和控制信号,说明这些控制信号的来源。

5.4 系统设计

经过需求分析阶段,对于系统必须"做什么,不做什么,做到什么程度"已经有了一个清楚的了解,下一步就是要研究如何才能将系统做出来。软件设计是针对需求分析的结果进行的,具体是要解决系统"如何做,如何做得更好"的问题,并为系统实施阶段的各项工作准备好全部必要的技术资料和有关文件。

5.4.1 软件设计概述

软件设计是在需求分析基础上,基于系统的限制和约束条件,为满足功能性需求和非功能性需求,找出关于系统"如何做,如何做得更好"的方法的过程。软件设计的基本目标是使所设计的系统满足系统逻辑方案(即需求分析的结果)所规定的各项功能要求,同时还要满足其非功能性要求,为此需要用比较抽象概括的方式确定新系统如何完成预定的任务,即确定系统的物理模型。系统设计的目标是评价和选择系统设计方案的基本标准。

1. 软件设计重要性

软件设计处于软件工程过程中的技术核心位置,是把需求准确转化为软件系统的唯一途径,是后续开发步骤及软件维护工作的基础,其工作量直接关系到所开发系统的质量和经济效益。设计提供了软件结构的内外表示,使得软件的质量评价成为可能。如果没有设计,则只能建立一个不稳定的体系结构,甚至导致整个项目的失败。

2. 软件设计模型

由于软件设计是在需求分析基础上进行的,因此设计模型应该能从分析模型基础上推导得出。著名软件工程专家 Pressman 给出了一个分析模型与软件设计模型的对应关系。

从技术角度看,设计模型包括数据设计、体系结构设计、接口设计和过程设计 4 个部分。数据设计将创建数据结构以及数据库模式,体系结构设计将划分系统的主要组成部分并定义各部分之间的关系,接口设计负责描述软件内部、软件与外部实体之间通信的方式,过程设计负责将系统内部部件转换成软件的过程性描述。

从管理角度看,软件设计一般包括概要设计(也称为总体设计)和详细设计两个阶段。首先进行的是概要设计,负责将需求转化为体系结构、确定系统级接口、建立全局数据结构或数据库模式;然后在概要设计基础上进行详细设计,通过对软件体系结构进行细化,得到各功能模块的实现算法和局部数据结构。

概要设计主要负责软件体系结构设计和数据设计,详细设计主要负责过程设计,而接口设计在概要设计和详细设计阶段都存在,只是层次有所区别。

5.4.2 软件设计原则

为了使所设计出的系统能满足系统设计的目标,软件系统设计一般应遵循一些基本原则,包括指导性原则和操作性原则。

指导性原则主要包括以用户为中心、适用性、简单性、完整性、一致性、高质量、复用性等原则。

(1) 以用户为中心:强调设计过程中用户的主导作用,所设计的系统必须满足用户的需求,需要用户的参与、理解与支持等。

(2) 适用性:所设计的系统应当能在合适的时间和地点,以合适的方式向合适的人提供合适的信息。

(3) 简单性：所设计的系统应在保证功能完整的情况下尽量简单。

(4) 完整性：所设计的系统为用户提供的功能必须完整。

(5) 一致性：所设计的系统应是一个统一的整体，应采用统一的设计方法、规范和标准，使其设计风格看起来像是一个人完成的一样。

(6) 高质量：所设计的系统应具有高质量，主要针对非功能需求而言，包括可靠性、可用性、有效性、可维护性和可移植性等。

(7) 复用性：复用就是重复使用现有的资源以便快速高效地进行系统开发。目前世界上已有的代码非常多，很多功能都被做成可复用的形式，并且开源软件、开发模式、设计模型有很多，因此开发一个系统，不必要再重复设计已经有的一些东西。软件开发过程中可复用的资源有很多，如项目计划、体系结构、需求和设计模型、程序（源代码或模块）、用户界面、测试用例等。但复用也会产生很多问题，因为复用是建立在"在一个软件出错前，一直将其视为正确的"这一个前提基础上的，而软件中的很多错误可能会随着条件的变化而出现，如阿丽亚娜5型火箭失败的一个原因就是复用了成功发射的阿丽亚娜4型火箭的软件。复用性包括两个互补的原则，一是设计出可被复用的资源，提高所设计结果的可重用性，使得所设计的结果能够在本项目的其他位置，甚至在其他项目中得到重用；二是尽可能重用现有的资源进行软件的设计，如在设计体系结构时可复用现有的体系结构风格。

操作性原则主要包括模块化、抽象、信息隐藏、模块独立性等原则。

1. 模块化

实践表明，当把一个复杂问题分解为多个子问题进行求解时，其问题的复杂度和解决问题的难度都会降低。因此对于规模较大的系统，通常人们都会将其分解为若干小的部分加以解决，这些小的部分就是模块，每个模块都可以完成一个特定的子功能，这些模块按照一定的方式组合起来可成为一个整体——系统。

模块化就是指如何将一个复杂系统按照自顶向下、逐层细化原则分解为若干模块的过程。每个模块可能又被细化为若干子模块，而子模块又可能被细化为若干更小的子模块。模块化具有很多优点，一方面降低了系统的复杂性和难度，另一方面这些模块可以交由不同的开发人员进行并行开发，从而加快系统进度，提高软件生产率。

在模块化的过程中，需要注意以下问题：

(1) 要掌握好模块划分的粒度。虽然理论上问题分解得越小，其复杂性和难度就越低，但随着模块数量的增加，模块之间的联系数量也将增加，将这些模块组装起来形成一个完整系统的工作量也随之增加，因此应掌握好模块划分的粒度，避免过多或过少。

(2) 如何进行模块的划分。如何划分模块，以便可以更好地理解、组装模块，在模块化过程中也是非常关键的问题，因此在模块划分过程中要考虑以下特性：

① 可组装性：可利用已有模块组装成新系统，即模块是可复用的。

② 可理解性：对一个模块的理解不用或较少参考其他的模块。

③ 连续性：对软件需求的小的变更仅导致个别模块的修改，而并不波及整个系统。
④ 模块保护：如果一个模块内出现异常情况，其影响范围仅局限在该模块内部。
⑤ 独立性：完成独立的功能，并与其他模块之间的联系最少。

2. 抽象

抽象是人类在解决复杂问题时经常采用的一种思维方式，就是把事物本质的共同特征提取出来而忽略其他细节。在软件设计过程中运用抽象原则，可将复杂问题分解为不同的抽象层次进行求解。在进行模块化时，可以有不同的抽象层次，其抽象层次随着从概要设计到详细设计而逐步降低。例如逻辑模型就是物理模型的一种抽象，使得人们只关注于逻辑问题而忽略具体的细节。

3. 信息隐藏

信息隐藏指的是一个模块内的数据和实现细节对于其他模块来说是不可见的，即模块中所包含的信息对于其他模块来说是不能访问的。典型的信息隐藏就是 C 语言函数中的局部变量，其他程序或函数无法访问该局部变量，如果想要获得该局部变量的值只能通过函数调用返回值的方式。

4. 模块独立性

模块独立性是指每个模块仅完成独立的功能，并且与其他模块之间的联系最少且接口最简单。功能独立是模块化、抽象和信息隐蔽的结果，模块的独立程度是衡量设计优劣的重要标准。1978 年 Meyer 提出了衡量模块独立性的两个重要指标：内聚和耦合。

1）内聚

内聚用来度量模块内部各元素之间联系的紧密程度。模块内部各元素之间联系越紧密，其内聚程度越高。内聚程度越高的模块，其独立性越强。内聚又分为很多种，按照由高到低排列为功能内聚、顺序内聚、通信内聚、过程内聚、时间内聚、实用程序内聚、偶然内聚。

(1) 功能内聚：模块只执行单一的功能，返回计算结果，并且不对环境产生影响，即无副作用，如计算数学函数的模块。功能内聚是最好的一种模块，原因是其功能单一，可以很容易理解；而且由于该模块无副作用，因此可以很容易地进行替换和重用。

(2) 顺序内聚：模块内各元素按一定顺序执行，并且前一个元素的输出是下一个元素的输入。这种内聚形式，模块内各元素之间既存在控制关系（按一定顺序执行），也存在数据联系（前一个元素的输出是下一个元素的输入）。

(3) 通信内聚：模块内各元素都访问或操作同一组数据。例如将访问或操作"用户信息"的所有元素都放进某一模块中，这个模块就是通信内聚。通信内聚的好处是当需要对数据进行修改时，可以在同一模块内找到操作该数据的所有元素。

(4) 过程内聚：模块内各元素按一定顺序执行，但前一个元素的输出不一定是下一个元素的输入，即各元素之间只有控制关系而没有数据联系。过程内聚的缺点是各元素可能加工不同的数据对象，一旦出现故障，将很难判断故障原因。

（5）时间内聚：模块内各元素都在同一时间段内完成工作，各元素之间可能既无控制关系也无数据联系，仅仅时间相关，例如系统启动、初始化或系统终止时所进行的操作。时间内聚的缺点是模块内结合了许多相互之间毫无关系的任务，一旦失败，将难以确定其中哪个或哪几个任务失效。

（6）实用程序内聚：模块内各元素所执行的任务相同、相似、相近或相关，例如 C 语言中的 stdio.h，将一些标准的输入输出函数放入其中，方便用户使用。

（7）偶然内聚：模块内各元素之间没有任何联系。虽然偶然内聚是最不好的一种内聚形式，有时也是有必要的，例如很多软件需要将帮助、更新、关于、注册等相互无关的操作整合到"帮助"模块内。

2）耦合

耦合用来度量模块间联系的紧密程度。耦合程度取决于模块之间接口的复杂程度、调用方式以及接口中信息的形式等，耦合程度越低越好。一般使用松和紧来表示耦合程度的高低，耦合程度高称为紧耦合，耦合程度低成为松耦合。耦合又分为多种，按照耦合程度由低到高排序依次为非直接耦合、数据耦合、标记耦合、控制耦合、外部耦合、公共耦合、内容耦合。

（1）非直接耦合：两个模块之间无任何关系，因此没有直接耦合发生。这是最好的一种耦合形式，但是如果仅有这种耦合形式，则可能无法将各模块整合成为一个完整的系统。

（2）数据耦合：一个模块的输出作为另一个模块的输入，所有的输入输出都通过参数（如函数中的参数）传递，并且所传递的参数的数据类型都是原始数据类型（如整型、字符型等）。

（3）标记耦合：一个模块的输出作为另一个模块的输入，所有的输入输出都通过参数传递，但所传递的参数的数据类型是数据结构（如 C 语言中的结构体）而不是原始数据类型。

（4）控制耦合：一个模块通过参数向另一个模块传递控制标记，以控制另一个模块的执行逻辑。

（5）外部耦合：模块对外部环境，如操作系统、数据库、硬件设备等有依赖关系。

（6）公共耦合：模块间使用公共环境（如全局数据）进行关联，这种耦合程度较高，应尽量避免使用。

（7）内容耦合：一个模块直接进入另一个模块中存取其数据或使用其服务，在 GBT 11457—2006《信息技术 软件工程术语》中定义为一个模块的部分或全部内容包含在另一个模块中。这是最不好的一种耦合，应杜绝这种耦合。

3）降耦

降耦就是降低模块之间的耦合程度。耦合程度越高，一个模块与其他模块之间的联系越紧密，则对该模块的改动将可能影响到所有与其有关联的其他模块，造成修改困难。耦合度高的模块复用起来也比较麻烦，因为可能需要将所有与其相关的模块全部包装进来才可以。因此松耦合也是模块化追求的目标。一般来说，内聚程度越高的模块其耦合度越低,因此应尽可能设计出高内聚的模块以降低模块间的耦合程度,但也不是绝对的。为更好地设计出合理的模块,需要了解和掌握一些常用的模块降耦方法。

(1) 标记耦合的降耦。一般情况下,可将标记耦合转换为数据耦合从而实现降耦。例 5.9 和例 5.10 中,将"计算送货费"处理设计为一个模块,如果其他模块将该用户的所有购物情况作为一个数据结构传递给这个模块,就是标记耦合,而实际上该模块仅使用购物金额、用户等级两个简单参数即可,因此如果将其改为仅传递这两个参数,就可将其降耦为数据耦合。但如果两个模块之间所传递的参数比较多,则不必降耦,使用标记耦合可能比使用数据耦合更好一些。

(2) 控制耦合的降耦。控制耦合一般可以通过将控制标记上移到上级模块从而实现降耦。如图 5.21(a)所示,模块 A 和 B 之间存在控制耦合,通过将控制标记上移至模块 A 中,从而实现了降耦,如图 5.21(b)所示。

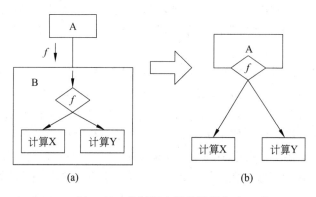

图 5.21 控制耦合及其降耦方法

(3) 外部耦合的降耦。外部耦合有时无法避免,此时应尽量减少对外部环境有依赖关系的代码量,或者采用分层的方法降低耦合度,如在数据库应用中采用了 ODBC 存取数据库,降低了程序和某一种数据库管理系统的依赖程度。

(4) 公共耦合的降耦。公共耦合有时也是无法避免的,如 Word 软件中各模块所操作的数据基本都属于全局数据。对于无法避免的公共耦合,可以基于信息隐藏的原则降低其耦合程度,也可以采用分层方法,在全局数据区上增加一个数据处理层,该数据处理层属于通信内聚,将所有针对该全局数据区的部件集中到一起,其他模块都将通过调用数据处理层中的部件完成对数据的操作,从而降低耦合度,如图 5.22 所示。这种分层降低耦合度的方法广泛应用于现代软件体系结构的设计过程中。

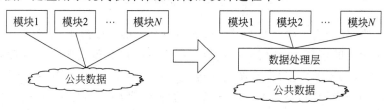

图 5.22 使用分层方法降耦

5.4.3 结构化设计方法

结构化设计方法对应结构化需求分析方法,其基本思想是将软件设计成由相对独立、功能单一的模块组成的结构。

1. 概要设计方法

概要设计主要进行软件体系结构设计和数据设计,设计的结果将形成概要设计文档。软件体系结构设计主要设计根据需求分析阶段所生成的数据流程图,进一步划分为模块以及模块的层次结构,并确定模块之间的接口。

数据设计将主要根据需求分析阶段所建立的 E-R 图以及数据字典,设计出系统的公共数据结构以及数据库逻辑结构,此部分内容可参见第 3 章相关内容。

体系结构在英文中是建筑的意思,可把软件系统比做一座楼房,软件的各部分之间要具有一定的组织结构,才能更好地组合在一起。所有软件都有体系结构,体系结构的设计要遵循软件设计的基本原则。

软件体系结构可使用结构图进行描述。在结构图中,模块之间的关系只有上、下属关系。结构图是分层的,最上层的是顶层模块,一般是系统,各层的每个模块都可能拥有下层的若干个模块作为其下属模块,每个模块与其下属模块之间存在着调用关系,即上层模块控制下层的下属模块。模块使用矩形表示,在矩形中标明模块的名称,模块与其下属模块之间使用直线相连接。上级模块调用下属模块时来回传递的数据使用带数据名的短箭头表示,箭头所指模块为接收该数据的模块,箭尾所对模块为输出数据模块(如图 5.23(a),表示模块 A 调用模块 B,调用数据为 x,返回数据为 y)。结构图还可以表示模块之间的控制关系,主要有以下几种。

(1) 选择。图 5.23(b)表示当模块 A 中判断条件为真时调用模块 B,否则调用模块 C。图 5.23(c)表示当模块 A 中判断条件为真时调用模块 B,而调用模块 C 与判断条件无关。

(2) 循环。图 5.23(d)表示模块 A 循环调用模块 B、C,调用顺序为由左至右。

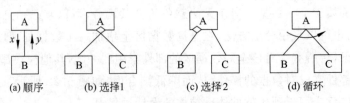

图 5.23 结构图中的模块关系

在结构图中,使用扇出表示每个模块包含多少个直接下属模块,使用扇入表示每个模块的直接上级模块的数量,从顶层模块到最底层模块的层数就是层次图的深度。每个模块扇出、扇入的数量不能太多,层次图的深度也不能太深。5.3.3 节中提到的 7±2 规则在画结构图时同样适用,即每个模块扇出、扇入的数量最好不超过 9 个,而层次图的深度也最好不超过 9 层。

由于结构图中既表达了模块之间的控制关系,又表达了模块之间的数据传递关系,当模块间数据传递比较多时,绘制起来比较繁琐,而且也不利于阅读和理解,因此常常将其简化,变成层次图。层次图,也称为功能模块图,是一种描述系统所包含的模块以及模块之间层次关系的图形,由于去掉了结构图中描述模块间数据传递和控制关系的元素,因此比结构图简单。在层次图中,同样使用矩形表示模块,在矩形中标明模块的名称,上、下属模块之间使用直线相连接。

体系结构是基于数据流程图推导得出的,因此本部分主要讨论通过数据流程图推导出结构图的方法。

1) 一一对应法

对于系统功能简单,数据流程图也不复杂的情况,可采用一一对应法将数据流程图变换为层次图,变换方法如图 5.24 所示。

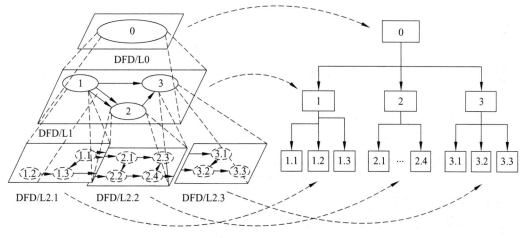

图 5.24 一一对应法示意图

① 每个分层的数据流程图转换为结构图中的一个层次。
② 每个数据流程图中的数据处理变换为结构图中一个模块。
③ 结构图中模块的上、下属关系由数据流程图中子图与父图对应的数据处理的关系推导得出。
④ 最后按照设计原则优化结构图。

图 5.25 就是使用一一对应法针对 5.3 节中例 5.2 至例 5.5 的数据流程图所变换出的层次图。

一一对应法仅仅适用于数据流程图比较简单的情况,或者用于主要上层模块的设计,对于其他相对复杂的数据流程图的细节图,还要使用其他方法进行设计。

数据流程图主要描述了数据流是如何从输入变换为输出的,数据流从输入到输出的一连串的变换就形成了一个数据流动的过程。在数据流程图中,这种数据流动的过程主要分成两种类型:变换流和事务流。针对这两种情况,从数据流程图生成结构图的方式也会有所不同。

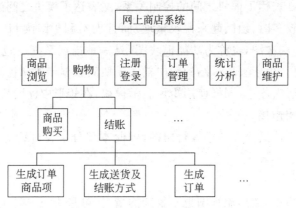

图 5.25 网上商店层次图

2) 基于变换流法

变换流中外部数据进入系统（或模块），变换为内部表示，经过一系列数据处理，最后变换成外部数据，形成输出数据离开系统（或模块）。具有变换流特征的数据流程图可以推导出上层协调模块及其直接下属输入、变换和输出模块 4 个模块。协调模块负责对下属模块的调度。

基于变换流的设计过程如下。

① 首先识别出变换中心，在其两侧就是输入流和输出流，据此生成结构图的上两层：上层协调模块，下层输入、变换和输出模块。

② 将输入流、输出流和变换中心各自所包含的数据处理转换为模块，形成输入、变换和输出模块的下属模块。

③ 最后按照设计原则优化结构图。

基于变换流的设计过程如图 5.26(a)所示。在基于变换流的设计方法中，对输入流

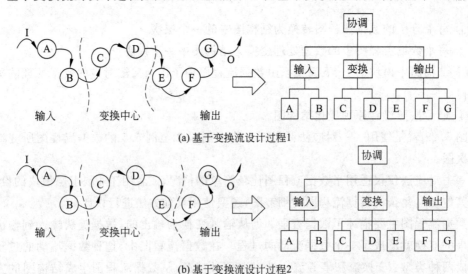

(a) 基于变换流设计过程1

(b) 基于变换流设计过程2

图 5.26 基于变换流法示意图

和输出流的划分是十分关键的,但是这种划分并没有一个统一量化的标准,完全凭借设计人员的经验和能力,因此不同的设计人员所划分的结果可能不同,这将导致所设计出系统的体系结构可能不同。图 5.26(b)就是针对图 5.26(a)左侧采用另一种变换中心划分方法后形成体系结构的过程。

3) 基于事务流法

实际上,数据流程图中所描述的就是数据流的变换情况,所以一般来说使用前两种方法就可以解决了。但是如果出现如图 5.27 所示的情况,则使用前两种方法所设计的体系结构可能并不理想。在该图中,外部数据进入系统(或模块)后,变换为内部数据并到达某个数据处理(如图 5.27 中的数据处理 C),该数据处理根据数据的具体情况,选择多条处理路径中的一条对该数据进行变换,从而形成不同的输出数据离开系统(或模块)。这种数据流程图就具有事务流特征,而该数据处理就是事务中心,其输入为输入流,输出为若干条输出流。具有事务流特征的数据流程图可以推导出上层协调模块及其直接下属输入、调度 3 个模块,而调度模块又包含若干个输出模块为其下属,其数量为输出流的数量,协调模块负责对下属模块的调度。基于事务流的设计过程如下。

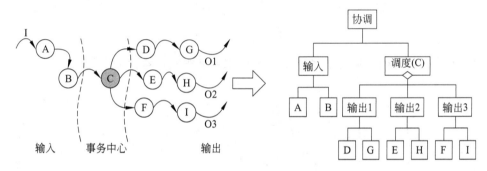

图 5.27 基于事务流法示意图

(1) 首先识别事务中心,在其两侧就是输入流和多个输出流,据此生成结构图的上两层:上层协调模块,下层输入、调度模块。在识别事务中心时一定要注意,不是所有形如 5.27 的数据流程图都具有事务流特征,而是要看其中的数据处理是否会根据不同情况选择多条路径中的一条执行,如果该数据处理本身就产生多个输出数据给其他的数据处理、数据存储或外部实体,则该数据处理就不是事务中心。因此对事务中心的识别除了要参考数据流程图外,可能还要在数据字典的配合下才可以。

(2) 针对输入流,根据其具体特征,采用一一对应法、变换流法或事务流法迭代生成输入模块的下属模块。

(3) 针对输出流,由于输出流有多条,因此首先要识别出每条输出流,再将每条输出流生成一个模块,作为调度模块的下属模块。

(4) 针对每条输出流,根据其具体特征,采用一一对应法、变换流法或事务流法迭代生成对应输出信息流模块的下属模块。

(5) 最后按照设计原则优化结构图。

图 5.27 是一个简单的事务流生成结构图的示例。

2. 详细设计方法

详细设计主要进行的就是过程设计以及细粒度的接口设计,其设计成果会形成详细设计文档。

通过概要设计,得出了系统所包含的模块以及模块之间的接口关系,还要通过过程设计进一步设计出每个模块的内部实现逻辑,从而更好地指导程序的开发工作。

过程设计的关键是找出一种能够描述模块内部实现逻辑的合适的表达方式,目前所使用的方法主要有程序流程图、PDL 语言、判定树、判定表等。

1) 程序流程图

程序流程图,又称为程序框图,是历史最久、流行最广的一种描述程序逻辑的方法,是详细设计中最广泛使用的工具。程序流程图中主要包含 4 种基本元素:开始/结束、处理、判断、控制流。各元素的图例如图 5.28 所示。

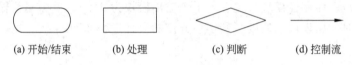

图 5.28　程序流程图中的元素

使用这 4 种元素,可描述出多种程序逻辑,各执行逻辑的描述方法如图 5.29 所示。

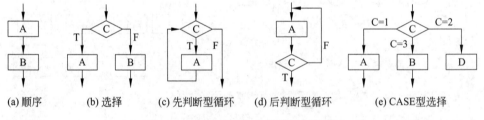

图 5.29　程序流程图表示的控制流程

2) PDL 语言

PDL(Procedure Description Language)即过程设计语言,是一种描述程序逻辑的伪代码,其描述方式为使用结构化程序设计语法,由表达选择、循环等程序控制逻辑的英文关键词以及本地语言组成。例如描述网上商店登录流程的 PDL 伪代码如下:

```
接收用户名、密码
根据用户名、密码生成到用户信息表中查询用户是否存在的 SQL 语句
连接数据库
执行 SQL 语句获得返回数据集
If 返回数据集为空 then
    提示输入用户名或密码错误,并转到注册页面
Else
    转到主页面,等待用户操作
Endif
```

3. 界面设计

1) 界面设计概述

界面设计也称为人机交互设计,指人与计算机系统进行交互的通信媒体和手段,在现代软件工程中占有非常重要的地位。随着计算机硬件及软件技术的飞速发展,对计算机的使用已经从人被迫适应计算机的限制,逐渐转变到计算机应适应人的需求。早期的计算机与人的交互受到各种因素的限制,人们不能很好地使用计算机,而随着鼠标及图形化界面的兴起,现在人们可以用更加直观、简便的方式使用计算机。对于大多数软件用户来说,软件的界面就反映了系统的全部,因为用户只能通过界面去使用系统所提供的各项功能或服务,因此界面设计的优劣将直接影响用户对系统的使用,直接影响软件的可用性程度。对功能相同的软件,用户界面好的就会比差的更容易得到用户的认可和接受,因此用户界面的优劣是关系到项目成败的关键因素之一。有大量的项目因没有让用户充分参与界面设计而失败,目前人机交互界面设计占整个系统设计过程的比重已经提高到40%~60%。

界面设计主要完成3项工作:

① 设计交互方式和界面总体结构。交互方式主要设计采用何种手段与用户交互。目前界面主要有单文档界面和多文档界面两种结构,因此在界面设计中要确定具体采用哪种界面结构。

② 设计界面的风格。界面的风格一般指界面的布局方式(即各个界面元素在界面上的摆放方式,如按钮如何摆放等)、界面的色彩搭配方式、所采用的字体和字号大小等。

③ 设计界面之间的转换关系。在很多系统中,界面之间的转换关系在很大程度上体现了系统的工作流程,因此界面之间转换关系的设计在整个系统设计中也占有非常重要的地位。界面之间的转换关系一般根据功能模型和行为模型进行设计。第5章网上购物系统示例的购物过程中的一个界面转换关系如图5.30所示。

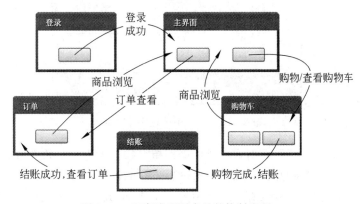

图5.30 程序流程图表示的控制流程

2) 界面设计原则

软件是为用户服务的,界面设计应以用户为中心进行,并遵循一些良好的界面设计原则。

很多软件工程领域的专家学者提出了不同的界面设计原则，例如 Theo Mandel 提出了界面设计的 3 大"黄金规则"：置用户于控制之下；减少用户的记忆负担；保持界面一致。Timothy C. Lethbridge 和 Robert Laganiere 在其《面向对象软件工程》中提出了界面设计的 12 条可用性原则，Ben Shneiderman 总结出适用于大多数交互式系统的 8 条基本设计原则，将其称为"黄金规则"，并被广泛引用。这 8 大黄金原则为：尽量保持一致性；为老用户提供快捷键；提供有效反馈；设计完整的对话过程；提供简单的错误处理机制；允许撤销动作；提供内部的控制轨迹；减轻短期记忆负担。还有很多专家学者或者企业总结了很多界面设计的原则。现将其中的一些原则说明如下。

(1) 尽量保持一致性。

尽量保持功能一致性。例如在 Word 中选择"文件"→"打印"命令调用打印功能，会弹出一个打印对话框，而通过单击工具栏中的"打印"图标，则不会弹出该打印对话框，而是直接将文档内容发送到打印机进行打印，这就是功能不一致。

与习惯或约定俗成的界面保持一致。在 Word 中的字体格式对话框，如图 5.31 所示，其"效果"一栏中使用的都是复选框，但是有些选项只能是单选的，如"上标"和"下标"只能选一个，因此这部分内容就与习惯不一致。但是，对 Word 来说，这么做比其他方式要更简洁、美观。

图 5.31　Word 中设置字体对话框

一个软件本身的全部界面格式和风格应保持一致。因为一个软件可能由多个人或者团队开发完成，如果不同的人或团队所设计的界面都有各自不同的风格，则整个软件就不像是一个整体，显得杂乱。例如图 5.32 中的 4 个界面，每个界面中按钮的位置和排放方式都不相同，所以其风格不一致。

(2) 建立防护盾。对破坏性命令或功能选项进行确认，并且默认选项应该放在安全的按钮上。如图 5.33 所示，"否"或"取消"按钮是安全选项。

(3) 布局合理。布局要整洁有序，条理清晰，并符合人的视觉流程，一般人们的视觉

图 5.32　按钮摆放位置不一致示意图

(a) 提示(1)　　　　　　　　　　(b) 提示(2)

图 5.33　防护盾示意图

流程遵循从上到下、从左至右的习惯,因此界面中各元素的布局也要符合这种习惯。布局合理还要注意窗体中各元素的排列位置及排列方式,应饱满并保持平衡,不能某部分紧凑而另一部分宽松。

(4) 设计合理的交互过程。

设计合适的反馈方式。一般软件的反馈方式有两种:模态反馈和无模态反馈。模态反馈要求用户必须处理反馈信息后才能继续进行操作,如在 Word 中查看"字数统计",会弹出一个字数统计对话框,必须关闭该对话框才能继续进行编辑操作。而无模态反馈指用户无须对反馈信息进行处理即可继续进行操作,如在 Word 的状态栏中可随时查看当前页、行及列的信息。

提供简单的错误处理机制,在输入有误时向用户提供错误的原因等。例如在 Word 中有拼写和语法检查功能,当认为用户输入有误时会提醒。

(5) 为不同的用户或功能提供不同的界面服务。目前很多软件强调个性化服务,用户可以根据其喜好自行设定界面的风格,如很多免费邮箱都提供不同的风格,用户可以选择自己喜欢的风格。

(6) 合理应用各种界面控件元素。界面控件是组成界面的基础,Donald Norman 提供了两项确保人机交互友好性的关键原则:可视性和可供性。可视性指所有控件必须是可见的,并且提供反馈信息指示控件对用户动作的响应;可供性指所有控件的外观都应该体现和反映控件所实现的功能,并反映控件的使用方式。因此合理地使用界面控件来进行界面设计是非常重要的。

(7) 简单易懂,操作方便,提供帮助。可通过不同的光标或鼠标形状进行提示,如在浏览网页时，一般情况下当鼠标的形状变成 🖑 时表示这是一个超链接。

（8）合理应用多媒体元素。对色彩、动画及声音等的应用要与内容相关，否则会喧宾夺主，影响用户的正常操作。对色彩的应用要注意以下两点，第一是应按照统一的风格选择界面主色调，这涉及尽量保证风格一致性的问题；第二是应注意前景色和背景色的搭配，因为不同颜色的文字在不同背景下清晰程度不同，如果搭配不当，很容易看不清楚或产生视觉疲劳。同时一个界面上的色彩不要太多，否则也容易产生视觉疲劳，这里 7±2 规则同样适用（即一个界面上的色彩数量不要超过 9 种）。在有些情况下，系统可能生成各种统计图表，这些图表显示时可能是彩色的，但一旦使用黑白打印机输出时则会变成如图 5.34(a)所示情况，此时对于得分、篮板和助攻情况的统计根本无法分辨，因此需要改进，在每种统计图中使用不同的填充方式进行图形填充，如图 5.34(b)所示，则可清楚地分辨各种情况。

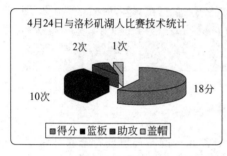 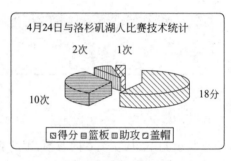

(a) 不合理的色彩搭配　　　　　　　　　(b) 合理的色彩搭配

图 5.34　色彩使用示意图

5.4.4　软件设计文档

软件设计的结果将以软件设计文档的形式体现，软件设计文档的内容、格式等也会根据采用的研究方法或企业而有不同的写法。我国制定的国家标准中将软件设计文档分成了三个文档：数据库设计说明书、概要设计说明书和详细设计说明书。

1．数据库设计说明书

数据库设计说明书主要用于对数据设计的结果之一数据库进行说明，包括引言、外部设计、结构设计和运用设计 4 部分内容。

2．概要设计说明书

对概要设计的结果进行说明，包括 6 部分。

（1）引言包括编写目的、背景、定义、参考资料 4 部分。

（2）总体设计包括 7 个部分。

① 需求规定，说明对本系统主要的输入输出项目、处理的功能性能要求，引自软件需求说明书。

② 运行环境,简要地说明对本系统运行环境(包括硬件环境和支持环境)的规定,引自软件需求说明书。

③ 基本设计概念和处理流程,说明本系统的基本设计概念和处理流程,尽量使用图表的形式。

④ 结构,用一览表及框图的形式说明本系统的系统元素(各层模块、子程序、公用程序等)的划分,扼要说明每个系统元素的标识符和功能,分层次地给出各元素之间的控制与被控制关系。

⑤ 功能需求与程序的关系,使用表格方式说明各项功能需求的实现同各块程序的分配关系。

⑥ 人工处理过程,说明在本软件系统的工作过程中不得不包含的人工处理过程(如果有的话)。

⑦ 尚未解决的问题,说明在概要设计过程中尚未解决而设计者认为在系统完成之前必须解决的各个问题。

(3) 接口设计包括用户接口、外部接口和内部接口 3 部分。

用户接口,说明将向用户提供的命令和它们的语法结构,以及软件的应答信息。外部接口,说明本系统同外界的所有接口的安排,包括软件与硬件之间的接口、本系统与各支持软件之间的接口关系。内部接口,说明本系统之内各个系统元素之间接口的安排。

(4) 运行设计包括运行模块组合、运行控制、运行时间 3 部分。

运行模块组合,说明对系统施加不同的外界运行控制时所引起的各种不同运行模块的组合,说明每种运行所历经的内部模块和支持软件。运行控制,说明每一种外界运行控制的方式方法和操作步骤。运行时间,说明每种运行模块组合将占用各种资源的时间。

(5) 系统数据结构设计包括 3 个部分。

逻辑结构设计要点,给出本系统内所使用的每个数据结构的名称、标识符以及它们之中每个数据项、记录、文件的标识、定义、长度及它们之间的层次或表格的相互关系。物理结构设计要点,给出本系统内所使用的每个数据结构中每个数据项的存储要求、访问方法、存取单位、存取的物理关系(索引、设备、存储区域)、设计考虑和保密条件。数据结构与程序的关系,说明各个数据结构与访问这些数据结构的形式。

(6) 系统出错处理设计包括出错信息、补救措施、系统维护设计 3 部分。

出错信息,用一览表的方式说明每种可能的错误或故障情况出现时,系统输出信息的形式、含义及处理方法。补救措施,说明故障出现后可能采取的变通措施。系统维护设计,说明为了系统维护的方便而在程序内部设计中做出的安排,包括在程序中专门安排用于系统检查与维护的检测点和专用模块。各个程序之间的对应关系,可采用矩阵图的形式描述。

3. 详细设计说明书

详细设计说明书对详细设计的结果进行说明,包括 3 部分。

(1) 引言:包括编写目的、背景、定义、参考资料 4 部分。

(2) 程序系统的结构:用一系列图表列出本系统内的每个程序(包括每个模块和子程序)的名称、标识符和它们之间的层次结构关系。

(3) 程序(标识符)设计说明：逐个地给出各个层次中每个程序的设计考虑。以下给出的提纲是针对一般情况的。对于一个具体的模块，尤其是层次比较低的模块或子程序，其很多条目的内容往往与它所隶属的上一层模块的对应条目的内容相同，在这种情况下，只要简单地说明这一点即可。

程序描述，给出对该程序的简要描述，主要说明安排设计本程序的目的意义，并且还要说明本程序的特点(如是常驻内存还是非常驻，是否子程序，是可重用的还是不可重用的，有无覆盖要求，是顺序处理还是并发处理等)。功能，说明该程序应具有的功能，可采用 IPO(输入—处理—输出)图的形式描述。性能，说明对该程序的全部性能要求，包括对精度、灵活性和时间特性的要求。输入项，给出对每一个输入项的特性，包括名称、标识、数据的类型和格式、数据值的有效范围、输入的方式、数量和频度、输入媒体、输入数据的来源和安全保密条件等。输出项，给出每一个输出项的特性，包括名称、标识、数据的类型和格式，数据值的有效范围，输出的形式、数量和频度、输出媒体、对输出图形及符号的说明、安全保密条件等。算法，详细说明本程序所选用的算法，具体的计算公式和计算步骤。流程逻辑，用图表(如流程图、判定表等)辅以必要的说明来表示本程序的逻辑流程。接口，用图的形式说明本程序所隶属的上一层模块及隶属于本程序的下一层模块、子程序，说明参数赋值和调用方式，说明与本程序直接关联的数据结构(数据库、数据文件)。存储分配，根据需要说明本程序的存储分配。注释设计，说明准备在本程序中安排的注释，如加在模块首部的注释；加在各分枝点处的注释；对各变量的功能、范围、默认条件等所加的注释；对使用的逻辑所加的注释等。限制条件，说明本程序运行中所受到的限制条件。测试计划，说明对本程序进行单体测试的计划，包括对测试的技术要求、输入数据、预期结果、进度安排、人员职责、设备条件驱动程序及模块等的规定。尚未解决的问题，说明在本程序的设计中尚未解决而设计者认为在软件完成之前应解决的问题。

5.5 系统测试与维护

经过需求分析、系统设计并最终通过编写程序完成系统的开发工作后，所形成的系统并不能直接交付给用户使用，因为无论在此过程中多么认真仔细、经过多少道评审工作，都不可避免地会产生各种各样的错误，因此在把软件真正交付给用户使用之前，还需要仔细地验证系统是否能够按照用户的需求运行，其中常用的，也是最重要的手段之一就是测试。而一旦将软件交付给用户使用以后，并不是万事大吉了，开发工作并没有结束，因为可能还有很多错误在测试阶段并没有体现出来，也可能用户的需求发生了变化，还可能软件的应用环境发生了变化，因此还需要对软件进行维护，以使软件可以正常运行。

5.5.1 软件测试概述

1. 测试概念及目的

测试是为了验证软件是否满足用户的需求而执行程序的过程。测试的目的不是为了证明所开发出的系统是正确的，而是为了发现系统中存在的问题。一般情况下，将测试所发现的问题统称为错误。测试的结果并不能证明软件的正确性,如果测试未发现问题,则其结论只能是"经过测试,未发现问题",而不是"经过测试,证明该软件是正确的"。Grenford J. Myers 提出了有关测试目的的观点:测试是程序的执行过程,目的在于发现错误;一个好的测试用例在于能发现至今未发现的错误;一个成功的测试是发现了至今未发现的错误的测试。而 Bill Hetzel 指出"测试的目的不仅仅是为了发现软件缺陷与错误,而且也是对软件质量进行度量和评估"。测试不能够表明软件不存在错误,测试只能说明软件中存在错误。

2. 测试的重要性

系统的开发目标就是满足用户的需求,软件工程强调以质量为核心,而软件测试是保证软件是否满足用户需求以及保证软件质量的关键步骤,是对需求、设计和编码的最后审查。因测试工作不彻底而导致项目失败的案例也有很多,如 1963 年美国飞往火星的火箭爆炸,损失惨重,其主要原因就是 FORTRAN 语言中的循环语句"DO 5 I=1,3"被误写为"DO 5 I=1.3"。测试在现代软件开发中的作用非常显著,已经得到了众多软件工程领域研究者和企业的重视,为更好地进行测试工作,企业往往会安排大量的测试人员,甚至远远超过开发人员的数量。

3. 测试内容和原则

测试是为了验证系统是否满足用户的需求,因此主要从两个方面进行测试:一是进行功能测试,测试系统的功能是否满足功能性需求的要求;二是进行性能测试,测试系统的性能是否满足非功能性需求。

为更好地进行测试,一般遵循以下测试原则。

(1) 设计合理的测试用例。测试用例是为测试软件的某项功能性或非功能性指标而编写的一种测试方案,由输入数据以及预期结果组成,将程序执行结果与预期结果相对比,判断程序是否存在错误。为了能以最少的时间及人力找出最多的系统错误,应设计出合理的测试用例。合理的测试用例应该满足两项要求:为了有效地测试,必须采取能够尽可能多地发现错误的测试用例;为了高效地测试,必须用尽可能少的测试用例发现尽可能多的错误。

(2) 尽早地开展测试工作。测试工作并不是在编码结束之后才开始的,应该贯穿软件开发过程的始终。实际上,在编写软件需求说明书时就应该针对用户的需求编写测试计划,而在国标的详细设计说明书中也针对每个程序制定了一套测试计划。越早进行测试工作,就可能越早发现错误,对错误修复的代价就越小。

(3) 采用第三方进行测试。测试不应由程序开发者本身进行,而应交由第三方进行测试。因为程序开发者局限于其思维逻辑中,可能无法发现自己程序设计中的错误所在,所谓"不识庐山真面目,只缘身在此山中"。

(4) 充分利用 Pareto 原则。Pareto 原则指出"测试所发现错误中的 80% 可能源于程序的 20%",也有人将其总结为错误群集现象,因此对那些问题较多的模块应重点测试,因为若该部分程序已发现的错误较多,则可能尚未发现的错误也很多。

(5)重视回归测试。回归测试指对发现错误并进行修改后的部分重新进行测试。虽然针对发现的错误进行了修改,但可能存在尚未发现的错误,修改编码本身也可能产生错误,甚至由于修改部分代码而引入其他错误,因此必须对这部分进行重新测试。

5.5.2 软件测试方法

测试工作能否取得成功,很大程度上取决于测试用例设计的是否合理,而测试用例的设计主要依赖于所采用的测试方法。目前主要有两种软件测试方法:白盒测试与黑盒测试。

1. 白盒测试

白盒测试又称玻璃盒测试、结构测试。如果接受测试的模块其内部实现逻辑对测试人员是可见的,测试用例完全根据该模块的实现代码导出,这种测试方法就是白盒测试。由于程序中存在诸如 if、case 等分支条件所引导的分支语句,以及由 while、for 等循环条件引导的循环语句,因此程序的执行可能存在多条可能的路径。在白盒测试中,主要关注的就是如何编写测试用例以便测试这些路径。那么最简单的方法就是找出所有的路径,对每条路径进行测试,如果测试都通过了,说明所编写的程序是正确的,可实际上这种想法并不可行。对于大多数程序逻辑来说,穷尽所有的路径是不可能的,即使穷举了所有的路径,而且也为每条路径都设计了一个测试用例,也不能保证该条路径是正确的。如何设计测试用例以尽可能多地发现错误成为白盒测试的关键问题。

2. 黑盒测试

黑盒测试也称为功能测试。如果测试用例只根据接受测试模块的接口导出,而完全不考虑该模块的内部实现逻辑,这种测试方法就是黑盒测试。这里的接口是指模块的输入输出。这种测试方法关注模块的功能,测试人员仅根据模块接口导出合适的输入数据以便测试该模块的功能及性能是否满足需求。黑盒测试可以发现以下错误:有无遗漏或不正确的功能;有无接口错误,即是否能正确接收输入并产生正确输出;有无数据结构或外部数据库存取错误;有无初始化或退出时的错误;性能是否满足需求。

可以使用多个测试用例对模块的接口进行穷举测试,从而证明程序的正确性。但即使在最普通的情况下,这种穷举测试也是不可能完成的。因此与白盒测试类似,需要一种能生成合适的测试用例的方法。常用的测试用例生成方法有等价类划分法和边值分析法,此外还有错误推测法、因果图法等。

5.5.3 测试实施过程

测试并不是仅仅针对程序编码进行的,所开发系统的测试工作也并不是在程序编码之后才开始进行的,实际上从需求分析阶段就应该开始进行测试工作了,例如测试计划以及很多测试用例的编写都在需求分析和系统设计阶段就完成了。

一般在所开发系统正式交付使用之前都需要进行软件测试,所经过的过程为:单元测试→集成测试→确认测试。

单元测试针对每个模块进行,通过检查模块功能及接口,以便测试其是否满足系统详细设计的要求,发现模块程序编码或算法中的错误。将通过单元测试的模块组装起来形成一个完整的系统,对该系统进行集成测试,如果系统太大或者有若干个相互无关的子系统,则可先对子系统进行集成测试,然后再对整个系统进行集成测试。集成测试通过检查各模块之间接口相连情况,测试其是否满足系统概要设计要求,发现模块之间接口互连问题以及系统体系结构的问题。确认测试是在用户参与下完成的,主要由用户进行,以便测试系统是否满足用户的需求。

1. 单元测试

单元测试把每个模块作为一个独立的程序单元进行测试,主要检查其是否能正确执行指定的功能,一般在每个模块程序编码完成之后进行。

1) 单元测试内容

单元测试主要进行模块接口测试、局部数据结构测试、路径测试和出错处理测试等内容。

① 模块接口测试:测试模块是否能保证数据的正确流入和流出,即模块是否能正确地接收数据,并将其转换为正确的输出数据。主要考虑接口参数的情况,并重点测试边界条件。

② 局部数据结构测试:局部数据结构测试也是常见的错误来源,因此需要考虑变量名、数据类型、数据溢出等错误类型。

③ 路径测试:使用白盒测试法对基本路径进行测试。

④ 出错处理测试:优良的软件能够针对典型的出错条件给出出错处理策略,以便出现这些问题时能正确地处理,出错处理测试主要测试这些出错处理策略是否能达到预期效果。

2) 单元测试方法

由单元测试内容可以看出,在单元测试中主要采用了白盒测试和黑盒测试方法。系统中的模块可能并不是孤立的,而是处于软件体系结构的某一位置上,被其上级模块调用或调用其下属模块,其执行需要上级和下属模块的支持。这种模块不能独立运行,因此在进行单元测试时,必须为待测模块提供一个包含其上级和下属模块的运行环境。由于在对待测模块进行单元测试时,可能无法获取其上级或下属模块,因此需要测试人员为待测模块设计运行环境。通过设计驱动模块来模拟上级调度模块,当然其功能要比真正的上级模块简单,仅负责调用待测模块,接收调用返回结果并输出给测试人员。通过设计存根模块来模拟下属模块,以便为待测模块提供数据输入。

2. 集成测试

在所有的模块都通过了单元测试后,需要将其组装起来,形成一个系统。实践表明,即使所有单独模块都通过了单元测试,能正常工作,其组装之后形成的系统仍可能出现各种问题,甚至导致系统无法正常工作。因此,需要进行集成测试,以便对系统组装后各模块之间配合情况进行测试。

集成测试一般采用黑盒测试法进行,主要检查以下错误:模块间接口错误、全局数据结构错误等。集成测试采用渐增式测试方法,每次仅把一个模块加到系统中进行测试,而不是等系统全部组装完成后进行统一测试,这样做的好处是更容易发现错误的原因,一旦由于某个新模块的加入而发生了错误,则错误原因很可能出现在该模块内部或者该模块的接口上。在将一个修改过的模块加入时,要重视回归测试。

集成测试主要分为三种方式进行:自顶向下、自底向上、自顶向下和自底向上结合。

1) 自顶向下集成测试

自顶向下集成测试是根据系统体系结构(如结构图),从最顶端的主控模块开始,沿着控制层次向下移动,每次把下属模块逐个集成到系统中进行测试。根据下属模块逐个集成的顺序又可分为深度优先和宽度优先两种策略。

深度优先策略是从主控模块开始,沿一条路径从上层到下层依次将某模块的直接从属模块加入系统中进行测试。

宽度优先策略是从主控模块开始,针对每个模块,依次将其所有直接下属模块集成到系统中进行测试。

针对图 5.35 所示的系统结构图,采用深度优先策略的测试顺序为:A—B—D—E—C—F—H—I—J—G—K—L,宽度优先策略的测试顺序为:A—B—C—D—E—F—G—H—I—J—K—L。

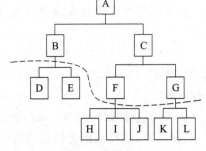

图 5.35 系统结构图

深度优先策略的优点是可以首先测试一个子系统或一个完整的功能,宽度优先策略的优点是更容易较早发现高层模块的问题。自顶向下集成测试的缺点是需要编写大量的存根模块,测试开销大。

2) 自底向上集成测试

自底向上集成测试是根据系统体系结构,从最底端模块开始,沿着控制层次向上移动,每次把上级模块逐个集成到系统中进行测试。自底向上集成实际上也按照深度优先和宽度优先两种策略进行,当然还有的专家提出使用"功能族"的方法进行测试。如针对图 5.35,一个可能的测试顺序为:H—I—J—K—L—F—G—D—E—B—C—A。

自底向上集成测试的一个较突出的特点是不用编写存根模块,减少了测试开销。但是其缺点是对上层控制模块的问题发现得晚。

3) 自顶向下和自底向上结合集成测试

综合前两种集成测试的优点,将系统分为上、下两个部分,上半部采用自顶向下集成方式测试,下半部采用自底向上集成方式测试。如图 5.35 中的虚线可将系统分为上、下两个部分,分别采用不同集成测试方法进行测试。

3. 确认测试

经过集成测试后,已经可以将各模块组装起来形成一个完整的系统,此时应在用户参与下进行确认测试。确认测试的任务就是进一步检查软件的功能和性能是否满足用户的需求。确认测试所采用的方法是黑盒测试法。一般确认测试分为有效性测试、α 测试、β 测试和验收测试 4 个阶段。

（1）有效性测试：在模拟环境下，这个模拟环境并不是用户真正使用该系统的环境，由开发方的测试人员对系统进行测试。此时测试除包含功能、性能测试外，还包括软件质量等其他方面的测试。如果在这个阶段发现问题，则修改起来难度非常大，一般会与用户协商解决。

（2）α 测试：在模拟环境下，由用户在开发方监督和指导下对系统进行测试。

（3）β 测试：系统已经真正安装到用户的环境中，由用户在真实环境下，不受任何约束地对系统进行测试。一般软件的 Beta 版就是专门对该软件进行 β 测试的版本。

（4）验收测试：用户对系统所进行的最后一次测试，该测试结果将会涉及项目开发阶段是否终结，是否进入运行和维护阶段。

5.5.4 系统维护

在软件开发完成，正式投入使用后，并不意味着开发人员工作的结束。因为即使进行了大量的测试工作，依然不能保证软件中没有错误，在实际运行过程中可能不断发现更多的错误。另外，用户本身的使用环境、业务流程、软硬件环境等都在变化，还有用户的需求可能也发生变化，这些都导致现有软件可能出现问题。因此为保证软件能正常运行，就必须对软件进行修改，即进行软件维护。在软件的生命周期中，软件维护是持续时间最长、花费时间和费用最多的一个阶段，目前大家公认的观点是软件维护阶段所花费的成本将占软件整个成本的 67% 左右。

1. 系统维护概述

一般来说，当软件不能适应正常工作需要时，需要对软件进行维护，根据软件维护所产生的原因，一般将软件维护分为 4 类。

（1）正确性维护：由于测试技术的限制，经过测试的软件中可能还存在着很多尚未检测出的错误，而这些错误在软件投入使用后会逐步显现出来，可能会影响软件的正常运行，因此必须对这些错误进行改正。这种维护工作就是正确性维护，是为了保证软件的正确性所做的维护工作。据统计，正确性维护工作占整个维护工作的 20% 左右。

（2）适应性维护：在软件使用过程中，用户的使用环境、业务流程或软硬件环境可能发生变化，而这种变化可能导致软件的不适用，为适应这种变化，需要进行适应性维护。适应性维护工作占整个维护工作的 25% 左右。

（3）完善性维护：在软件使用过程中，用户往往会根据实际使用情况提出新的功能和非功能需求，以便更好地开展工作。为满足这些新的需求，需要进行完善性维护。完善性维护工作占整个维护工作的 60% 左右。

（4）预防性维护：由于在维护过程中，完善性维护的比重是最大的，而且由于维护工作而对程序进行的修改可能引入新的错误。为提高软件的可靠性和可维护性，应增加一些预防性的功能，为未来的维护工作打下良好的基础，这就是预防性维护的目的。例如将专用的报表改为通用报表,甚至直接将报表输出为 Excel 格式,以适应将来报表格式的变化。再比如将查询制作成可配置的通用查询,以适应将来查询要求的变化。

2. 软件的可维护性

软件的维护工作是非常困难的,其原因在于:
(1) 缺乏相关开发文档或文档记载不细致。
(2) 负责进行维护的人员往往不是当初进行软件开发的人员。
由于这两个原因导致以下问题,从而使维护工作变得更加困难:
(1) 维护人员需要在读懂别人编写的源程序基础上,才能进行修改。由于缺乏相关文档或文档记载不细致,很难理解软件的功能、算法。而实际上,由于编程人员水平、风格各异,导致看懂、理解别人的程序是非常困难的,即使是程序编写者本身在时隔一段时间后,如果不在文档辅助下想看懂自己编写的程序也需要花费很长时间。因此很多程序员宁可自己重新编写程序,也不愿修改代码。而重新编写的程序又需要进行测试,导致工作量大量增加。
(2) 文档与程序不一致。有的软件虽然配备了相关的文档,但是文档所记载的内容与程序之间无法对应,维护人员还得首先进行甄别,导致工作量的增加。这种不一致产生的原因有很多,如软件开发者本身疏忽、因软件测试有问题进行修改后文档未作相应修改、软件维护后未作相应修改等。

造成软件维护困难的根本原因是没有按照严格的软件工程规范和标准来设计开发软件,维护时也没有按照相应标准工作,因此,为使软件便于维护,要提高软件的可维护性。软件的可维护性就是指对软件进行维护的难易程度。软件的可维护性可从 5 个方面进行衡量。

(1) 可理解性:理解软件体系结构、功能及内部实现逻辑的难易程度。较好地符合软件设计原则并且文档齐全的软件,其可理解性较高。可理解性高的软件会降低对其维护的难度。
(2) 可测试性:证明程序正确的难易程度。可测试性越高的软件,其测试用例的设计越合理,发现的错误就越完全。可理解性越高,则可测试性越好。
(3) 可修改性:修改程序的难易程度。当然,可理解性及可测试性高的软件可修改性就越好。
(4) 可靠性:系统在规定时间和规定条件下,完成规定功能和性能的能力。
(5) 可移植性:软件转移到其他计算环境的难易程度。可移植性好的软件其适应性维护工作将变得容易。

3. 系统维护实施过程

系统维护是一个长期的过程,一般系统维护的方法与系统开发方法类似,都由用户提出维护需求,然后经过可行性分析、需求分析、设计、编码、测试等过程。但是对系统维护还有一些特别之处。
(1) 维护申请。一般先由用户根据工作需要及其在应用软件时所发现的问题提出具体的维护请求。

(2) 维护申请审查。对用户提出的维护请求进行审查,采用的方法就是可行性分析,审核用户的维护需求是否可行。

(3) 维护实施。对通过审查的维护申请进行具体的维护工作,首先对维护请求进行需求分析,再进行设计、编码和测试工作,完成具体的维护工作。

(4) 总结及复审。对维护过程进行总结,审查是否处理完所有维护请求,设计可预防性维护措施并实施。最后对维护过程进行详细记录,形成维护文档。

第6章

面向对象的软件开发方法

6.1 面向对象方法概述

面向过程的程序设计方法为程序开发人员提供了非常细致的描述程序执行过程的方法,这种描述问题的方法在问题规模比较小、处理逻辑相对简单的情况下可以很好地完成程序的设计工作。面向过程的程序设计要求设计人员对问题形成完整的印象,并进而确定每一个执行步骤需要的技术细节。然而,编写一个大型程序与编写小型程序有着非常大的区别,因为在软件开发和维护过程中,需要投入大量的设计人员及维护人员,同时程序代码也可能会多次修改。如果继续采用面向过程的程序设计的那种细致入微的方式设计软件系统,由于人们通常没有能力一下子处理那么多的细节,系统开发往往变得没有效率而且容易出错,因此,如何在不完全清楚系统细节的情况下,有效地开发一个大规模的软件系统成为软件开发必须要解决的问题。

面向对象程序设计方法正是针对这一问题提出的。面向对象的程序设计方法摒弃了面向过程程序设计方法过度强调软件的客观性的思维方式,转而采用软件是人们对系统认识的具体反映的思维方法。面向对象软件开发方法较直接地描述客观世界中存在的事物(即对象)及事物之间的相互关系,它所强调的基本原则是直接面对客观事物本身进行抽象,并在此基础上进行软件开发,将人类的思维方式与表达方式直接应用到软件设计中。

6.1.1 传统软件开发方法的问题

在软件工程出现以前对于程序设计没有具体的规范,完全由程序设计人员根据自己的个人喜好自由发挥,因此软件的可读性很差,不利于合作开发大型的应用程序。软件工程强调使用生命周期方法学、各种结构化分析和结构化设计技术。传统的生命周期方法强调需求分析的重要性,强调在每个阶段结束之前必须进行评审,从而提高软件开发的成功率;在软件开发过程中实行严格的质量管理;采用先进的技术方法和软件工具,加快软件开发的速度。相对于早期的偏重编程,而轻视对用户需求的了解和分析,最终产品只有程序代码,没有相应的文档资料的情况,生命周期方法是一个巨大的进步,对实现软件开发工程化起了重要的促进作用。但是,实践表明生命周期方法仍然有许多根本性的问题。

1. 软件生产率提高的幅度远不能满足需要

生命周期方法确实有助于提高许多软件的开发效率,但是,实践表明开发效率的提高仍然很有限,提高的幅度远远赶不上市场对软件产品的需要。

2. 软件重用程度很低

软件重用是节约人力,提高软件生产率的重要途径。结构化的分析、设计和结构化程序开发,虽然给软件产业带来了巨大进步,但却没能很好地解决软件重用问题。人们原以为只要多建立一些标准程序库,就能在很大程度上提高软件的可重用性,减轻人们开发软件的工作量。但是实际上除了一些接口十分简单的标准数学函数经常重用之外,几乎每次开发一个新的软件系统时,都要针对这个具体的系统做大量重复而又繁琐的工作。

3. 软件仍然很难维护

传统的生命周期方法学强调文档资料的重要性,规定最终的软件产品应该包括完整的、一致的文档;在软件开发整个过程中,始终强调软件的可读性、可修改性和可测试性是软件的重要质量指标。因此,对这样的软件所进行的维护属于结构化维护的范畴,可维护性有比较明显的提高,软件从不能维护变成基本上可以维护。但是,实践表明,即使是用生命周期方法开发出的软件,维护起来仍然相当困难,软件维护成本仍然很高。

4. 软件质量难以保证

实践表明,用传统方法开发大型复杂软件系统,或者是开发需求模糊、需求动态变化的系统时,所开发出的软件系统往往不能真正满足用户的需要。主要表现在以下两个方面:一是开发人员不能完全获得或不能彻底理解用户的需求,以致开发出的软件系统与用户预期的系统不一致,不能满足用户的需要;二是由于用户需求发生变化,而开发出的系统不能适应用户需求的这种变化,也就是说,系统的稳定性和可扩充性不能适应变化。

传统的生命周期方法决定了其开发过程是基于瀑布模型,也就是说,在生命周期各阶段间存在着严格的顺序性和依赖性。这种方法要求在着手进行具体的开发工作之前,必须通过需求分析预先定义软件需求,然后再一步一步地实现这些需求。但是,实践表明,在系统建立起来之前,往往很难仅仅依靠分析就能确定出一套完整的、准确的、一致的、有效的应用需求,这种预先定义需求的方法更不能适应用户需求不断变化的情况。

5. 项目参与者之间存在的通信鸿沟

多数用户和业务专家不熟悉计算机和软件技术,计算机系统分析员也往往并不熟悉用户的业务领域,特别在涉及多种不同的业务领域知识的情况下更是如此。因此,分析员和用户及业务专家之间往往很难做到完全沟通和相互理解,在需求分析阶段定义的用户需求,常常是不完整的和不准确的。

传统的预先定义需求的方法假设利用需求规格说明书之类的文档,就可以做到项目参与者之间清晰、准确、有效的沟通。但是,各种文档,本质上都是被动、静止的通信工具,通过它们来深刻理解一个动态系统是困难的。事实上,需求规格说明书通常是冗长和难以检查的,而且对问题域的描述往往是不准确不全面的,用户仅仅通过阅读需求规格说明书之类的文档,往往并不能完全得出未来的系统是什么样子的准确概念,通过被动、静止的文字或图表来了解动态的系统,常常会产生许多误解和遗漏。

6. 系统需求是变化的

有不少系统的需求是随着外界条件的变化而变化的,如一些商业系统、企业 ERP 系统。这些系统不可能开始就把系统需求明确地预定下来。

7. 结构化分析、设计技术对系统需求变化的不适应性

生命周期方法学所使用的基本技术是结构化分析和结构化设计。同时,结构化分析和设计技术也是建立在系统生命周期的概念基础之上的。结构化分析和设计技术虽然有许多优点,但也有比较明显的缺点:用这种技术开发出的软件,其稳定性、可修改性和可重用性都比较差。

结构化分析和设计技术是围绕实现处理功能的"过程"来构造系统的,然而用户需求的变化大部分是针对功能的,因此,这种变化对基于功能的设计来说是灾难性的,用这种技术设计出的系统结构常常是不稳定的。也就是说,用户需求的变化往往造成系统结构的较大变化,从而需要花费很大代价才能实现这种变化。

6.1.2 面向对象技术的由来

在面向对象程序设计(Object Oriented Programming,OOP)方法出现之前,程序员用面向过程的方法开发程序。面向过程的方法把密切相关、相互依赖的数据和对数据的操作相互分离,这种实质上的依赖与形式上的分离使得大型程序不但难于编写,而且难于调试和修改。在多人合作中,程序员之间很难读懂对方的代码,更谈不上代码的重用。由于现代应用程序规模越来越大,对代码的可重用性和易维护性的要求也相应提高,面向对象技术便应运而生了。

与传统软件工程一样,面向对象软件工程也将软件开发划分为分析、设计、编码和测试等阶段,但各阶段的具体工作存在较大差异。除了两者在编码阶段使用的语言不同外,传统软件工程将软件设计划分为"总体设计"和"详细设计"两个阶段,分别完成软件的总体结构与模块的内部细节设计;而在面向对象的软件工程中,"对象"在分析阶段就开始出现了。它在该阶段被抽取,设计阶段进行设计,编码阶段完成实现。从一个阶段到另一个阶段的过渡,比传统的软件工程更为清晰简明,因而也降低了开发中出现的故障率。

面向对象技术是一种以对象为基础,以事件或消息来驱动对象执行处理的程序设计技术。它以数据为中心而不是以功能为中心来描述系统,数据相对于功能而言具有更强的稳定性。它将数据和对数据的操作封装在一起,作为一个整体来处理,采用数据抽象和信息隐藏技术,将这个整体抽象成一种新的数据类型——类,并且考虑不同类之间的关系和类的重用性。另一方面,面向对象程序的控制流程由运行时各种事件的实际发生来触发,而不再由预定的顺序来决定,更符合实际。事件驱动程序的执行方式主要依赖于消息的产生与处理,靠消息循环机制来实现。面向对象的程序设计方法使得程序的结构清晰、简单,提高了代码的重用性,有效地减少了程序的维护量,提高了软件的开发效率。

6.1.3 面向对象的基本概念

1. 对象(object)

在面向对象的系统中,对象是基本的运行时的实体,对象是要研究的任何事物在系统中的反映。在现实世界中,每一个实体都是对象,例如房屋、汽车、电视、飞机和学生都是现实世界的对象。对象不仅能表示有形的实体,也能表示无形的规则和计划等人为的概念,或者是任何有明确边界和意义的东西。例如一名员工、一家公司和贷款与借款等,都可以作为对象。每个对象都有它的属性和行为,如学生有学号、姓名、班级、学院、身高和体重等属性,有吃饭、学习、跑步等行为。对象是由数据(描述事物的属性)和作用于数据的操作(体现事物的行为)构成的一个独立整体。从程序设计者的角度来看,对象是一个程序模块,从用户的角度来看,对象为他们提供所希望的行为。

2. 类(class)

在面向对象的软件技术中,类是对具有相同数据和相同操作的一组相似对象的定义。也就是说,类是具有相同属性和行为的一个或多个对象的共同特性的描述,通常在这种描述中也包括对怎样创建该类新对象的说明。对象则是类的具体化,是类的实例。例如,根据黑猫、白猫、黄猫和花猫等抽象出猫这一概念,程序中对猫的描述就是类,对某一个具体的猫的描述就是猫这个类的一个对象。

类有属性和方法,属性是类中所定义的数据,它是对客观事物所具有的性质的抽象。类的每个实例都有自己特有的属性值。比如姓名和性别就可以作为员工的属性而出现。方法是对象所能执行的操作,也就是类中所定义的服务。方法描述了对象执行操作的算法。对象的数据和行为是类的属性和方法在这个对象上的具体实现。

类之间可能有关系,有一般和特殊的关系,也有包含的关系等,从而形成类的层次结构。

3. 消息(message)

对象之间进行通信的数据结构叫做消息。当一个消息发送给某个对象时,包含要求接收消息的对象去执行某些活动的信息,接收到消息的对象经过解释,然后给予响应。一个消息主要由5部分组成:发送消息的对象、接收消息的对象、消息传递办法、消息内容和反馈。

4. 面向对象的基本特征

面向对象的程序包含以下几个特征:
1) 抽象性(abstract)
抽象是一种以一般的观点看待事物的方法,它要求我们集中于事物的本质特征(内部状态和运动规律),而非具体细节或具体实现。在面向对象的程序设计中,往往会忽略事物中与当前目标无关的非本质特征,更充分地注意与当前目标有关的本质特征,从而找出事物的共性,并把具有共性的事物划为一类,得到一个抽象的概念——类。例如,在设计一个学生成绩管理系统的过程中,考察某个学生对象时,关心的是他的班级、学号、成绩等,而忽略他的身高、体重等信息。

2) 封装性(encapsulation)

封装就是把对象的属性和行为结合成一个独立的单位,并尽可能隐蔽对象的内部细节。封装有两个含义:一是把对象的全部属性和行为结合在一起,形成一个不可分割的独立单位;二是尽可能隐蔽对象的内部细节,对外形成一道屏障,与外部的联系只能通过外部接口实现。

封装的信息隐蔽作用反映了事物的相对独立性,可以只关心它对外所提供的接口,即能做什么,而不注意其内部细节,即对象是怎么提供这些服务的。例如我们经常使用的手机,其内部电路是不可见的,而且我们也不关心它的内部结构,只关心手机的外观、功能和操作方式。

封装的结果使得在对象之外不能随意存取对象的内部属性,从而有效地避免了外部错误对它的影响,大大减小了查错和排错的难度。另一方面,当对对象内部进行修改时,由于它只通过少量的外部接口对外提供服务,只要不修改这些接口,就不会对访问它的应用产生影响,因此同样减小了内部的修改对外部的影响。

封装机制将对象的使用者与设计者分开,使用者不必知道对象行为实现的细节,只需要用设计者提供的外部接口访问对象。封装的实质是隐蔽复杂性,并提供代码重用性,从而降低了软件开发的难度。

3) 继承性(inheritance)

继承是一种描述类与类之间关系的层次模型。继承性是指特殊类的对象拥有其一般类的属性和行为。

客观事物既有共性,也有特性。如果只考虑事物的共性,而不考虑事物的特性,就不能反映出客观世界中事物之间的层次关系,不能完整地、正确地对客观世界进行抽象描述。运用抽象的原则就是舍弃对象的特性,提取其共性,从而得到适合一个对象集的类。如果在这个类的基础上,再考虑抽象过程中各对象被舍弃的那部分特性,则可形成一个新的类,这个类具有前一个类的全部特征,是前一个类的子集,从而形成一种层次结构,即继承结构。

继承意味着"自动地拥有",即特殊类中不必重新定义已在一般类中定义过的属性和行为,而它却自动地、隐含地拥有其一般类的属性与行为。继承允许和鼓励类的重用,提供了一种明确表述共性的方法。一个特殊类既有自己新定义的属性和行为,又有继承下来的属性和行为。

在软件开发过程中,继承性实现了软件模块的可重用性和独立性,缩短了开发周期,提高了软件开发的效率,同时使软件易于维护和修改。这是因为要修改或增加某一属性或行为,只需在一般类中进行改动,而它的所有派生类都自动地、隐含地做了相应的改动。

由此可见,继承是对客观世界的直接反映,通过类的继承,能够实现对问题的深入抽象描述,反映出人类认识问题的发展过程。

4) 多态性(polymorphism)

多态性是指类中同一函数名对应多个具有相似功能的不同函数,可以使用相同的调用方式来调用这些具有不同功能的同名函数。

面向对象设计借鉴了客观世界的多态性,体现在不同的对象收到相同的消息时产生多种不同的行为方式。例如,在一般类"图形"中定义了一个行为"绘图",但并不确定执行时到底画一个什么图形。特殊类"椭圆"和"多边形"都继承了图形类的绘图行为,但其功能却不同,一个是要画出一个椭圆,另一个是要画出一个多边形。这样一个绘图的消息发出后,椭圆、多边形等类的对象接收到这个消息后各自执行不同的绘图函数,这就是多态性的表现。

继承性和多态性的结合,可以生成一系列虽类似但有各具特色的对象。由于继承性,这些对象共享许多相似的特征;由于多态性,针对相同的消息,不同对象可以有自己的处理方式,体现了特性化的行为。

6.2 统一建模语言——UML 概述

无论软件分析或软件设计,都需要建立模型,建立模型是软件工程中最常用的技术之一。从传统的软件工程到面向对象的软件工程,出现了各种用于建模的工具,其中大多数是图形工具。UML(Unified Modeling Language,统一建模语言)是一种面向对象的软件工程使用的图形化语言,主要用图形方式来表示。

1997 年,OMG(Object Management Group,对象管理组织)发布了 UML。UML 的目标之一就是为开发团队提供一套标准的、通用的设计语言来开发和构建计算机软件。通过使用 UML,软件工程师之间能够阅读和交流系统架构和设计规划——就像建筑工程师多年来所使用的建筑设计图一样。

UML 的主要创始人是 Jim Rumbaugh、Ivar Jacobson 和 Grady Booch,他们最初都有自己的建模方法(OMT、OOSE 和 Booch),彼此之间存在着竞争。最终,他们联合起来创造了一种开放的标准。UML 成为标准建模语言的原因之一在于它与程序设计语言无关,而且,UML 只是一种语言而不是一种方法学,这点很重要,因为语言与方法学不同,它可以在不做任何更改的情况下很容易地适应任何公司的业务运作方式。

UML 的目标是从面向对象的角度、以图形的方式来描述任何类型的系统,具有很宽广的应用领域。其中最常用的是建立软件系统模型,但它同样可以用于描述非软件领域的系统,如机械系统、企业机构或业务过程,以及处理复杂数据的信息系统、具有实时要求的工业系统或工业过程等。总之,UML 是一个通用的标准建模语言,可以对任何具有静态结构和动态行为的系统进行建模。标准建模语言 UML 适用于以面向对象技术来描述任何类型的系统,而且适用于系统开发的不同阶段,从需求规格描述直至系统完成后的测试和维护。

6.2.1 用例图

用例图(Use Case Diagram)描述了系统的外部用户(参与者)与系统自身之间的交互(用例)的关系模型。用例图的主要目的是帮助开发团队以一种可视化的方式理解系统的功能需求,包括参与者与系统用例之间的关系,以及系统内用例之间的关系。用例图一般表示出用例的组织关系——可以是整个系统的全部用例,也可以是完成某项功能的一组用例。

一个用例图包含了多个模型元素,如系统边界、参与者和用例,并且显示了这些元素之间的各种关系,如泛化和关联等,如图 6.1 所示。

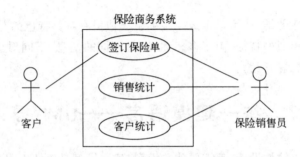

图 6.1 保险商务系统的用例图

用例图通常包含参与者、用例、用例之间的关系、系统边界。

1. 参与者

参与者是直接与系统相互作用的系统、子系统或外部实体的抽象。通常,一个参与者可以代表一个人,一个计算机子系统,硬件设备等。典型的参与者有顾客、管理员、外部系统等,参与者是用户所扮演的角色,是系统的用户。

参与者在图中用简笔人物画来表示,人物下面附上参与者的名称。

2. 用例

用例是外部可见的系统功能单元,这些系统功能由系统单元所提供,并通过一系列系统单元与一个或多个参与者之间交换信息。用例的用途是,在不揭示系统内部构造的前提下定义系统的功能。

用例在图中用椭圆来表示,椭圆中填写用例的名称,一般使用带有动作性的词。

3. 用例之间的关系

用例除了与参与者发生关系外,还可以与系统中的其他用例发生关系,这些关系包括包含关系、扩展关系和泛化关系。应用这些关系的目的是为了从系统中抽取出公共行为和变体行为。

1) 关联关系(association)

关联关系描述参与者与用例之间的关系。在 UML 中,关联关系用箭头来表示。关联关系表示参与者与用例之间的通信。不同的参与者可以访问相同的用例,一般说来它们和该用例的交互是不一样的,如果一样的话,说明它们的角色可能是相同的,就可以将它们合并。

2) 包含关系(include)

虽然每个用例都是独立的,但是一个用例可以用其他的更简单的用例来描述。一个用例可以简单地包含其他用例所具有的行为,并把这些行为作为自身行为的一部分,这被称作包含关系。在 UML 中,包含关系表示为虚线箭头,上面标有<<include>>字样,箭头指向被包含的用例。

3) 扩展关系(extend)

一个用例也可以被定义为其他用例的增量扩展,这被称作扩展关系,扩展关系是把新的行为插入到已有用例中的方法。在 UML 中,扩展关系表示为虚线箭头,上面标有<<extend>>字样,箭头指向被扩展的用例。

被扩展的用例即使没有扩展用例也是完整的,这点与包含关系有所不同。一般情况下,被扩展用例的执行通常不涉及到扩展用例,只有在特定的条件下扩展用例才被执行。扩展关系为处理异常或构建灵活的系统框架提供了一种有效的方法。

4) 泛化关系(generalization)

一个用例可以被特别列举为一个或多个用例,这被称为用例泛化。当父用例能够被使用时,任何子用例也可以被使用。在 UML 中用例泛化与其他泛化关系的表示法相同,用一个三角箭头从子用例指向父用例。

在用例泛化中,子用例表示父用例的特殊形式。子用例从父用例处继承行为和属性,还可以添加、覆盖或改变继承的行为。如果系统中一个或多个用例是某个一般用例的特殊化时,就需要使用用例的泛化关系。

图 6.2 显示的是用例之间的关系。

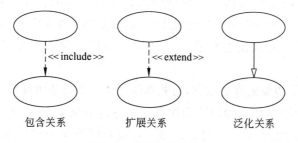

图 6.2　用例之间的关系

4. 系统边界

系统边界是用来表示正在建模系统的边界。边界内表示系统的组成部分,边界外表示系统外部。系统边界在 UML 中用方框来表示,同时附上系统的名称,名称可以画在边界内部,也可以画在边界的外部,参与者画在边界的外面,用例画在边界里面。

6.2.2 类图和对象图

1. 类图

类是描述具有相同属性、方法、关系和语义的对象的集合。定义了类之后,就可以定义类之间的各种关系。可用类图来描述类与类之间的静态关系,这种静态关系在系统的整个生命期内都是有效的。可以说,类图不仅仅定义了系统中的类,还表示类与类之间的关系(例如,关联、依赖和泛化等),同时表示了类的内部结构(类的属性和操作)。

在 UML 中,类可表示为一个划分成三个格的长方形(下面两个格子可省略),第一个格用于定义的类的名称;第二个格描述类的属性;第三个格描述该类提供的方法,如图 6.3 所示。

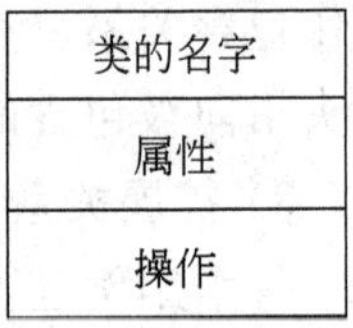

类的名字
属性
操作

图 6.3 类图

类的属性放在类的名字下方用来描述该类的对象所具有的特征。在系统建模时,只抽取那些系统中需要使用的特征作为类的属性。类属性的语法为:

可见性 属性名:类型= 默认值 {约束特性}

属性有不同的可见性,利用可见性可以控制外部事物对类中属性的操作方式。属性的可见性通常分为三种:公有的(public)、私有的(private)和保护的(protected)。公有属性能够被系统中其他任何操作查看和使用,当然也可以被修改;私有属性仅在类内部可见,只有类内部的操作才能存取该属性,并且该属性也不能被其子类使用;保护属性可以由本类中的操作访问,并且该属性也能被其子类使用。在类图中公有类型表示为加号+;私有类型表示为减号-;保护类型表示为井号#。它们标识在属性名称的左侧。正如变量有类型一样,属性也是有类型的。属性的类型反映属性的种类。属性的类型可以是程序设计语言能够提供的任何一种类型。类属性的默认值可以表示在类图中,这样当创建该类的对象时,该对象的属性值便自动被赋值。约束特性是用户对该属性性质一个约束的说明。例如"{只读}"说明该属性是只读属性。

属性仅仅表示了需要处理的数据,对数据的具体处理方法由操作描述,存取或改变属性值,以及执行某个动作都是操作。操作通常又称为方法或函数,它是类的一个组成部分,操作说明了该类能做些什么工作。从这一点也可以看出类将数据存储和数据处理的函数封装起来,形成一个完整的整体,这种机制非常符合问题本身的特性。类操作的语法为:

可见性 操作名(参数表):返回类型 {约束特性}

操作的可见性也分为公有、私有和保护,其含义等同于属性的可见性。参数表由多个参数用逗号分开构成,参数的语法格式为:

参数名:参数类型名=默认值

图 6.4 是图画类的一个例子。

2. 类之间的关系

类之间的关系主要有继承(泛化)、关联、聚合、依赖。

1) 继承

在现实生活中,事物之间有一种一般与特殊的关系,例如猫、老虎和狮子都属于猫科动物,猫科动物就是一般概念,而猫、老虎、狮子是猫科动物中的特殊类型。在面向对象的程序设计中,一个类(称为子类或派生类)可以继承另一个类(称为基类、超类或父类)的功能,并增加它自己的新功能。类图中继承的表示方法是从子类拉出一条闭合的、单键头(或三角形)的实线指向基类(一般用一个带空心箭头的实线表示)。如图 6.5 所示,父类是交通工具、车和船是它的子类。类的继承关系可以是多层的,例如车是交通工具的子类,同时又是卡车、轿车和客车的父类。

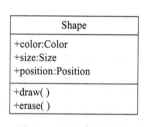

图 6.4 图画类的类图

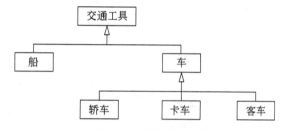

图 6.5 继承关系

2) 关联

关联用于描述类与类之间的连接。由于对象是类的实例,因此类与类之间的关联也实例为对象之间的关联。类之间的关联大多用来表示某个类的对象包含有对其他类的对象的引用,也就是其中一个类的对象是另外一个类的属性。关联关系一般都是双向的,即关联的对象双方彼此都能与对方通信。

最常见的关联可在两个类之间用一条直线连接,直线上写上关联名。关联可以有方向,表示该关联的使用方向。可以用线旁的小实心三角表示方向,也可以在关联上加上箭头表示方向,只存在一个方向的关联称作单向关联,在两个方向上都有关系的关联,称作双向关联。图 6.6 表示了学生类和书类之间存在双向关联,学生购买书,书属于学生。在关联线上有时会标出关联的数量,如图 6.6 中一个学生可以购买 0 本到多本图书,而一本图书只能属于一个学生。

图 6.6 学生和书之间的关联

3) 聚合

聚合也是一种关联关系,与简单关联不同的是它指的是整体与部分的关系,即"包含"关系。例如学校和学生的关系,学校有(包含)学生。聚合的整体和部分之间在生命周期上没有什么必然的联系,部分对象可以在整体对象创建之前创建,也可以在整体对象销毁之后销毁。聚合用带一个空心菱形(整体的一端)的实线表示。如图 6.7 所示,学校中有多个球队,一个球队由多个球员组成,球队和球员之间的这种关系就是聚合。

组合是一种特殊的聚合形式,也是比聚合更强的关联形式,是指带有很强的拥有关系且整体与局部的生命周期一致的聚合关联形式。组合也表示类之间整体和局部的关系,但是组合关系中部分和整体具有统一的生存期,一旦整体对象不存在,局部对象也将不存在。局部对象与整体对象之间具有共生死的关系。例如 Windows 的窗口和窗口上的菜单就是组合关系。生命周期一致指的是局部对象必须在组合创建的同时或者之后创建,在组合销毁之前或者同时销毁,局部对象的生命周期不会超出组合的生命周期。组合是用带实心菱形的实线来表示,如图 6.8 所示就是窗口与其部件的组合关系。

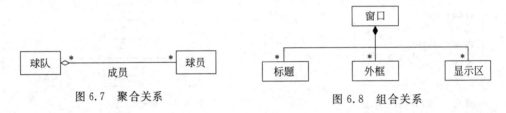

图 6.7 聚合关系　　　　　图 6.8 组合关系

4) 依赖

依赖是一种使用关系,描述了一个事物规格说明的变化可能会影响到使用它的另一个事物(反之不一定),比如说 Employee 类中有一个方法叫做 TakeMoney(Bank bank)这个方法,在这个方法的参数中用到了 Bank 类,因此说 Employee 类依赖 Bank 类,如果 Bank 这个类发生了变化,那么将会对 Employee 类造成影响。在 UML 中表示为一条指向被依赖事物的虚线(如图 6.9 所示)。

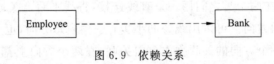

图 6.9 依赖关系

3. 对象图

对象图是类图的实例,表现的是一组对象以及它们之间的关系,它使用几乎与类图完全相同的图标符号。两者之间的差别在于,对象图表示的是类的多个对象实例,而不是实际的类。由于对象有生命周期,因此对象图只能在系统的某个时间段内存在。对象图一般用于表示复杂的类图的一个实例。一般说来,对象图没有类图重要,它主要用来帮助对类图的理解,也可用在序列图和协作图中,表示一组对象之间的动态协作关系。

对象与类的图形表示相似,也表示为划分为三格的长方形。上面的格子是对象名,对象名下有下划线,一般会标识出对象所属的类,对象名与所属类名用冒号分隔;下面的格子记录属性值,对象的每个属性都有具体的值,图 6.10 所示的就是一个具体的 Shape 类的对象。

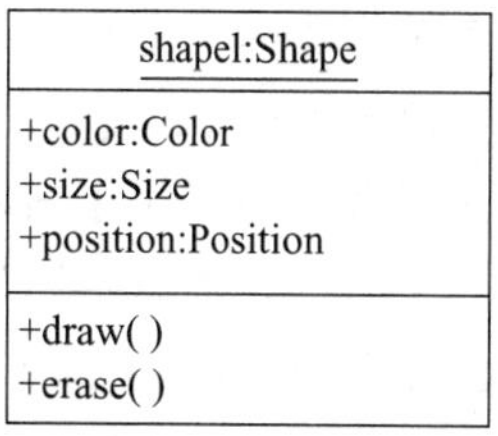

```
shapel:Shape
+color:Color
+size:Size
+position:Position
+draw( )
+erase( )
```

图 6.10　对象图

6.2.3　交互图

交互图主要描述的是对象之间是如何通信的,主要存在两种交互图——序列图和协作图。

1. 消息

在面向对象的编程中,两个对象之间的交互表现为一个对象发送一个消息给另一个对象。通常情况下,当一个对象调用另一个对象中的操作时,消息是通过一个简单的操作调用来实现的;当操作执行完成时,控制和执行结果返回给调用者。在所有动态图中,消息是作为对象间的一种通信方式来表示的。具体来说,消息是连接发送者和接收者的一根箭头线。箭头的类型表示消息的类型。

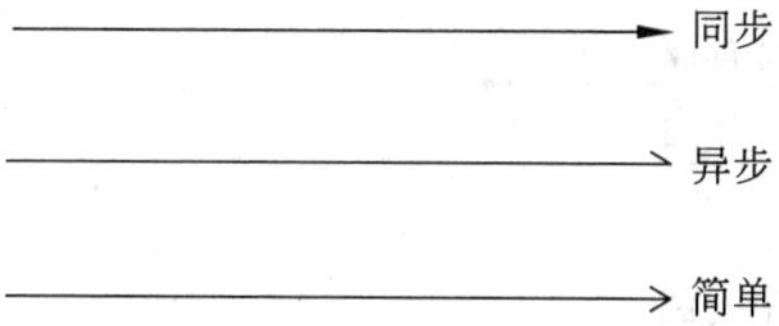

图 6.11 显示了 UML 中的消息类型。

（1）简单消息(simple message)表示简单的控制流。用于描述控制如何在对象间进行消息传递,而不考虑通信的细节。

图 6.11　消息的表示

（2）同步消息(synchronous message)表示嵌套的控制流。操作的调用是一种典型的同步消息。调用者发出消息后必须等待消息返回,只有当处理消息的操作执行完毕后,调用者才可继续执行自己的操作。

（3）异步消息(asynchronous message)表示异步控制流。当调用者发出消息后不等待消息的返回,即继续执行自己的操作。异步消息主要用于描述实时系统中的并发行为。

2. 序列图

序列图描述对象是如何交互的,并且将重点放在消息序列上。也就是说,描述消息是如何在对象间发送和接收的。序列图有两个坐标轴:纵坐标轴显示时间,横坐标轴显示对象。每一个对象的表示方法是:矩形框中写有对象名,且对象名字下面有下划线;同时有一条纵向的虚线表示对象在序列中的执行情况(即发送和接收消息的活动对象),这条虚线称为对象的生命线。对象间的通信用对象的生命线之间的水平的消息线来表示,消息线的箭头说明消息的类型,如同步、异步或简单消息。浏览序列图的方法是,从上到下查看对象间交换的消息,分析那些随着时间的流逝而发生的消息交换。

当对象接收到一个消息时,该对象中的一项活动就会启动,这一过程称作激活(activation)。激活会显示控制焦点,表明对象在某一个时间点开始执行。一个被激活的对象或者是执行它自身的代码,或者是等待另一个对象的返回(该被激活的对象已经向另一个对象发送了消息)。在图形上,激活被绘制为对象生命线上的一个瘦高矩形。

消息可以用消息名及参数来标识。消息还可带有条件表达式,表示分支或决定是否发送消息。如果用于表示分支,则每个分支是相互排斥的,即在某一时刻仅可发送分支中的一个消息。消息也可以有顺序号,但是在序列图中,消息的顺序号很少使用,因为序列图已经将消息的顺序用时间轴显式地表示出来了。

一个对象可以通过发送消息来创建另一个对象,当一个对象被删除或自我删除时,该对象用 X 标识。

图 6.12 是序列图的一个例子。

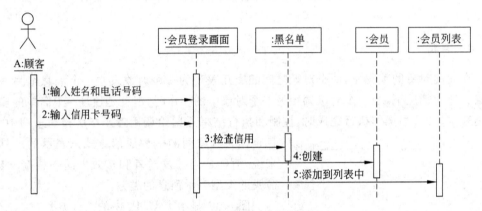

图 6.12　某网站会员注册序列图

3. 协作图

协作图将焦点集中于一组相互协作的对象之间的交互和链接上。链接是关联的一个实例。虽然序列图和协作图都显示了交互,并且能够互相转换,但是序列图的焦点在时间上,而协作图的焦点在空间上。

协作图显示的是对象和对象之间的链接,以及消息是如何在这些链接的对象之间发送的。链接是用直线来绘制的(在图形上,链接与关联很类似,但是它没有多重性)。在协作图的链接线上,可以用带有消息串的消息来描述对象间的交互。消息的箭头指明消息的流动方向。消息串说明要发送的消息,消息的参数,消息的返回值,以及消息的序列号等信息。

图 6.13 是一个协作图的例子。

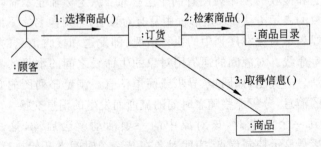

图 6.13　某网站订货的协作图

6.2.4 状态图

状态图用来描述一个特定对象的所有可能状态及引起其状态转移的事件。大多数面向对象技术都用状态图表示单个对象在其生命周期中的行为。一个状态图包括一系列的状态以及状态之间的转移。

所有对象都具有状态,状态是对象执行了一系列活动的结果,它通常由其属性值和与其他对象的链接来确定。例如飞机(对象)的起飞(状态),电话(对象)的响铃(状态),电梯(对象)的停在底楼(状态)。当某个事件发生后,对象的状态将发生变化,从一个状态转移到另一个状态。状态图中定义的状态有:初态、终态与中间状态。其中,初态是状态图的起始点,而终态则是状态图的终点。一个状态图只能有一个初态,而终态则可以有多个。图 6.14 是电梯对象的状态图。电梯从底楼开始启动,除底楼外,它能上下移动。如果电梯在某一层上处于空闲状态,当上楼或下楼事件发生时,就会向上或向下移动;当超时事件发生时,它就返回底楼。

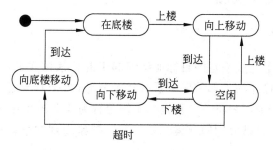

图 6.14 状态图的表示

一个状态一般包含三个部分:第一部分为状态的名称;第二部分为可选的状态变量的变量名和变量值;第三部分为可选的活动表,列出有关的事件和活动。在活动表中,常常使用下面三种标准事件:entry 事件用来指定进入一个状态的动作,例如给属性赋值或发送一条消息;exit 事件用来指定退出一个状态的动作;do 事件用来指定在该状态下的动作,例如发送一条消息,等待或计算。活动部分的语法如下:

事件名 参数表/动作表达式

"事件名"可以是任何事件,包括上述三种标准事件;"动作表达式"用来指定应该做何种动作(如操作调用和增加属性值等)。有时还需要为事件指定一些参数(但是上述三种标准事件没有任何参数)。

一个对象从一个状态改变成另一个状态称为状态转移,在状态图中用带箭头的连线表示。状态的变迁通常是由事件触发的,此时应在转移上标出触发转移的事件表达式;如果转移上未标明事件,则表示在源状态的内部活动执行完毕后自动触发转移。图 6.15 是 ATM 的状态图。

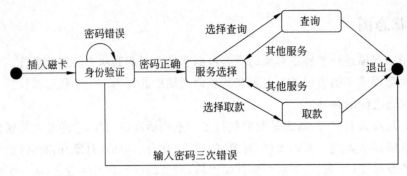

图 6.15 ATM 的状态图

6.3 面向对象建模

6.3.1 系统、模型和视图

1. 系统和子系统

系统是由一组为了完成一定的目标而组织起来的元素构成的,这些元素是用一组模型分别从不同的角度描述的。如果一个系统较为复杂,可把它分解为一组子系统。子系统是系统的一部分,它被用来将一个复杂的系统分解为几乎相互独立的部分,与系统的其他子系统有接口,并有自己应用的环境。处于某一抽象级别的系统可以是更高抽象级别的系统的子系统。

从系统划出来的每个子系统,应该在逻辑、功能和物理位置上是高内聚的,能在一定程度上独立开发、发布和部署的主要功能部分。技术、政治和法律方面的因素往往会影响对各子系统的边界的划分,图 6.16 就是某公司按部门划分的一个系统结构图。对每个子系统,像对待整个系统那样描述其语境,一个子系统周围的参与者也要围绕着它协同工作,所以对每个子系统都要进行设计以便协作。子系统之间的关系是低耦合的。对于每个子系统,像对待整个系统一样对其体系结构建模。

图 6.16 系统与子系统之间的关系

子系统只是系统的一部分,它被用来将一个复杂的系统分解为几乎相互独立的部分,即要通过一组相关但没有交叉的模型对系统进行可视化、详述、构造和文档化。把一个复杂的问题(即系统),分解为一系列的较小问题(子系统),每一个子系统都应该能够被求解,最后这些子系统能再被集成为系统。

2. 模型和系统

在建模时,用模型表示系统或子系统,是为了更好地理解正在开发和部署的系统。例如,飞机由许多子系统(如机身、推进器、航空电子设备等子系统)组成,要分别地进行设计,并综合考虑,再进行生产和组装。在设计飞机时,要分别设计各子系统,即从多个不同的方面(例如结构、动力或电气等)进行建模,然后再把它们作为一个整体。

系统模型是为了更好地理解所要建造的软件系统,通过对系统进行语义抽象,而对现实世界进行简化。通常整个系统模型是由若干个模型构成的。一个模型是从某一个建模角度出发,关注被建模系统的主要方面而忽略或简化其他方面。可从功能描述、分析、设计、实现、计算、工程和组织等角度建立模型,它们都是系统的一个阶段或一个方面的模型。在可视化上,模型由图及一些详细说明构成。模型元素与图元素不同,图中的可视化元素是构造模型的符号,所提供的信息有助于理解模型,只反映出了相应的模型元素的部分语义,每个可视化元素的背后还应该有详细描述。在构建模型时,还要考虑模型的语境。模型的语境包括模型所对应的问题域和系统必须完成的功能、模型与其所处环境中的其他模型之间的关系以及关于模型存在的假设条件等。

一个系统是为了实现某一目的而组织起来的模型元素的集合,由一组可能来自不同视角的模型描述。也就是说,系统的不同的模型从不同的角度展示了系统的不同方面。定义视图是模型在某一侧面的投影,它是从某个角度看模型或突出模型中的某一侧面,而忽略与这一侧面无关的实体。在 UML 中,对一个系统将从五个不同的角度建立视图(如图 6.17 所示)。

用例视图定义了系统的外部行为,是最终用户、分析人员和测试人员所关心的;设计视图描述的是支持用例视图中规定的功能需求的逻辑结构,包含在这个视图中的信息是程序员最为关心的,因为如何实现系统功能的细节都在这个视图

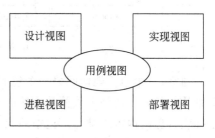

图 6.17 4+1 模型视图

中描述;进程视图涉及系统的并发性(多线程)问题,这些构件不同于设计视图中的逻辑构件,这些构件包括可执行文件、代码库和数据库等内容;实现视图描述构造系统的物理构件;而部署视图描述物理构件如何在系统运行的实际环境中(如在计算机网络中)分布和部署的。

3. 包

包是 UML 模型中一般的层次组织单元。它们可以被用来进行存储、访问控制、配置管理和构造可重用模型部件库。任何大的模型都会被分成几个小的单元,使得人们可以一次仅处理有限的信息,并且分别处理这些信息的工作组之间不会互相干扰。系统之间、模型之间,以及系统和模型之间的关系都是通过包及包之间的关系来表示的。

包是模型的一部分,模型的每一部分必须属于某个包。建模者可以将模型的内容分配到包中。但是为了使其能够工作,分配必须遵循一些合理的原则,如公用规则、紧密耦合的实现和公用观点等。UML 对如何组包并不强制使用什么规则,但是良好的分组会极大地增强模型的可维护性。

一个包可以包含其他的包,根包间接地包含系统的整个模型。组织中的包有几种

可能的方式,可以用视图、功能或建模者选择的其他基本原则来规划包。

包之间的依赖关系概述了包中元素的依赖关系,即包间的依赖关系可从独立元素间的依赖关系导出。包间依赖关系并不意味着包中的所有元素都有依赖关系。这对建模者来说是表明存在更进一步的信息的标志,但是包的依赖关系本身并不包含任何更深的信息,它仅仅是一个概要。

包用附有标签的矩形表示,依赖关系用虚线箭头表示。图6.18显示的就是一个系统及其模型对应的包的一种划分关系。

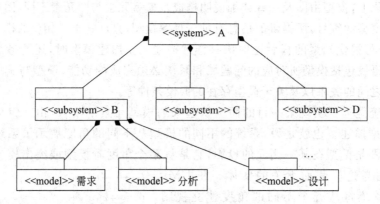

图6.18 存储某系统的包的层次

通常,一个包不能访问另一个包的内容。包是不透明的,除非它们被访问或引入依赖关系才能打开。访问依赖关系直接应用到包和其他包容器中。在包层,访问依赖关系表示提供者包的内容可被客户包中的元素或嵌入于客户包中的子包所引用。提供者中的元素在它的包中要有足够的可见性,使得客户可以看到它。通常,一个包只能看到其他包中被指定为具有公共可见性的元素。具有受保护可见性的元素只对包含它的包具有可见性。

6.3.2 数据类型、抽象数据类型和实例

数据类型是一类数据的抽象表示,这类数据具有相同的表现形式,遵从相同的运算规则,将规则和形式上的共同特征抽取出来就形成了数据类型的概念。数据类型是数据的一个非常重要的特征。数据类型不仅确定了数据的性质与取值范围,而且还确定了数据所能参加的运算方式以及数据在内存中的存储方式。同时也是编译系统确定为其分配存储单元的依据。

在程序中出现的所有数据都必须明确指定数据类型。对数据类型的理解应从形式和运算规则两个方面着手。例如在C语言中,一个整型(int)类型的数据的内涵为一定范围的自然数集合,在32位编译器中该类型的数据占四个字节的内存空间,取值范围规定为$-2^{31} \sim 2^{31}-1$之间的整数。数据类型的定义还可以确保只有合法的操作应用于指定的数据成员上,在整型上可以进行加、减、乘、除、取余等运算操作。

例如:

```
a=5;
b=2;
c=a/b;
```

求 c 的值。如果在前面声明为"double a,b,c;",那么 c 等于 2.5,但是如果声明为"int a,b,c;",那么 c 等于 2。由此可见,数据类型的声明影响了针对数据的操作。所以说数据类型是数据存储和数据操作的结合。

抽象数据类型是一类特殊的数据类型,其结构对系统的其余部分来说是隐藏的,这使得开发人员在修改抽象数据类型的内部结构和实现时,不会影响系统的其余部分。

一个实例是一个特定数据类型的任意一个成员。例如,数字 3.14 是 float 类型的一个实例。一个数据类型的实例可以被该数据类型定义的操作所操纵,数据类型是描述一组具有共同特点的实例的抽象。

类是面向对象编程语言的抽象形式,类封装了结构和行为,实质是一种抽象数据类型,对象就是类的实例。例如,对 Person 类对象的重命名操作只需在 Person 类中定义,就能对所有 Person 类的对象应用。

6.3.3 类、抽象类和对象

1. 类

类定义了能被应用于实例的操作。超类的操作能被继承并也可用在子类的对象上。例如,用来设置手表类当前日期的"设置日期"操作对带计算器的手表类(手表类的子类)也是可用的。然而定义在计算器手表类中的"输入算式"操作则在手表类中是不可用的。

类定义了可应用到其所有实例的属性。属性是实例中可以存放数值的一个命名空间。属性在类和类型中具有唯一的名字,手表具有"时间"和"日期"属性。带计算器的手表具有"手表状态"的属性。

在面向对象程序设计语言中,一个子类是通过类的继承创建的,子类继承了它的超类的属性和方法的定义。继承是一种实现子类和超类定义一致的软件机制。图 6.19 显示的就是手表和带计算器的手表的类图。

2. 抽象类

抽象类型:如果类型 T 的每个实例必须是它的一个子类型的成员,那么类型 T 就被称为一个抽象类型(abstract type)。抽象类和抽象方法:如果一个抽象类型在软件的设计阶段被实现为一个类,则称为抽象类(abstract class),抽

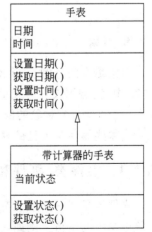

图 6.19 手表及其子类类图

象类意味着不能创建这个类的实例。抽象方法(abstract method)是在抽象类中声明但没有实现的方法。在 UML 中,抽象类的类名用斜体表示,抽象类中的抽象方法也用斜体表示。

图 6.20 显示的是一个简单的封闭图形类图,图形类是椭圆、矩形和三角形等的进一步抽象,如果说某个对象是图形,它可能是圆,也可能是三角形,但不存在一个只具有图形特征的这样一个对象,这样的类就是抽象类。同样,在图形类中的绘制和擦除方法也只能是抽象方法。只有在具体的某个图形中(如矩形),才能知道到底如何显示一个图形和擦除一个图形。

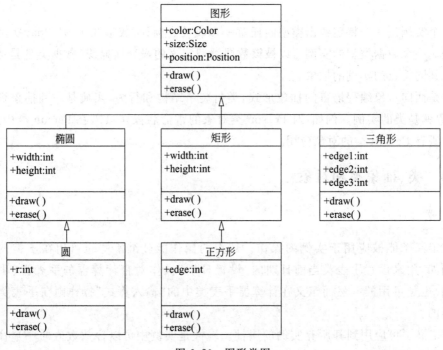

图 6.20 图形类图

3. 对象

对象是类的实例,一个对象具有标识并能存储属性值,每个对象只能属于一个类。在 UML 中,实例用长方形表示,其名称用下划线表示。与抽象数据类型不同的是,在某些编程语言中,一个对象的属性对系统其他部分可能是可见的。例如,Java 允许实现者详细指出哪些属性是可见的,哪些是不可见的。

6.3.4 事件类、事件和消息

事件类是对一类系统有共同响应的事件的抽象。一个事件是事件类的一个实例,是系统中发生的事情。例如,一个事件可能是来自执行者的一个交互操作(例如,手表用户按下了左边的按键)、一次暂停(例如,按下按键"15 秒后"),或者是两个对象间发送的消息。

发送消息是一套机制,发送对象通过这套机制要求接收对象执行某项操作。消息由一个名称和一组参数组成。接收对象把消息名字与它的一项操作相匹配,并将参数传递给该操作,将操作结果返回给发送对象。例如,手表对象向时间对象发送 setTime() 消息来设置时间,发送 getTime() 消息来获得时间,从而能够重新设置当前时间。

事件和消息都是实例:它们表示了系统中具体发生的事情。事件类是对一类事件的抽象,系统对此类事件有共同的响应。在实际中,术语"事件"可以指实例或类,这种指代的模糊性可以通过检查该术语使用的上下文来解决。

6.3.5 面向对象建模过程

建模是开发优秀软件的所有活动中的核心部分,其目的是为了把想要得到的系统结构和行为沟通起来,为了对系统的体系结构进行可视化和控制,为了更好地理解正在构造的系统,并经常揭示简化和复用的机会,同时也是为了管理风险。

1. 为什么要建模

建模是一项经过检验并被广为接受的工程技术。建立房屋和大厦的建筑模型,能帮助用户得到实际建筑物的印象,甚至可以建立数学模型来分析大风或地震对建筑物造成的影响。建模不只适用于建筑业。如果不首先构造模型,就装配新型的飞机或汽车,那简直是难以想象的。在社会学、经济学和商业管理领域也需要建模,以证实人们的理论或用最小限度的风险和代价试验新的理论。

那么,模型是什么?简单地说,模型是对现实的简化。模型提供了系统的蓝图。模型既可以包括详细的计划,也可以包括从很高的层次考虑系统的总体计划。一个好的模型包括那些有广泛影响的主要元素,而忽略那些与给定的抽象水平不相关的次要元素。每个系统都可以从不同的方面用不同的模型来描述,因而每个模型都是一个在语义上闭合的系统抽象。模型可以是结构性的,强调系统的组织。它也可以是行为性的,强调系统的动态方面。

为什么要建模?建模是为了能够更好地理解正在开发的系统。通过建模,要达到以下四个目的:

(1) 模型有助于按照实际情况或按照所需要的样式对系统进行可视化;
(2) 模型能够规约系统的结构或行为;
(3) 模型给出了指导构造系统的模板;
(4) 模型对做出的决策进行文档化。

建模并不只是针对大的系统,但是如果系统越大、越复杂,建模的重要性就越大,因为人不能完整地理解一个复杂的系统,所以要对它建模。

人对复杂问题的理解能力是有限的,通过建模,缩小所研究问题的范围,一次仅着重研究它的一个方面,也就是把一个困难问题划分成一系列能够解决的小问题,解决了这些小问题也就解决了这个难题。此外,通过建模可以增强人的智力。一个适当选择的模型可以使建模人员在较高的抽象层次上工作。

每个项目都能从一些建模中受益,即使在一次性的软件开发中,建模也能帮助开发组更好地对系统计划进行可视化,并帮助他们正确地进行构造,使开发工作进展得更快。如果根本不建模,项目越复杂,就越有可能失败或者构造出错误的系统。所有实用系统都有一个自然趋势:随着时间的推移变得越来越复杂。虽然今天可能认为不需要建模,但随着系统的演化,终将会对这个决定感到后悔,但那时为时已晚。

2. 如何建模

面向对象的建模主要可以分为以下几个主要步骤:

(1) 分析问题域,明确用户需求。

在通常情况下,在系统开发人员接到开发任务的最初阶段对项目的具体要求并不清楚,用户提供的系统需求说明也往往含混不清,这就需要系统开发人员与客户共同协作,以帮助系统开发人员尽快地理解业务领域的相关知识,以及用户对系统的明确需求。

为了更好地与客户沟通,消除理解上的歧义,通常采用 UML 模型中的用例图来表达需求。用例图从总体上说明了系统的边界范围和应该提供的业务需求,开发人员在本阶段除了正确理解用户的需求之外,还应该引导用户提出他们所没有意识到的需求,这样有利于后期的开发工作,避免不必要的返工。

这一步骤将给出系统的详细问题描述和用例模型,从而确定系统的职责,并交由用户确认,作为进一步工作的指导性文档。

(2) 识别对象,在此基础上识别候选对象类。

系统面对的问题域是由各种各样的客观实体构成的,在最终形成的系统中,将采用对象来描述这些客观实体。通常情况下,如果必须记录某个实体的信息,否则系统将无法工作,并且这个实体有自己的属性,用来描述它的基本特征,这样的客观实体就可以作为系统的候选对象类。

(3) 标识候选对象类的属性和方法。

明确每个候选对象类在系统中的作用,就要明确标识出对象的属性和方法。属性用来表述对象的静态特征,方法用来描述对象所具有的行为。用一段话详细描述候选对象,其中的名词和形容词通常都可以表述为属性,而动词则可作为候选的方法。

需要注意的是系统的职责应该均匀地分担到不同的类中,尽量避免出现某些类的职责过多而另一些类的职责又过少的情况,并且反映事物同一方面的信息尽量存放在一个类中。

(4) 确定对象类之间的关系。

在确定了对象类之后,就应该进一步确定类之间的关系。通常,类之间的关系为继承、聚合、关联和依赖中的一种。

(5) 确定动态行为模型。

动态行为模型用来描述系统中对象的合法状态和交互序列,包括两方面的内容:一是对象内部的状态变化,另一个是系统中不同对象间的交互和协同工作。前者由状态图来表示,后者由序列图和协作图来表示。

(6) 确定用户界面需求。

对于图形用户界面程序来说，界面是系统的重要组成部分，在对系统进行需求分析时，设计出符合用户要求的界面，通过界面与用户进行沟通可以更好地了解用户的需求。

6.4 UML 建模实例

下面以图书馆图书借阅管理系统开发为例，介绍如何使用 UML 进行实际建模。

6.4.1 问题描述

目标是建立一个图书馆图书借阅管理系统，使图书借阅管理工作规范化、程序化，避免图书管理的随意性，提高图书借阅处理的速度和准确性。

使用图书借阅管理系统的用户有图书馆管理员、图书馆工作人员和借阅者。

图书借阅者可以通过 Internet 或图书馆的终端来查阅和预约图书，查询个人的图书借阅信息，可以续借图书一次（一个月），借阅者必须通过图书馆工作人员借阅和归还图书。

图书馆工作人员有修改图书借阅者的借书和还书记录的权限，图书馆工作人员可以为图书借阅者加入借书记录和还书记录，删除借阅者的预约记录。

图书馆管理员负责用户管理，修改借阅者的个人信息，如借阅者超期罚款等。另外，图书馆管理员负责图书信息的维护工作，如有关图书的各种基本信息管理，图书借阅情况统计等。

6.4.2 系统建模

1. 分析问题，明确用户需求

根据图书借阅管理系统的需求，可以明确本系统有图书馆管理员、图书馆工作人员、图书借阅者三个参与者。包括的功能有查询图书、预定图书、借书、还书和用户管理等。建立用例图，如图 6.21 所示。

对于每一个用例，应给出一个详细的功能描述，例如对于借阅图书的用例描述如下。

(1) 用例编号：1-5。
(2) 用例名称：借阅图书。
(3) 用例描述：图书借阅者在图书馆内挑选好需要的图书后，通过图书馆工作人员借书。
(4) 参与者：图书借阅者、图书馆工作人员。
(5) 前置条件：图书馆工作人员正确登录系统。
(6) 后置条件：修改图书借阅信息。

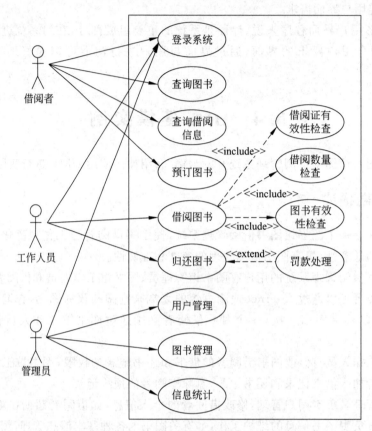

图 6.21　图书借阅管理系统用例图

（7）基本操作流程：借书成功

① 图书借阅者将借书证和所借图书交与图书馆工作人员。
② 图书馆工作人员输入借书证号码。
③ 图书馆工作人员将借阅图书号码输入系统。
④ 如借阅者预订此书，删除预订信息。
⑤ 借阅完成。

（8）可选操作流程：

① 如果借阅证无效（借阅者有超期未还图书或未交罚款），那么借阅者将无法借书。
② 如果借阅者借书超过规定数量将无法借书。
③ 如果此书被其他借阅者预订，将无法借书。

2. 分析系统中的对象和类，建立静态结构模型

通过分析图书管理系统的问题描述，可以获得系统需要存储的资料有图书信息、图书借阅信息、图书预订信息、图书管理员、图书馆工作人员、借阅者等。根据与图书馆工作人员的讨论，建立了如图 6.22 所示的类关系。

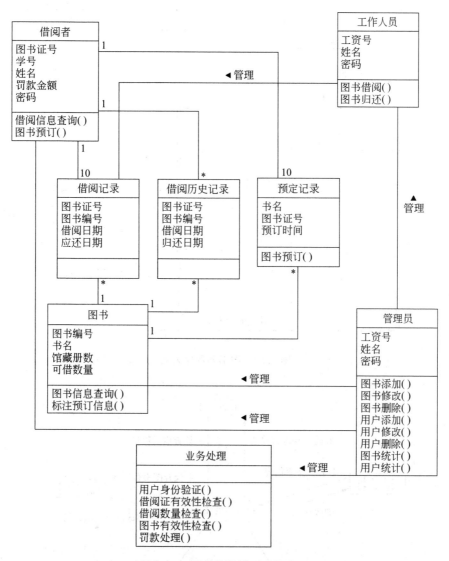

图 6.22　图书借阅管理系统类图

从图 6.22 中可以看出，每个图书借阅者可以借 0～10 本书，也可以预订 0～10 本书，因此"借阅者"类与"借阅记录"类和"预订记录"类之间的关系是一对多关系；同样，每个图书管理员可以管理多个借阅者和多本图书，因此"图书馆管理员"类与"借阅者"类和"图书"类之间的关系也是一对多关系。

3. 图书管理信息系统的动态行为模型

在图书管理系统中，针对每个用例都可以建立一个序列图，序列图在表示操作次序上更为直观和简洁，相当于一个流程图。图 6.23 是针对图书预约的序列图。

协作图与序列图类似，它们可以互相转换，序列图关注的是时间，而协作图关注的是对象之间的交互。图 6.24 是图书借阅的协作图。

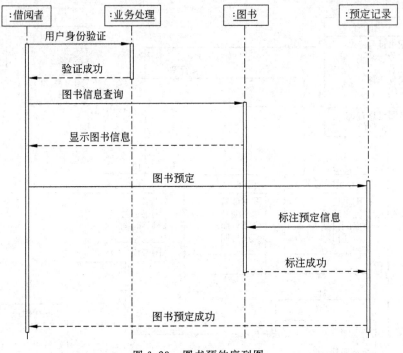

图 6.23 图书预约序列图

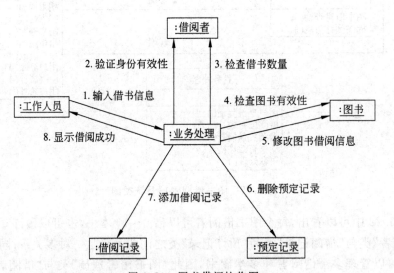

图 6.24 图书借阅协作图

另外,在明确用户的需求后,应尽快与用户探讨,确定用户界面。在完成上述建模之后,采用某一个面向对象的程序设计语言就可以进入具体的程序设计阶段了。

第 7 章

软件工程

计算机软件已经成为社会发展的重要驱动力之一,现在人们生活的方方面面,大到国家的决策,小到个人的消费,几乎都离不开计算机软件的支持。随着计算机技术的发展以及人们需求的增强,计算机软件变得越来越大,越来越复杂,这使得软件的设计和开发变得越来越困难。因此,如何设计和开发出优秀的软件,以满足各种类型系统的需求是一个关键问题,软件工程就是指导人们生产出优秀软件的一种科学方法。

7.1 软件工程概述

软件的生产是一项困难的工作,为开发出优秀的软件,就要了解究竟什么是软件,软件的特点以及软件开发中所面临的问题,然后针对这些问题找出合适的解决方法。

7.1.1 软件工程原理

1. 软件及其性质

软件是与计算机系统的操作有关的计算机程序、规程和可能相关的文档,与硬件一起组成了完整的计算机系统。一般认为软件由程序、数据和文档三个部分组成。程序使用某种程序设计语言编写,当执行时可满足所需的功能和性能要求;数据是为了支持程序正常运行所需要的数据及其组织方式,数据一般使用文件(如一些软件所需的配置文件、注册表等)或数据库存储;文档包含开发文档、使用说明书等。

同许多其他事物一样,软件也分很多种类型,然而给软件做出科学的分类是很困难的,目前为止还找不到统一、严格的分类标准。常见的软件一般按照功能和规模等方式进行分类。按功能分包括系统软件、支撑软件和应用软件。按规模分包括微型、小型、中型、大型、极大型软件等。

为了解软件生产的困难,需要分析软件的特性,进而根据这些特性寻求解决方法。软件的特性主要有以下几个方面。

(1) 复杂性。随着应用范围以及软件规模的增加,程序变得越来越复杂。早在 20 世纪 60 年代初,鼠标的发明人道格拉斯·恩格尔巴特就提出"计算机是人类智力的放大器"的观点,指出计算机是人类大脑的延伸,软件是用于辅助人脑去解决问题的。因此,如何在现有硬件条件下通过由指令序列所组成的程序实现人们解决问题的需求,是一项非常复杂的任务。

(2) 难描述性。体现在两个方面:软件需求难描述以及某些软件算法难描述。如 5.3 节所述,用户往往很难准确、清晰地描述其需求。当前软件应用于日常生活的各个方面,而在许多应用中其解决问题的算法并不是利用公式进行简单的计算就能完成的,这些算法具有难描述性。

(3) 不可见性。软件不同于其他产品,可以看得见、摸得到,软件仅存在于存储介质上,无论将计算机进行怎样的解剖,都不可能看到软件的实体,只有通过程序的运行才能看到软件执行的结果。

(4) 变化性。软件通常会随着时间的推移以及应用环境的变化而需要不断地调整,这就是软件维护(见 5.5.4 节)。对于软件来说,变化是其固有的特性。

(5) 易复制性。软件不同于硬件,一旦生产出来之后,其复制非常简单。这种特性在带来极大便利的同时也增加了风险,即软件中的错误将随着各个副本广泛传播。

2. 软件危机与软件工程

软件的以上特性使得软件开发比较困难,随着软件规模及应用范围的增大,这种困难大大增加,形成了软件危机,其主要表现为:周期长、成本高、质量低、维护难。

(1) 周期长。软件不同于硬件,可以使用流水线的方式进行生产,尽管近年来出现了一些自动化的程序生成方法,但目前为止绝大多数的软件仍然是通过程序员手工编写程序代码完成的,造成生产效率低,开发周期长。

(2) 成本高。由于软件开发周期长,为缩短开发周期可能会采取增加人手以及加班工作等手段,这些必然会导致成本的上升。

(3) 质量低。软件需求的获取是非常困难的,在将需求转化为设计、设计转化为程序的过程中还可能出现信息损失、理解偏差等问题,这些都将降低最终所形成软件满足用户需求的程度。同时在软件设计及开发过程中,不可避免地会出现失误、错误。以上问题如果在软件开发过程中不能很好地发现并加以校正,无疑将降低所生产出来的软件的质量。

(4) 维护难。变化性是软件固有的特性,而软件的变化一般是通过软件维护实现的。维护难主要表现为三个方面。一是由于软件设计者水平所限,在设计软件过程中并没有过多考虑可维护性问题;二是缺乏相关文档,很难理解软件的功能、算法;三是负责进行维护的人员往往不是进行软件开发的人员。

为克服软件危机,北大西洋公约组织(NATO)的专家于 1967 年首次使用了"软件工程"这个术语,并于 1968 年 NATO 软件工程会议上正式认可了该提法,主张将已经建立的其他工程领域的原理和范例运用到软件开发领域中,以便解决软件危机。同计算机领域的许多概念一样,"软件工程"也没有一个统一、公认的定义,但有很多专家从不同的侧面对其进行了定义。

Fritz Bauer 提出:"软件工程是建立和应用完善的工程原理以便经济地得到在真实机器上可靠和有效运行的软件。"这是最早的关于软件工程的定义。

美国电气及电子工程师协会 IEEE 给出了一个更加综合的定义:

(1) 应用系统的有规则的定量的方法开发、使用和维护软件；即应用工程于软件。
(2) 研究(1)中的方法。

但是这个定义仅强调了定量的方法，并没有强调软件的质量问题。

我国国标 GBT 11457—2006《信息技术 软件工程术语》中给出了软件工程的定义："应用计算机科学理论和技术以及工程管理原则和方法，按预算和进度，实现满足用户要求的软件产品的定义、开发、发布和维护的工程或进行研究的学科。"

著名软件工程专家 Roger S. Pressman 指出，软件工程是一种层次化技术，其核心为质量焦点，向上层依次涉及软件工程的三个要素：过程、方法和工具。

(1) 过程。即软件工程过程，通过一系列有组织的活动，将软件工程方法和工具结合起来，以便能够及时、合理地开发出功能完整以及高质量的软件。过程定义了所采用的软件工程方法及使用次序、各开发阶段及其交付物(如模型、文档、数据、报告等)、软件质量保证、变化的适当管理等相关内容。

(2) 方法。即软件工程方法，通过一系列有次序的步骤，将软件开发工作划分为若干个阶段，并为每个阶段定义了若干个任务，从而为软件开发提供了"如何做"的技术。方法中涵盖了问题定义、可行性研究、需求分析、设计、程序设计、测试及维护等一系列任务。

(3) 工具。软件工程工具为过程和方法提供自动或半自动的支持。通常人们将这些工具集成起来使用，形成一个软件开发的支持系统，称之为计算机辅助软件工程(Computer Aided Software Engineering, CASE)，即 CASE 工具。通过对工具的使用，可以大大提高软件的生产率和质量。

综上定义，软件工程就是为解决软件开发过程中所面临的周期长、成本高、质量低、维护难等问题，而提出的一整套工程化的方法和原则，其核心是保障所开发出来的软件的质量。

7.1.2 软件工程基本目标

为更好地指导软件的开发工作，软件工程要实现的基本目标有以下内容：
(1) 功能完整。所生产出的软件要满足所要求的所有功能，不能有功能缺失。
(2) 可用。所生产出的软件要达到可用的程度。
(3) 功能正确。所生产出的软件的功能要达到预期的目的。
(4) 按时交付。要在规定的时间内完成开发工作，及时将软件交付使用。
(5) 低成本。尽量付出较低的开发成本完成软件的开发工作。
(6) 高性能。所开发出的软件要满足所要求的性能，并尽可能提供更优良的性能。
(7) 高可靠性。应尽量减少软件的错误，提高所开发软件的可靠性。
(8) 易维护。所生产出的软件应文档齐全、简单明了，以利于软件的维护工作。

除前三个目标外，其余五个基本目标之间存在着互补和互斥的关系，例如按时交付与低成本之间是互补关系，按时交付必然会降低成本；而同时低成本与高性能之间却存在着互斥关系，要做高性能的软件，必然要在分析、设计以及实施等环节上做出更多的努力，而这些又导致开发成本的提高。各目标之间常见的互补和互斥关系如下：

- 互补关系：低成本与按时交付、高可靠性与易维护。

• 互斥关系：低成本与高性能、低成本与高可靠性、低成本与易维护、高性能与高可靠性、按时交付与高性能。

因此，对于某个具体的软件项目开发而言，需要在以上 8 个基本目标之间寻求一个平衡点，以便可以以开发方和用户都能接受的方式生产出合适的软件产品。

为达到软件工程的基本目标，软件工程领域的专家学者以及业界人士提出了一些软件工程的原则。1983 年美国 TRW 公司的 B. W. Boehm 概括出著名的软件工程七条原则：

(1) 按软件生存期分阶段制定计划并认真实施。

(2) 坚持进行阶段评审。

(3) 坚持严格的产品控制。

(4) 使用现代程序设计技术。

(5) 明确责任，以使结果能清楚地审查。

(6) 用人少而精。

(7) 不断改进开发过程。

上述七条原则主要是宏观的指导性原则，涉及软件工程的各个方面，但不够具体，因此其他研究者同时又提出了很多具体的操作性原则，主要包括：

(1) 抽象：把事物本质的共同特征提取出来而忽略其他细节。

(2) 模块化：将一个复杂系统按照自顶向下、逐层细化原则分解为若干模块。

(3) 信息隐藏：一个模块内的数据和实现细节对于其他模块来说是隐蔽的，即模块中所包含的信息对于其他模块来说是不能访问的。

(4) 独立性：模块之间应松耦合，模块内应高内聚。

(5) 确定性：软件开发过程中所有概念的表达应是确定的、无歧义性的、有意义的、简洁的和规范的。

(6) 一致性：整个软件系统(包括程序、文档和数据)的各个部分之间在概念、符号、接口、行为等方面应保持一致。

(7) 完备性：所生产出的软件要满足所要求的功能，不能有功能缺失。

7.2 软件开发方法

软件开发方法又称为开发模式、开发范型等，国标 GBT 11457—2006《信息技术 软件工程术语》将其定义为"软件开发过程所遵循的方法和步骤，它是规则、方法和工具的集成，既支持开发，也支持以后的演化过程"。开发方法将主要关注于：特定问题和应用的开发过程中将遵循的步骤；确定将用于表示问题和解的那些成分的类型；利用这些成分表示与问题解决有关的抽象；直接得到问题的结构。

对开发方法的选择将影响整个软件开发过程。从软件工程诞生以来，人们非常重视软件开发方法的研究，提出了多种软件开发方法和技术。一般人们将这些软件开发方法划分为传统软件开发方法和现代软件开发方法两大类别。

7.2.1 传统软件开发方法

传统的软件开发方法主要针对如何使用面向过程的程序设计语言开发出软件这一问题而提出的,主要有结构化方法、Jackson 方法、Parnas 方法、DSSD 方法等。

1. 结构化方法

20 世纪 70 年代,Yourdon 和 Constantine 提出了结构化方法,是传统软件开发方法中最常用的一种方法,第 5 章中的系统分析及系统设计中所讲述的方法就是结构化方法。

结构化方法由结构化程序设计理论发展演变而来,是一种面向数据流的方法,主要由结构化分析方法(SA)、结构化设计方法(SD)和结构化编程方法(SP)组成。结构化方法首先采用结构化分析方法进行需求分析工作,然后在其基础上采用结构化设计方法进行设计,最后采用结构化编程方法进行编程实现。由此形成了一整套从分析、设计到实现的完整的开发体系。

2. Jackson 方法

Jackson 方法由英国人 Jackson 提出,是一种面向数据结构的分析与设计方法,采用的原则是"程序结构与数据结构相对应",按目标系统的输入、输出和内部信息的数据结构进行软件设计,从而导出系统的程序结构。Jackson 方法的基本思想与结构化设计方法类似,都采用自顶向下、逐步求精以及模块化等思想。

3. Parnas 方法

Parnas 是针对软件可靠性和可维护性问题而提出的开发方法,主要有 3 点原则:用防护性检查提高软件可靠性、用信息隐蔽提高系统可维护性、模块分解原则。

4. DSSD 方法

DSSD 方法是面向数据结构的结构化数据开发方法,又称为 Warnier-Orr 方法,由 Warnier 提出,Ken Orr 进行了扩展。该方法与结构化方法类似,只是所采用的图形工具、考虑的数据结构不同。

7.2.2 现代软件开发方法

现代软件开发方法是为克服传统软件开发方法所存在的一些问题,在传统软件开发方法基础上,为强调人在软件开发中的作用,以及应用软件开发新技术而提出的,目前主要有面向对象开发方法、形式化开发方法等。

1. 面向对象开发方法

随着面向对象程序设计语言的出现,人们逐步将面向对象的思想和技术应用到系统的分析和设计方法中,最终形成了面向对象开发方法。面向对象开发方法尽可能模拟人类的思维方式,使得软件开发过程尽可能地与人类分析与解决问题的过程相一致。与传统软件开发方法不同,面向对象开发方法并不是从功能上或算法上考虑问题,而是将数据和算法封装为对象,从对象的角度去分析与解决问题。

在面向对象开发提出之初,很多专家提出了各种不同的实施方案,如 Coad-Yourdon 方法、Booch 方法、Jocobson 方法、Rambaugh 方法、Wirfs-Brock 方法等。1993 年,Grady Booch、James Rumbaugh 和 Ivar Jacobson 3 人开始尝试将这些方法进行汇集,直到 1996 年形成了统一建模语言 UML,1997 年 OMG 将 UML 1.1 作为行业标准。UML 经过不断演变,目前已经成为面向对象开发方法中的标准。

2. 形式化开发方法

前面所介绍的所有软件开发方法中,在分析、设计过程中都使用了大量自然语言和多种图形符号,这就不可避免地带来一些问题,如存在着自然语言描述中的矛盾、二义性、含糊性、陈述不完整以及抽象层次不同等问题(参见第 5 章),不利于阅读者理解和应用,由此必然会给系统的开发造成很大的影响。数学是一种非常理想的建模工具,使用基于数学的方法去描述就可以避免这些问题或很大程度上降低所带来的不利影响。著名软件工程专家 Roger S. Pressman 指出:"如果一个方法有良好的数学基础,那么它是形式化的,典型地以形式化规约语言给出的。"形式化方法就是应用形式化规约语言去进行系统的分析、设计工作的方法。形式化方法可使得所生成的分析和设计模型比用传统的或面向对象方法生成的模型更完整、一致和无二义。形式化方法由于对建模人员有较高的要求,因此现在并没有得到广泛的应用。

7.3 软件生存周期

同硬件产品一样,软件产品也会经历从开始构思到该软件产品交付使用,直至最终退役为止的整个过程,这个过程被称为软件生存周期(也称为软件生命周期)。软件生存周期的概念非常重要,是软件项目管理、进度控制、质量管理的基础。

软件生存周期一般包括定义、开发、维护、退役四个阶段,每个阶段又包含一个或多个活动,每个活动都会完成某项具体任务。在软件生存周期所经历的四个阶段中,每个阶段的任务各不相同,各有侧重。

1. 定义阶段

定义阶段的主要任务是弄清楚系统开发的总体目标以及约束和限制条件,并通过一系列活动确定系统所要完成的具体功能和非功能性需求,并制定切实可行的开发实施计划。定义阶段包含问题定义、可行性研究、需求分析三个主要活动。

(1) 问题定义活动。问题定义活动的主要任务是给出系统的总体开发目标及约束和限制条件。

(2) 可行性研究活动。可行性研究活动的主要任务是在问题定义基础上进行可行性分析,以相对短的时间和相对低的成本来确定给定的问题是否有解,并探讨可行的解决方案,主要解决"做还是不做"的问题。

(3) 需求分析活动。使用一种特定的分析方法,分析新系统的具体需求,明确新系统"做什么,不做什么,做到什么程度",即确定功能性需求和非功能性需求,并最终形成需求规约文档。

2. 开发阶段

开发阶段的主要任务是在定义阶段的成果之上,应用一系列过程、方法和工具开发出一个可运行的、高质量的软件系统。开发阶段主要包含设计、编码、测试、安装验收四个活动。

(1) 设计活动。在需求分析基础上,基于系统的限制和约束条件,为满足功能性需求和非功能性需求,使用与分析方法相配套的设计方法,找出关于系统"如何做"的过程。通过设计确定系统的物理模型,以使新系统满足需求分析所规定的各项功能和非功能性要求,最终形成软件设计文档。

(2) 编码活动。使用与分析和设计方法相匹配的程序设计语言,将设计结果转换为计算机可运行的程序代码。

(3) 测试活动。使用各种测试方法和测试手段,通过执行程序以便验证软件是否满足用户的需求。

(4) 安装验收活动。为确保用户能正常使用软件,需要对软件产品进行安装和验收工作,根据情况不同可能需要考虑数据的转换和迁移、用户培训等工作。

3. 维护阶段

针对正在运行的软件,根据软件运行过程中出现的各种问题、环境变化以及用户新的需求,对软件进行必要的修改工作。

4. 退役阶段

由于各种原因导致软件不再使用,此时将终止软件的运行,并进行数据的转换和迁移、垃圾数据清理等各种善后工作。

7.4 软件开发模型

理想的软件开发过程是按照软件生存周期的各阶段线性而顺序进行的,但在实际开发过程中,由于需求获取的困难导致不可能一次性地获取全部和精确的需求,因此导致软件开发过程不可能线性而顺序地进行,而是带有一个反馈的过程,从而使得这些阶段可以覆盖或重复执行,形成各阶段间不同的组织关系。

在一个具体的软件开发过程中,为更好地实施软件开发,软件开发人员必须设计、提炼出一个开发策略,用以覆盖软件生存周期中的各个阶段,确定所涉及的过程、方法、工具,对软件开发过程中所涉及的各种活动进行有机组织,形成一个可以指导人们有效地进行软件开发工作的方法,这就形成了软件开发模型(也称为软件过程模型、软件生存周期模型)。软件开发模型给出在软件生存周期过程中,各个阶段所对应的各个活动之间的组织关系,用于指导软件产品的开发工作。

在软件工程的发展过程中,产生了很多软件开发模型,并且还在不断发展中。这些开发模型根据其自身特点又分为很多种类,在不同的参考文献中对种类的划分也有所不同,本书将其划分为线性模型、演化模型、专用模型以及新型模型四大系列,每个系列又包含多个模型。限于篇幅,本书仅选取其中典型的模型进行说明。

7.4.1 线性模型系列

线性模型系列按照软件生存周期各阶段顺序地进行软件开发,并提供简单的反馈机制,其本质还是直线开发。线性模型系列主要有瀑布模型、快速应用开发模型(简称 RAD 模型)、V 模型等。

瀑布模型由 Royce 于 1970 年提出,是最早出现的软件开发模型,该模型在 20 世纪 80 年代之前被广泛采用,直至今日仍是主要的软件开发模型之一。

如图 7.1 所示,瀑布模型基于软件生存周期理论,分为定义、开发、维护三个阶段,共有计划、需求分析、设计、编码、测试、运行和评价等几个活动,软件开发的各项活动严格按照线性方式进行,将前一个活动的结果作为下一个活动的输入,在每个活动中都会对该活动的结果进行评审,评审通过后才能进入下一活动。如果在某活动中发现其上一活动有问题,则反馈到其上一活动进行修正,甚至返回到更前面的活动进行修正,直至通过评审转入下一活动为止。维护阶段的工作根据维护内容的不同,可能需要返回到计划、需求分析、设计或编码等不同活动,再进行后续工作,如图 7.1 中虚线箭头所示。

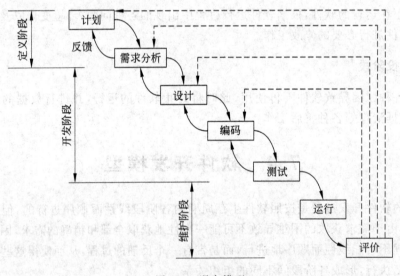

图 7.1 瀑布模型

该开发模型中各活动相互连接,自上而下,像瀑布一样,因此得名为瀑布模型。

瀑布模型各活动之间的信息交互都是通过文档进行的,因此该模型是一种典型的文档驱动模型,这种文档驱动方式既是该模型的优点,也是该模型的缺点。

1. 优点

（1）对于软件开发来说，如果在分析设计工作不扎实的基础上，匆忙开始进行编程工作，其结果往往导致大量返工，有时甚至发生无法弥补的问题，带来灾难性后果。而瀑布模型强调在编程之前必须完成分析和设计工作，并经过评审，可建立扎实的编程基础。

（2）瀑布模型是一个文档驱动的模型，每个阶段必须完成规定的文档，这些文档将作为不同阶段之间交互的基础，以及后期对软件进行维护的基础。

（3）每个阶段结束前都要经过评审，可尽早地发现问题并进行解决，防止问题逐步扩大，形成所谓的"蝴蝶效应"，也可在一定程度上提高软件质量。

2. 缺点

（1）瀑布模型将软件开发过程过于理想化，实际开发过程往往不是简单线性的。

（2）用户在编程阶段结束之前只能通过文档去了解系统，只有在编程阶段结束之后用户才能看到真实的系统，但仅仅通过文档中的静态描述，很难全面正确地认识动态的软件产品，这种情况将导致所开发的系统并不能满足用户的真正需求。

（3）各阶段活动之间的交互只能通过文档进行，而文档一般是使用自然语言再辅以各种图表来描述的，因此不可避免地会出现描述不清晰、理解歧义等现象，导致信息传递出现遗漏、偏差等问题，从而可能使得最终形成的系统与用户的需求相距甚远。由于文档是各活动之间交互的基础，因此文档的编写工作具有至关重要的地位，而文档的编写是非常耗时的，并且文档编写常被认为是低技术含量的工作而受到很多开发人员的轻视，这些都可能导致文档存在内容不全面、不完整、不清晰、不准确、可读性差等问题，严重影响各活动之间的交互效果。

（4）瀑布模型严格规定了只有上一活动结束才能进行下一活动，如果在某一活动出现问题，则可能产生阻塞，导致后续工作拖延甚至无法进行。

7.4.2 演化模型系列

演化模型系列认为软件这样一个复杂的系统应该是经过一段时间逐步演化生成的，利用迭代的思想，每次迭代会产生一个软件版本，经过多次迭代从而逐步完善软件版本，直至最终软件产品完成。演化模型系列主要有原型模型、增量模型、螺旋模型、协同开发模型、喷泉模型等。

1. 原型模型

大型建筑在施工之前，常根据图纸建造一个缩小的模型来验证工程完成后可能的效果；在大型飞机的设计和制造过程中也使用按比例缩小的模型进行风洞试验以验证其能力。引进这些其他领域的经验，在软件的开发过程中也可以通过先建立一个模型以便进行需求、运行状态以及算法的验证，这个模型一般称之为原型。

实际上，原型模型最初的出发点是为了更好、更全面地获取用户的需求，这也是原型建立最主要的目的。在粗略地了解需求的基础上，快速设计和开发一个原型系统，最简单的原型系统可能仅仅提供了界面以及界面之间的转换关系,复杂的原型可能包含了大部分的实际可执行的功能,最常见的原型主要提供对用户可见的部分(如输入/输出界面、操作流程等)。用户通过原型系统可直观地观察到系统真正运行时的状态,开发人员通过原型系统与用户进行交流沟通,不断根据用户的反馈意见修改原型,直至通过原型获取用户的全部需求。这个过程实际上是一个建造原型、用户测试和评价原型、根据用户意见修改原型的迭代过程,如图7.2所示。

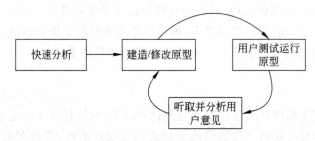

图7.2 原型迭代过程

如图7.3所示,原型模型是一个不带反馈环的线性开发过程,主要原因如下:

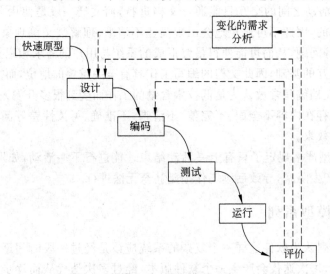

图7.3 原型模型

(1) 原型系统已经通过与用户交互而得到验证,根据原型系统所生成的规格说明文档正确地描述了用户需求,因此,在开发过程的后续阶段不会因为发现了规格说明文档的错误而进行较大的返工。

(2) 开发人员在通过原型与用户交互过程中可充分了解用户的特征,取得了一些经验,可在很大程度上避免在后续阶段出现错误。

原型模型的优点是可获取用户真正的、完整的需求,使得所开发出的产品尽可能符合用户的需求。原型模型也有很多缺点:

(1) 原型模型是一个不带反馈环的线性模型,因此具有瀑布模型的后两种缺点。

(2) 原型模型的根本出发点是快速,通常也被称为"快速原型法",因此为快速建造原型,往往不可能考虑质量、可维护性等因素,甚至选择并不合适的开发语言与开发环境,在原型的不断完善过程中,开发人员可能忘记了原型开始建造时的初衷,习惯了使用现有方法去开发和实现系统,最终导致系统质量低下。

2. 增量模型

增量模型将线性特征和迭代特征很好地进行了融合。增量模型把软件产品拆分为一系列的增量构件,每个增量构件都完成软件的一部分特定功能,这些增量构件组装在一起即可完整地实现软件的全部功能。针对每个增量构件分别采用具有线性特征的线性序列进行开发,各增量构件的开发可并行进行,因此所有增量构件开发的线性序列在时间上互相交错。这些增量构件将逐步发布,每发布一个增量构件就形成了一个新的工作版本,即在其前一个工作版本基础上增加了该增量构件所完成的功能(即形成了功能的增量),直至最终形成完整的系统。其线性特征体现在每个增量构件的开发上,而其迭代特征体现在增量的逐步发布上。在增量模型中,首先发布的增量一般是系统的核心和基础部分。

例如开发一个网上购物系统,在第一个增量中发布最基本的商品展示、查找、购物、商品维护等功能,在第二个增量中增加商品排序功能(如按价格或上架时间等)、商品推荐功能,在第三个增量中发布订单统计分析功能,在第四个增量中发布客户留言、邮件列表等功能。

在实际开发过程中,根据每个增量开发过程的不同又分为两类:低风险增量模型和高风险增量模型。

1) 低风险增量模型

如图 7.4 所示,在进行了统一的需求分析和概要设计之后,才开始针对每个增量构件分别进行开发。由此将减小将来各增量构件不能很好结合的风险,使得各增量构件可很好地集成到一起形成一个完整的系统。

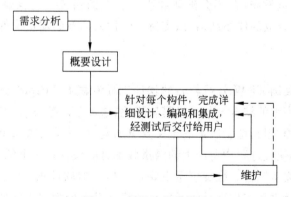

图 7.4 低风险增量模型

2) 高风险增量模型

如图 7.5 所示,一旦确定了第一个增量的需求后,即开始针对第一个增量进行分析、设计、编码及测试工作,而第二个及其以后的增量构件分别在其前一个增量分析之后即开始各自的线性过程,每个增量构件分别进行分析、设计、编码及测试工作,各构件之间的线性过程几乎是同时并行进行的。由于没有对系统进行统一的分析和设计工作,因此各增量构件之间可能无法集成到一起形成一个完整的系统,导致整个项目失败。

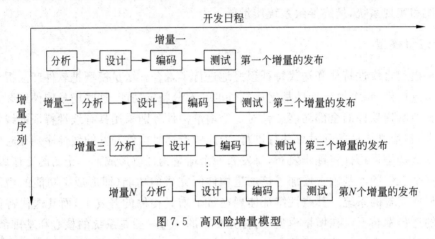

图 7.5 高风险增量模型

增量模型在实际工作中是一个十分有用的模型,具有如下优点。

(1) 由于第一个增量构件就会发布为一个可工作的版本,因此用户在较短时间内即可使用部分软件产品,对于时间要求紧迫的项目这是一个较好的方法。

(2) 软件开发人员可根据用户对当前版本的反馈意见指导下一增量构件的开发,同时开发人员也在这一过程中逐步适应和掌握了用户的习惯、开发手段等相关信息,可提高开发速度。

(3) 逐步增加产品功能可以使用户有比较充足的时间学习和适应软件产品,从而减少一个全新的软件可能给用户带来的影响。

增量模型面临的一个最大难点在于如何进行系统设计,以使得各增量构件能够并行开发,并且当每个增量发布时,不会破坏和影响已有的系统。这就要求在进行概要设计时,应能设计出一个开放的体系结构,以支持不断插入的新的增量构件。

3. 螺旋模型

螺旋模型是由美国 TRW 公司著名的软件工程专家 B. Boehm 于 1988 年提出的,也是瀑布模型与原型模型的结合。与增量模型相比,增加了风险分析过程和活动,也是不断发布增量版本的过程,但其增量版本的定义要更加宽泛,并不要求每个增量都是可以运行的程序,在模型早期迭代过程中所产生的增量版本可能仅仅是一个纸上的模型或原型,然后在以后的迭代中逐步完善。螺旋模型主要是根据大型软件项目开发的特点而提出的,因此通常被用来指导大型软件项目的开发。它将开发划分为制定计划、风险分析、实施工程和客户评估四类活动,在每次迭代中按照线性顺序分别进行这四个活动,每次迭代之后都会产生并发布一个增量。与瀑布模型不同的是,螺旋模型中的这种线性活动进行的顺序并不是用直线描述的,而是考虑在迭代基础上使用螺旋线进行描述,如图 7.6 所示。制定计划、风险分析、实施工程和客户评估这四类活动分别形成了四个象限。螺旋线由制定计划活动开始,按顺时针方向沿横轴转一圈就表示一迭代过程,就会产生并发布一个更完善的增量版本。如果开发风险过大,开发机构和客户无法接受,项目有可能就此中止;多数情况下,会沿着螺旋线继续下去,自内向外逐步延伸,最终得到满意的软件产品。而螺旋线是根据纵轴上的软件开发累计成本展开的。

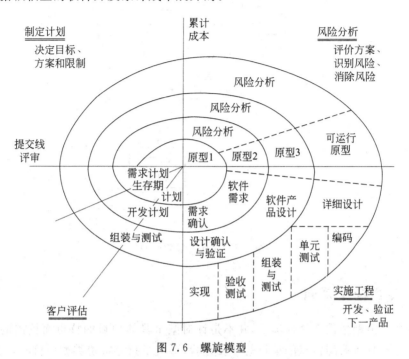

图 7.6　螺旋模型

(1) 制定计划：确定软件目标,定义资源、进度及其他相关信息,选定实施方案,弄清项目开发的限制条件,并制定出相应的项目计划。经过计划区域的每一次迭代是为了对项目计划进行调整,基于从用户评估得到的反馈,调整费用和进度。

(2) 风险分析：对制定计划活动中所提出的方案进行分析和评价,评估和识别出方案实施所面临的技术管理风险,估计风险发生的可能性以及危害程度,制定相应的应对措施以便减少或消除这些风险。

(3) 实施工程：按照实施方案生成增量版本的过程。

(4) 客户评估：客户对实施工程所产生的增量版本进行评估,提出反馈意见,这些意见将对下一次迭代过程提供重要参考。

由图 7.7 所示的简化螺旋模型可以看出螺旋模型与原型模型的关系。

螺旋模型在每次迭代制定计划后实施工程前都要进行风险分析活动,因此是一个风险驱动的模型,这将有利于对整体项目的把握,当发现风险不可承受时可及时终止项目,避免更大的损失。但风险驱动同时也是螺旋模型的一个弱点,因为对风险的评估、识别以及消除都需要丰富的知识和经验,这无形中加大了使用该模型的难度,而同时其他相关人员也可能过度相信风险分析人员的分析报告,如果风险分析人员没有及时识别出风险并进行消除,当风险真正来临时开发人员可能还认为一切正常,从而导致项目蒙受大的损失甚至导致项目的失败。

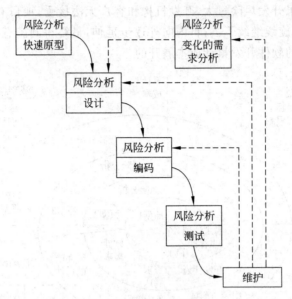

图 7.7 简化的螺旋模型

7.4.3 专用模型系列

上述开发模型适用于任何项目,并不是针对某个具体项目的特点而提出的。因此人们总结了一些具有典型特点的项目的开发经验,形成了指导特定类型项目的开发模型,这类开发模型其应用面窄,只适用于某些特定的软件开发,因而称之为专用模型。这些专用模型在实际操作中会与其他开发模型同时采用。目前主要的专用模型有:基于构件开发模型、形式化方法模型、面向方面软件开发、基于知识的模型等。

1. 基于构件开发模型

将功能相对独立的软件进行包装,成为软件构件,并由相应的厂家作为产品提供出来,新系统可以使用多个这样的构件像搭积木一样开发出来。基于构件开发模型就是针对这种情况研究如何开展新系统的开发工作的。

2. 形式化方法模型

基于形式化开发方法的一种开发模型,将软件需求进行形式化描述,经过一系列的推导和变换,最终得到系统的终极目标。形式化方法的目的在于可以提供无缺陷的软件,这就要求开发人员具有较高的形式化描述能力,因此增加了其应用的难度,是一种非主流的开发模型。

7.4.4 新型模型系列

传统软件开发模型仅关注软件开发过程中所采用的过程、方法和工具,并没有考虑开发中项目管理、人员组织等问题,而且传统软件开发模型中对每个活动所产生的结果并没有做出一个相对一致的、规范的要求,因此在实际开发过程中可操作性较差。在实际软件开发过程中,开发单位或者项目组常常会把几种不同模型组合,以便能更好地控制项目的进展。为此,软件工程领域的相关专家根据实际开发经验,总结提炼了一些全面考虑整个软件开发过程所涉及各方面元素的模型,我们称之为新型模型,也有人将其称为"过程开发模型"或"混合模型",在《高级软件开发过程》一书中金敏和周翔将其称为"软件过程模式",以示与传统软件开发模型的区别。目前新型模型主要有 Rational 统一过程、敏捷过程等。

1. Rational 统一过程

Rational 统一过程简称 RUP(Rational Unified Process),是由 Rational 公司推出的一种软件过程产品。Rational 统一过程是从 1967 年的 Ericsson 方法经过不断演变发展而来,并于 1998 年成熟的。目前 RUP 是应用最广泛的软件开发模型之一,在电信业、交通运输业、制造业、金融业以及系统集成业中得到了广泛应用。

与传统软件开发模型不同的是,Rational 统一过程将生存周期划分为由静态结构和动态结构所组成的二维结构,如图 7.8 所示,纵向表示静态结构,横向表示动态结构。静态结构由业务建模、需求、分析设计、实施、测试、部署、配置与变更管理、项目管理和环境九个核心工作流程组成,前六个为核心工作流程,后三个为核心支持工作流程。动态结构由初始、细化、构造和交付四个阶段组成。在初始阶段建立业务用例和确定项目边界;在细化阶段建立稳定的架构、编制项目计划和淘汰项目中风险最高的元素,一般迭代两次,也可根据实际情况增加迭代次数;在构造阶段开发所有构件和应用程序功能并集成为产品,详尽地测试所有功能,此阶段可能通过多次迭代完成;在交付阶段将软件产品交付给用户群体,一般也经过两次迭代完成。这四个阶段的工作量和进度如表 7.1 所示。

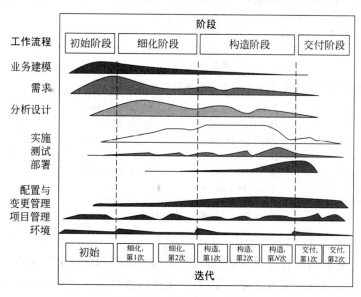

图 7.8 Rational 统一过程

表 7.1　Rational 统一过程中的动态结构

	初始阶段	细化阶段	构造阶段	交付阶段
工作量(%)	~5	20	65	10
进度(%)	10	30	50	10

Rational 统一过程强调各阶段的每次迭代都会涉及静态结构中的多个工作流程,只是所涉及的工作流程其所承担的工作量不同,在图 7.8 中由使用表示工作流程的横向图形的面积表示,如在初始阶段,业务建模、需求所占工作量较大,而实施、测试所占工作量较小,不涉及部署。

从某种角度看,Rational 统一过程与螺旋模型很相似,但螺旋模型并未给出每次迭代结束时所产生增量的形式,也没有给出不同次迭代所经历的四类活动的内容与侧重点的不同。而 Rational 统一过程都对这些进行了详细的、规范的定义,因此具有极强的可操作性。

Rational 统一过程虽然看起来比较庞大,但是它可以根据项目的不同特点进行适当的裁剪,因此在理论上适用于所有类型项目的开发工作。

2. 敏捷过程

1) 敏捷过程概述

2001 年 2 月,17 位软件界专家发起并成立了"敏捷软件开发联盟",简称"敏捷联盟",并发布了敏捷软件开发宣言,如图 7.9 所示,由此形成了敏捷过程。

敏捷软件开发宣言

我们正在通过亲身实践以及帮助他人实践,揭示更好的软件开发方法。通过这项工作,我们认为:

- 个体和交互　　　　胜过　　过程和工具
- 可以工作的软件　　胜过　　面面俱到的文档
- 客户合作　　　　　胜过　　合同谈判
- 响应变化　　　　　胜过　　遵循计划

虽然上述的右项也具有价值,但我们认为左项具有更大的价值。

Kent Beck	James Grenning	Robert C. Martin
Mike Beedle	Jim Highsmith	Steve Mellor
Arie Van Bennekum	Andrew Hunt	Ken Schwaber
Alistair Cockburn	Ron Jeffries	Jeff Sutherland
Ward Cunningham	Jon Kern	Dave Thomas
Martin Fowler	Brian Marick	

图 7.9　敏捷软件开发宣言

敏捷过程发布了 12 条基本原则,具体如下。

(1) 最优先要做的是通过尽早地、持续地交付有价值的软件来使客户满意;

(2) 即使到了开发后期也欢迎改变需求,敏捷过程利用变化来为客户创造竞争优势;

(3) 经常性地交付可以工作的软件,交付的时间间隔越短越好;

(4) 在整个项目开发期间,业务人员和开发人员必须天天都工作在一起;

(5) 围绕被激励起来的个体来构建项目,给他们提供所需的环境和支持,并且信任他们能够完成工作;

(6) 在团队内部,最有效果并且富有效率的传递信息方法就是面对面的交谈;

(7) 工作的软件是首要的进度度量标准;

(8) 提倡可持续的开发速度,责任人、开发者和用户应该能够保持一个长期的、恒定的开发速度;

(9) 不断关注优秀设计的技能和良好的设计能增强敏捷能力;

(10) 简单是最根本的;

(11) 最好的架构、需求和设计出自于自组织的团队;

(12) 每隔一定时间,团队会在如何才能更有效地工作方面进行反省,然后相应地对自己的行为进行调整。

敏捷过程在后来的发展过程中逐渐形成了许多流派,主要的流派有:极限编程、动态系统开发方法、水晶系列方法、开放式源码等。

2) 极限编程模型

极限编程(XP)模型由 Kent Beck 提出,是敏捷过程中最负盛名的一个,最初用于 1997 年 Crysler 公司的 C3 项目。

极限编程模型提出了四条价值观:

① 改善沟通。极限编程强调开发人员之间、开发人员与用户之间的沟通。

② 寻求简单。在系统可运转前提下,做简洁工作;优化设计,使代码简洁、无冗余。

③ 获得反馈。及时从用户处获得反馈信息。

④ 富有勇气。敢于做出正确判断并实施,敢于丢弃不良代码,疲惫时立即休息。

极限编程模型总结了如下一些有效实践:

① 客户作为团队一员,全程参与项目的开发工作。开发人员可以随时与客户进行交流沟通,并且将需求谈话记录为用户素材。

② 强调短交付周期,每两周交付一次可工作的软件。

③ 结对编程,编程人员并不是单独进行某个模块的开发工作,而是两个程序员合作共同进行同一个模块的开发工作,极限编程甚至为此还专门研究了开发所处工作空间的安排和部署问题。

④ 测试驱动的开发,强调测试先行,同时也可通过以客户指定的验收测试形式捕获用户素材的细节。

⑤ 集体所有权,每个成员都可修改代码。

⑥ 持续开发和集成,强调可持续的开发速度,开发应能保持在一个相对恒定的速度,并提倡一天内集成系统多次。

⑦ 简单的设计。

⑧ 重构,这与富有勇气价值观相适应,所谓重构就是为追求代码的简洁或性能的提升而修改原代码的过程。对于大部分的程序员来说,抛弃其之前所编写的代码不是一件容易的事情,因此要勇于进行重构。

由上述的有效实践可以看出,极限编程也是一种持续发布新版本的迭代过程。极限编程适用于项目组在 10 人以下、开发地点集中、用户可全程参与的场合,现已成为小组开发方法的一个典型。但极限编程强调用户全程参与项目的开发,并且需求的获取是随时与用户进行沟通的结果,几乎没有留存文档,因此将会给后期的维护工作带来极大的麻烦。另外,极限编程仅强调共享与合作,没有体现另一个推动社会进步的因素——竞争,因此存在由于"吃大锅饭"而导致生产效率低的问题。

7.5 软件工程管理

在软件开发领域,一个软件项目往往会产生各种不同的结果,如成功、失败或没有能够达到用户期望等,综合分析引起这些结果的原因,人们得出了一个结论:项目成功与否往往与特定的项目团队密切相关,导致项目不能取得成功的一个共同问题是软件项目管理太弱。在一般的软件开发过程中,项目团队往往是临时组成的,因此如何对项目开发过程中的各个环节、各种资源更好地进行有效的组织和管理就成为决定项目成功与否的关键因素。软件工程的管理贯穿于整个软件生存周期。

7.5.1 软件工程项目管理的任务

著名软件工程专家 Pressman 指出,有效的项目管理注重于人员、问题和过程三个方面。其中人员是最重要的管理对象,因为软件工程是人的智力密集的劳动。对问题的管理是指在进行项目计划之前,应该首先明确该项目的目的和范围,考虑可选的解决方案,定义技术和管理的约束。对过程的管理是指建立一个软件开发的综合计划。为完成对这三个方面的管理,项目管理主要包含四个主要任务。

1. 项目计划

根据项目的总体目标要求,对项目的实施进行总体规划,如成本估算、时间安排、资源分配等,从而制定出一个切实可行的实施计划。

(1) 成本估算。在执行项目计划过程中,必须估算所需的资源(人力、物力、时间等),并在此基础上估算成本,一般的成本通常以计算人力成本为主。由于软件开发的特殊性,很难在项目完成之前准确地估算出工作量和费用,因此也很难算出准确的成本。因此成本估算基本上是参考以往开发类似软件的经验来进行的。一般的成本估算都是先根据一些经验计算出软件开发所需的工作量,然后在此基础上计算人力成本。目前大多数成本估算中都采用"费用/人月"方式进行,"人月"指一个人一个月所能完成的工作量。先估算出软件开发所需要的工作量,以多少个人月表示,然后乘以每个人月所需的费用,从而估算出成本。

(2) 进度安排。为使软件能够按照时间约束顺利地完成,需要先制定一个切实可行的进度计划。进度安排首先应识别并分析出项目完成所必需的一组任务,并建立任务之间的关联关系(如先后次序等),估算每个任务的工作量,然后进行人员和其他资源的分配,进行进度时序安排。进度安排结果可以采用甘特图、里程碑等进行描述。

2. 风险管理

软件及软件开发的一系列特性使得每个新项目都会存在一些风险。风险分析对于任何一个项目来说都是至关重要的,因此对风险的分析和管理是项目管理的一个重要任务。风险管理主要包括风险预测、风险识别、风险评估、风险监控等主要内容。

3. 进度管理

任何一个项目的进程都可能存在着各种不确定性,这将导致项目不能按照进度安排的时序进行,如某些任务进度滞后或超前,从而会影响整个项目的进程。因此项目管理人员应随时追踪项目的进展,评估滞后或超前所带来的影响,及时调整或更新进度安排,以便更好地控制软件的开发行为。

4. 项目组织

对参加项目的人员进行合理的组织,以便最大限度地发挥每个人的作用。在对人员进行组织时,要参考项目组成员各自的特点进行,同时考虑项目的特点、人员的素质、所采用的软件开发模型等各方面的因素。

7.5.2 软件人员组织与管理

人是最重要的项目管理对象,因此软件人员的组织和管理是项目管理的重要内容。

1. 项目中人员的分类

在软件项目中的人员可以分为开发方和应用方两大类。
1) 开发方
开发方人员负责软件项目的开发工作,一般分为以下几种角色。
① 高级管理者:负责确定商业问题,这些问题往往对项目产生很大影响。
② 项目(技术)管理者:必须计划、刺激、组织和控制软件开发人员。
③ 开发人员:负责开发一个产品或应用软件所需的专门技术人员。
④ 辅助人员:负责软件项目开发中的保障工作,主要完成的是诸如风险分析、质量保障、培训等辅助性工作。
2) 应用方
应用方指除开发方之外的另一方,主要分为两种。
① 客户:负责说明待开发软件需求的人员,一般客户是软件项目开发的出资方。
② 最终用户:一旦软件发布成为产品,最终用户是直接与软件进行交互的人。
客户与最终用户可能是相同的,如客户要求开发一个管理系统,主要用于自身企业的管理。客户与最终用户也可能是不相同的,如客户要求开发一个网上购物系统,则最终用户是广大在其网站上购物的网民,客户也由于需要进行网上购物管理工作而成为最终用户。

每一个软件项目都有上述的人员参与。为了获得很高的效率,项目组的组织必须最大限度地发挥每个人的技术和能力,这是项目负责人的任务。

2. 项目中人员的组织形式

在一个大型的软件项目开发中,由于参加项目的人员较多,因此通常将人员按照不同的组织方式将其组成多个小组,每个小组人员数量可能并不相同。如何对项目小组进行组织和管理,以便能够发挥各小组的最大潜力,提高工作效率,对软件项目能否成功非常重要。目前常用的组织形式有职能型组织、课题型组织、矩阵型组织、复合矩阵型组织等。

1) 职能型组织

先将项目划分为不同的工作阶段和任务,每个阶段和任务由一个小组完成,然后按照项目组人员自身的特点、素质、水平和能力的不同,将人员分配到各小组中。每个小组将完成自身的任务,按照工作阶段的安排将结果传递给下一小组。如按照需求获取、需求分析、设计、编码、测试、风险分析、质量保障等划分小组。这种划分方式由于小组成员仅从事某一方面的工作,因此可能成为这方面的专家,但是长期仅干单一的工作将对其发展极其不利,因此在一段时间后各小组成员应进行适当轮换调整。该组织方式如图 7.10(a)所示。

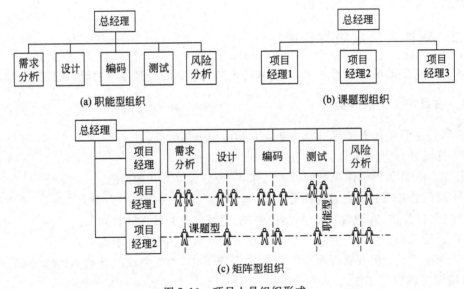

图 7.10 项目人员组织形式

2) 课题型组织

将项目按照问题域的不同划分为若干个相对独立的子课题,然后将项目组人员分配到某个子课题中,形成一个课题组,课题组的人员将负责课题范围内的所有开发工作。该组织方式如图 7.10(b)所示。

3) 矩阵型组织

上述两种组织模式各有其特点,在实际中常将上述两种组织模式混合,形成矩阵型组织。矩阵型组织模式被认为是所有项目组织类型中最好的一种类型,一方面,它按照工作阶段和任务成立职能小组,另一方面,每个课题又有一个人负责管理,每个开发人员既属于某个职能小组又同时属于某个课题小组,参加项目开发工作,受到双重领导。该组织方式如图 7.10(c)所示。

3. 小组内部管理形式

小组内部的管理形式也将对项目开发产生很大影响,常见的小组内部管理形式主要有三种。

(1) 主程序员制。小组的核心为一位主程序员,多位技术人员以及多位辅助人员组成。主程序员负责小组的全部技术活动的计划、协调和审查工作,技术人员负责具体开发与文档编写,辅助人员提供技术或信息支持工作。这种方式中主程序员的技术水平和管理能力成为小组成败的关键。

(2) 民主制。小组内虽然有组长,但遇到问题时组内成员平等交流,所有决定都由全体成员通过某种方式集体做出。这种方式强调每个成员的主观能动性,但要求成员之间应具有较强的协作精神。

(3) 层次制。将组内人员分为三级:组长为最高级,负责全组工作,并直接领导几名高级程序员,每个高级程序员带领并管理若干程序员。组长与高级程序员之间组成了一个层次,高级程序员与程序员之间组成了另一个层次,每个层次内部的管理方式可以是主程序员制,也可以是民主制。这种方式适合于项目小组人数比较多的情况。

4. 人员组织和管理中应注意的问题

在项目人员组织和管理过程中,应避免一些错误的观点。

(1) 如已落后计划,可增加更多程序员来赶上进度,这既是人员组织和管理中的问题,也是进度管理中经常存在的错误观点。实际上,新增加的程序员并不能够马上开始工作,因为他要进入项目组,熟悉项目组的运行方式,同时还要了解和掌握项目的背景和相关前期工作,适应项目开发模式,熟悉开发环境,这些都是需要花费一定的时间的,而且在他熟悉过程中,不可避免地会与项目组其他人员进行交流沟通,这无形之中也会影响其他人员的进度,其结果可能是通过增加更多程序员不但不能赶上进度,甚至可能使进度更落后。

(2) 过分依赖少数几位程序员。在项目组中,往往有少数程序员非常优秀,因此一些技术难点往往交给他们去解决。但是如果过分相信他们的能力,可能会给其造成很大压力,导致水平失准,从而影响整个项目的进度。软件开发毕竟是一个群体合作的过程,因此需要充分调动和发挥每个人的能力。

7.5.3 软件配置管理

在软件生存周期的各个阶段中都会形成一系列的成果,如文档、报告、数据、源代码等,这些成果加在一起组成了软件配置。软件配置实际上就是软件产品在不同时期的组合。软件配置会随着开发工作的进展而不断变更,对这种变更需要加以管理以避免产生混乱。软件配置管理就是应用各种方法和手段来标识和说明软件配置中各部分的功能和物理特征,控制这些特征的变更,记录和报告变更处理过程,并验证这些变更是否遵循其需求。因为配置管理主要针对软件配置的变更进行管理，因此配置管理又称为变更管理。通过软件配置管理可降低由于变更所带来的混乱程度，提高生产率和软件质量。实际上，配置管理贯穿于整个软件生存周期。

配置管理的对象就是软件配置管理项，简称配置项，它是配置管理的基本单位，包括各类管理文档、评审记录和文档、软件文档、源码及其可执行码、运行所需的系统软件和支持软件以及各种有关数据等。

在配置管理中，基线是一个非常重要的概念，是对配置项进行合理变更的基础。基线也称为里程碑，是指已经过正式审核与同意，可用作下一步开发的基础，并且只有通过正式的修改管理过程方能加以修改的规格说明或产品。任何一个配置项在成为基线之前，都可以对其进行比较容易的变更，而一旦成为基线，就不能轻易地改变，因为基线是对阶段性工作的总结和整个项目组的共识，对其进行变更必须经过正式的修改管理过程，以便保证项目从一个阶段顺利过渡到下一个阶段。

配置管理作为软件开发过程中一种非常重要的辅助性活动，其主要任务如下。

(1) 配置标识管理。为方便对配置项进行管理，需要对配置项建立一个统一的标识，即配置标识，它是配置管理的元素，由为系统选择配置项并在技术文档中记录它们的功能和物理特征组成。

(2) 变更控制。在软件开发过程中，各种修改和变动是不可避免的，因此需要制定一种合理的变更管理过程，分析变更申请的合理性，对合理的变更请求选择合适的方式进行变更，使用基线对重要成果的变更过程进行控制。

(3) 版本控制。随着时间的推移，软件配置项会越来越多，并且有些配置项会通过变更形成新的版本，因此必须对这些配置管理对象的不同版本进行管理，避免版本混乱给软件开发带来的问题。

(4) 配置状态登录。在开发过程中，会涉及很多变更活动，因此对这些变更活动进行记录也是配置管理的一项重要任务。配置状态登录就是记录从变更申请、变更处理过程，直到变更结果等一系列过程。

(5) 配置审查。软件配置项跨越整个软件生存周期，由不同的人员在不同的阶段生成，因此如何确保变更过程是正确的、必要的，并使得每个配置项都是可跟踪的，也是配置管理的一项重要工作。

通过配置管理将在很大程度上提高对用户需求变更的适应能力，并使得生产出的软件具有很好的可维护性，从而降低变更和维护成本。

第3篇

工程篇

第 8 章

个体软件开发过程管理

8.1 概 述

计算机技术在社会各个领域获得了广泛应用,软件已经成为整个信息社会的重要组成部分。随着问题的规模和复杂度不断增加,软件开发需要数十人、数百人、数千人,历时数月、数年的努力工作,最终软件的规模达到数百万行,甚至上千万行。例如,Window Vista 系统的代码规模约为 5 千万行,由数千名开发人员历时 5 年完成。软件开发是一种在有限的人力、财力和物力条件下,在规定的时间内必须完成的工程项目。软件开发的目标是研制出满足需求的、高性能的软件产品,其研制基础是已有的技术储备、人员、财力等资源,其制约因素是资源有限,并面临众多开发风险,例如不稳定的需求、不成熟的技术、缺乏有效管理。有报告指出"一半以上的软件项目严重拖期且超过预算,而四分之一的项目没有完成就被取消了,只有低于 30% 的项目是成功的"。因此软件开发需要有一套有效的管理方法,保证在有限的资源和时间内,提供高质量的软件产品。

由美国卡内基·梅隆大学软件研究所提出的能力成熟度模型(Capability Maturity Model for Software,CMM),经过二十余年的发展,已经成为软件开发过程控制的标准,CMM 认证现已成为软件行业最权威的评估认证体系。CMM 侧重于过程管理,从项目的定义、实施、度量、控制和改进软件过程五个方面规范软件开发过程,确保软件项目的成功。CMM 作为软件开发过程管理的认证体系,主要面向软件开发组织。软件作为由多人构成的团队共同完成的智力成果,其开发过程中,最重要关键的元素是人,因此人力资源的有效管理成为软件开发项目成功的关键因素。优秀的软件开发和管理团队是项目成功开发的基础。在 CMM 体系下,构建优秀的软件开发团队,需要从个体和团队两个方面入手,其中个体软件过程管理(Personal software process)是基础,团队软件过程管理(Team Software Process)是保证。个体软件管理主要解决个人开发过程中的管理问题,而团队软件管理则解决团队整体开发过程的管理问题。

完成从程序设计到软件开发的转变,需要从程序语言、程序设计思想和软件过程管理三个方面入手,其程序语言是工具、程序设计思想是灵魂,高效的个体软件过程管理是保证。在大学阶段的学习中,程序语言部分侧重有语言本身语法的学习,对于程序设计和软件开发的规范涉及较少;程序设计思想部分侧重理论的学习,对于工程实践涉及较少;而个体软件过程管理部分几乎不涉及。本章从介绍程序设计编码规范入手,着重介绍个体软件开发过程管理。

8.2 编码规范定义

编码规范是指在软件开发过程中,由开发团队共同制定并遵循的代码编写规范。其主要目的是为了解决代码在团队内部的交流问题,涉及变量、程序结构、函数和文件等多个方面。在程序设计学习阶段,重点在于个体对于语言本身语法和基本程序设计思想的学习,编写的程序满足需求即可,并不过多涉及程序设计中的编码规范性问题。而软件开发过程中,程序代码不仅仅要实现某个功能,更重要的是用于交流及重用。因此,规范性问题显得尤为重要。

表 8.1 中的三段代码功能上完全相同,区别是代码行数不同及代码的可读性不同。代码 1 程序结构清楚,循环体和函数调用一目了然,变量名均代表一定的含义。而后面两种代码均达不到上述效果,特别是代码 3,需要仔细检查才能读懂。

表 8.1 代码风格对比

代码标识	代码片段

代码 1	h=1.0/(double)n;
	sum=0.0;
	for(i=myid+1;i<=n;i+=numprocs)
	{
	    x=h*((double)i-0.5);
	    sum+=f(x);
	}

代码 2	h=1.0/(double)n;s=0.0; for(i=d+1;i<=n;i+=n){s+=f(h*((double)i-0.5));}
代码 3	for(s=0.0,h=1.0/(double)n,i=d+1;i<=n;s+=f(h*((double)i-0.5)),i+=n);

程序代码的主要作用是表达软件设计者的意图,实现特定功能。但是由于软件开发行为不再是个体行为,而成为团队合作的结晶,代码同样是软件设计者之间交流设计信息的载体,因此代码的"清晰易懂"就非常重要,这也是编码规范要遵循的主要设计原则。8.3 节将以 ANSI C 程序编码规范为例进行说明。

8.3 ANSI C 程序编码规范

ANSI 对 C 程序设计标准与风格给出了相关的建议,不同软件开发组织可结合自身情况,制定自己的编码规范。编码规范对提升软件开发效率有着举足轻重的作用,同时也是成熟软件开发者和软件开发组织的重要标志。编码规范在代码审查和产品规模计算方面也具有重要作用。

8.3.1 代码结构与组织

代码结构与组织直接关系到文档的清晰程度和可读性,程序设计时参考的部分原则如下。

1. 源程序（*.c）

建议采用如下层次结构组织编写源程序：
(1) 包含系统提供的头文件；
(2) 包含自定义头文件；
(3) 数据类型定义；
(4) 常量定义；
(5) 全局变量声明；
(6) 函数定义。
例如：

```c
/* 系统头文件 */
# include <stdio.h>
/* stdlib is needed for declaring malloc */
# include <stdlib.h>
/* MPI 系统头文件 */
# include "mpi.h"
/* 自定义头文件 */
# include "mechanism.h"
/* 自定义数据类型 */
struct student{
    int id;
    char name[12];
};
/* 符号常量 */
# define PI 3.1415926
/* 函数或全局变量声明 */
int GlobalReadInteger();
void Hello();
void Ring();
int main(int argc,char * argv[])
{
}
```

2. 头文件（*.h）

建议采用如下的层次结构组织编写源程序头文件：
(1) 包含系统提供的头文件；
(2) 包含自定义的头文件；
(3) 数据类型定义；
(4) 常量定义；

(5) 全局变量声明；

(6) 外部函数声明。

下面是 math.h 中的部分代码片段，为了清晰起见，进行了相关的删减。

```
/* Definition of a _complex struct to be used by those who use cabs
 * and want type checking on their argument
 */
struct _complex {
    double x,y;              /* real and imaginary parts */
};
#define _DOMAIN 1            /* argument domain error */
#define _SING 2              /* argument singularity */
#define _OVERFLOW 3          /* overflow range error */
extern int abs(int);
extern double acos(double);
```

3. 数据类型定义与声明

在使用定义结构体时，尽可能采用相应的 typedef，为结构体定义新的类型名称。例如结构体 struct student 定义如下：

```
struct student{
    int id;
    char name[12];
};
```

声明变量的形式如下：

```
struct student stu1;
```

struct student 使用不是很方便，可以进行重定义，例如：

```
typedef struct student Student;
```

在使用时，直接使用 Student 声明变量即可，例如：

```
Student stu1;
```

数据类型 FILE 在 stdio.h 中的完整定义如下（以 VC++ 6.0 为例）：

```
struct _iobuf {
    char *_ptr;
    int  _cnt;
    char *_base;
    int  _flag;
    int  _file;
    int  _charbuf;
    int  _bufsiz;
```

```
        char * _tmpfname;
        };
typedef struct _iobuf FILE;
```

4. 外部函数和外部变量

严格遵循 ANSI 的相关约定声明外部函数和外部变量。建议采用如下形式：

```
extern int foo;
extern int abs(int);
extern double acos(double);
```

5. 预编译处理

由于操作系统平台的差异，系统移植是程序开发中经常面对的问题，因此合理使用预编译处理指令，可以最大限度地提高系统的灵活性。预编译处理一般用于：符号常量、宏以及条件编译。

例如，出错处理是宏的一个典型用途。下面是 stdio.h 中用于文件读写错误处理的宏：

```
#define ferror(_stream) ((_stream)->_flag & _IOERR)
```

条件编译在大型系统的开发中会经常使用，下面是 Wndows 开发工具包(SDK)中提供的 winnt.h 中，对 UNICODE 字符类型 WCHAR 的定义，其充分考虑不同操作系统的字符处理问题。在 MAC 系统中，WCHAR 是 C++基本数据类型 wchar_t 的别名。在 Windows 系统中 WCHAR 是 C++基本数据类型 unsigned short 的别名。

```
//
// UNICODE(Wide Character)types
//
#ifndef _MAC
typedef wchar_t WCHAR;              // wc,16-bit UNICODE character
#else
//some Macintosh compilers don't define wchar_t in a convenient location,
or define it as a char
typedef unsigned short WCHAR;       // wc,16-bit UNICODE character
#endif
```

8.3.2 注释

代码中的注释主要用于代码的说明，以方便对程序的理解。对于刚刚接触程序设计的人员而言，遇到的最大问题是"注释内容的多少、详细程度，以及注释位置"等。添加注释的一般原则是"够用即可"。

1. 文件说明

一般放在源程序文件的开始位置,目的是对文档进行整体说明,主要内容包括文档名称、作者、创建时间、文档功能、修改记录等。例如:

```
/******************************
* Filename: integrator.c
* Author:    Brader zhao
* Date:      2008年8月1日
*
* Description:本文件包含高级语言程序教材中定积分运算案例
*            所需要的函数,包括主函数。
*
* Modified:
*    2008-09-01 Brader Zhao 修改了主函数中的积分区间
*
******************************/
```

2. 结构体

结构体注释是一种对自定义数据类型的说明,说明结构体名称及成员。例如:

```
struct foo {
    /* List of active foo */
    struct foo * next;
    /* Comment for mumble */
    struct mumble amumble;
    int bar;
    /* Bitfield;line up entries if desired */
    unsigned int baz:1,
                 fuz:5,
                 zap:2;
    uint8_t flag;
};
struct foo * foohead;       /* Head of global foo list */
```

3. 全局变量或符号常量

通过注释说明其用途。例如:

```
#define _DOMAIN   1    /* argument domain error */
#define _SING     2    /* argument singularity */
#define _OVERFLOW 3    /* overflow range error */
```

4. 函数头

说明函数名称、功能、输入、输出、返回值等。其中功能描述部分可以添加使用说明。例如:

```
/*
 * 函数名：function
 * 功  能：计算double型数据x的函数值
 * 输  入：double x
 * 输  出：无
 * 返回值：x的函数值
 */
```

5. 关键代码注释

关键代码主要说明关键语句的作用。例如：

```
do
{
    /*
    当fabs(x-x0)>=1e-6时,反复迭代
    */
    x0=x;
    fx=function(x0);              /*计算函数值*/
    f=derivative(x);              /*计算导数值*/
    x=x0-fx/f;                    /*计算新的x值*/
}while(fabs(x-x0)>=1e-6);
/*输出结果*/
printf("The root is %f",x0);
```

8.3.3 标识符命名规范

标识符包括变量命名、常量命名、函数命名、宏命名等。标识符命名的基本原则是：

(1) 满足C语言的标识符命名规则，即由数字、英文字母和下划线构成，以英文字母和下划线开头，长度不超过32个字符。

(2) 标识符由表达标识符意思的单词构成。

(3) 标识符应当简洁易懂。

下面从局部变量、全局变量、常量、函数名和宏命名等几个方面分别说明标识符的命名规则。

1. 局部变量

变量一般采用小写字母开头，一般由小写字母构成，可以使用下划线。例如：

```
int handle_error(int error_number)
{
    int error=OsErr();
    Time time_of_error;
    ErrorProcessor error_processor;
}
```

2. 全局变量

在有效范围内保证其唯一，一般在变量前加上 g_ 用于区分局部变量和全局变量。例如：

```
Logger g_log;
Logger * g_plog;
```

3. 常量

常量一般全部用大写字母命名，可以使用下划线。例如：

```
const int A_GLOBAL_CONSTANT=5;
```

下面是 MPI.h 中的部分常量：

```
/* For supported thread levels */
#define MPI_THREAD_SINGLE 0
#define MPI_THREAD_FUNNELED 1
#define MPI_THREAD_SERIALIZED 2
#define MPI_THREAD_MULTIPLE 3
```

4. 函数名

由于函数代表一种操作，因此，函数名一般由动词＋名称构成，中间通过下划线分割。例如 MPI 中的部分函数如下：

```
int MPI_Waitall(int,MPI_Request * ,MPI_Status * );
int MPI_Testall(int,MPI_Request * ,int * ,MPI_Status * );
int MPI_Waitsome(int, MPI_Request * ,int * ,int * ,MPI_Status * );
int MPI_Testsome(int, MPI_Request * ,int * ,int * ,MPI_Status * );
```

在为函数命名时，一些重要的前缀和后缀可供参考。例如，前缀 is 用于检测；get 用于获取值；set 用于设置值。

5. 宏命名

宏的名字一般由大写字母构成，可以使用下划线。例如下面的宏：

```
#define ASSERT(f)\
    do\
    {\
    if(!(f)&&AfxAssertFailedLine(THIS_FILE,__LINE__))\
        AfxDebugBreak();\
    }while(0)\
#define VERIFY(f) ASSERT(f)
```

8.3.4 代码风格与排版

代码的隐晦难懂不会影响程序执行效率,但会影响程序员的阅读、理解和修改。代码的风格和排版,正如一个人的笔迹,清晰、明确、自然,可以让人赏心悦目。一般的原则如表 8.2 所示。

表 8.2 排版规范

准则	说 明 实 例

空格	合理使用空格和 Tab 键。
	`int           error=OsErr();`
	`Time          time_of_error;`
	`ErrorProcessor error_processor;`

分行	一行尽可能只有一条语句。一行的长度最好不超过 80 个字符
	`do\`
	`    { \`
	`    if(!(f)&&AfxAssertFailedLine(THIS_FILE,__LINE__))\`
	`        AfxDebugBreak(); \`
	`    } while(0)\`
	`#define VERIFY(f) ASSERT(f)`

代码块	尽量使用{}实现代码块的分割。合理使用缩进
	`do`
	`{`
	`    /*`
	`    当 fabs(x-x0)>=1e-6 时,反复迭代`
	`    */`
	`    x0=x;`
	`    fx=function(x0);        /*计算函数值*/`
	`    f=derivative(x);        /*计算导数值*/`
	`    x=x0-fx/f;              /*计算新的 x 值*/`
	`}while(fabs(x-x0)>=1e-6);`

函数	函数代码数量不超过一屏
变量	初始化所有的变量。 在声明指针时,确保用 NULL 或一个有效的地址值对其初始化,例如 int * p=null

表达式	为了清楚起见,在运算符的两端尽可能添加 1 个空格
	表达式力求简短、尽可能避免表达式嵌套。
	例如
	`    while(EOF!=(c=getchar())){`
	`    process the character`
	`    }`
	和
	`    d= (a=b+c)+r;`
	都是不好的表达式

续表

准则	说明实例

语句	(1) 在 switch 的每个分支中，确保以 break、return 语句作为结束。在 switch 中尽可能添加 default 的处理，确保在默认情况下，程序能够进行有效处理
	(2) 在使用 return 时，尽可能简单。例如 return 7 要比 return(7) 好
	(3) 在构建条件表达式时，要尽可能简单，例如：
	if(x==2‖x==3‖x==5‖x==7‖ x==11‖x==13‖x==17‖x==19)
	和
	if(x==2‖x>10&& x<12‖x==19)
	等价，但是优选后面一种
	(4) 在构建条件表达式时，尽可能常量在前面。例如：
	if(6==errorNum)
	好于
	if(errorNum==6)

8.4 软件生命周期模型

软件生命周期是指软件产品从前期市场调研开始，经历开发、测试、部署、应用、维护、改进直至废弃的全过程。软件生命周期由多个阶段构成，GB8566—88《软件工程国家标准——计算机软件开发规范》中将软件生命周期划分为 8 个阶段：可行性研究与计划、需求分析、概要设计、详细设计、实现（包括单元测试）、组装测试（集成测试）、确认测试、使用和维护。在整个软件生命周期内，前 6 个阶段属于软件的开发阶段，同时也是目前软件工程重点关注的领域。软件开发是一种典型的项目开发行为，要求在有限的资源和时间限制内，开发出满足需求的高质量软件产品。针对软件开发项目的特点，人们提出了多种软件开发模型。软件开发模型是指导软件开发过程管理的结构性框架，对软件开发全过程中主要活动、任务和开发策略进行规范。软件开发模型也称为软件过程模型或软件生命周期模型。传统软件设计模型有：瀑布模型（waterfall model）、渐进模型（increamental model）、演化模型（evolutionary model）、螺旋模型（spiral model）、喷泉模型（fountain model）及智能模型（intelligent model）等。

瀑布模型在 7.4.1 节已做了介绍，这里不再深入讨论。

最新的一种模型为敏捷模型（agile modeling），极限编程（XP）属于此模型的一种具体实现。另外，由 Rational 提出的统一软件开发过程（Rational Unified Process，RUP）是目前影响较大的、面向对象的软件开发过程，RUP 以 UML 作为软件开发基础，在吸收各种面向对象分析与设计的基础上，为软件开发提供一种普遍适用的软件开发过程框架。

RUP 遵循迭代开发原则，其将典型的软件开发过程由一个二维图表示，其横轴代表了时间，体现软件开发过程的动态结构，包括开发周期、开发阶段、迭代过程和里程碑构成。其纵轴代表过程的静态结构，包括活动、产出物、角色和工作流。

整个周期过程包括初始阶段（inception）、细化阶段（elaboration）、构造阶段（construction）和交付阶段（transition）。

(1) 初始阶段的目标是为系统建立商业案例和确定项目的边界。

(2) 细化阶段的目标是分析问题领域,建立健全的体系结构基础,编制项目计划,淘汰项目中最高风险的元素。

(3) 构造阶段的目标是开发组件和应用程序,集成为产品,并确保所有的功能被详尽地测试。

(4) 交付阶段的目标是将软件产品交付给用户。

8.5　CMM 简介

软件开发模型更多地关注于"应该如何做",而对"应该做到什么"关注较少,而这恰恰是软件能力成熟度模型所关注的内容。软件质量管理策略最早由 W. Edwards Deming 和 J. M. Juran 提出。1976 年扩展为软件过程管理。在此基础上,1987 年建立了软件过程能力成熟度模型(CMM)。1995 年提出个体软件过程(Personal Software Process,PSP)。之后,提出面向团队的软件过程管理(Team Software Process,TSP)。

软件过程能力成熟度模型(Capacity Maturity Model,CMM)是卡内基·梅隆大学软件工程研究院(CMU-SEI)应美国联邦政府的要求,于 1987 年 9 月开发的一套软件能力成熟度框架及软件成熟度问卷,用来评估软件供应商的能力。这是最早用于探索软件过程成熟度的一个工具。1991 年,SEI 总结了 CMM、成熟度框架和初版成熟度问卷的实践经验,并以此为基础推出了 CMM 1.0 版。1993 年推出的 CMM 1.1 版,是目前世界上比较流行和通用的 CMM 版本(SW-CMM)。

CMM 模型主要确定软件开发组织的开发过程成熟度,开发过程成熟度高的软件开发组织的特征是能够在可控进度和合理成本基础上提供高质量的软件。CMM 作为一个标准,关注点是"应该做到什么"。CMM 的基础是个体软件过程和团队软件开发过程。PSP 与 TSP 涉及 CMM 1 级中除子合同管理之外的全部指标、CMM 2 级全部指标、CMM 3 级中除培训程序之外的全部指标、CMM 4 的全部指标,以及 CMM 5 的全部指标。

软件项目的 70% 开发成本取决于软件开发人员个人的技能、经验和工作习惯,因此个体过程的提高对整个团队能力的提高具有重要意义。PSP 为个体软件过程提供指导,例如如何制定计划,如何控制质量,如何与其他人相互协作等。在软件设计阶段,PSP 的着眼点在于软件缺陷的预防。

TSP 的基本思想是确保软件工程团队可以承担非常规工作。高效的 TSP 团队应当是经过正确的组建,由技能型人才组成,受到合适的训练,并且实施有效领导的团队。TSP 为构建和指导这样的团队提供工作准则。TSP 强调团队合作,重点解决如何克服协同工作中的问题,如何对待压力、领导、协调、合作、参与、拖延、质量、多余功能和评价等问题。TSP 建议的小组协同工作准则是"明确任务,明确对项目的控制"。TSP 为项目目标、项目任务、角色目标、主要活动的开展提供了基本准则和脚本。

8.6 PSP个体软件开发过程简介

PSP是一个自我改进的过程,用于控制、管理和改进自己的工作方式。作为一个结构性的框架,PSP包括软件开发过程中使用的表格、准则和流程。其目的是提高个人软件工程管理水平,使个人的工作高效而且可预测。

PSP过程分为3级,分别为PSP0、PSP1、PSP2,PSP0到PSP2是个体软件过程管理水平不断提升的过程。完成PSP2级后,将进入TSP级别,转向团过软件过程改进,如图8.1所示。

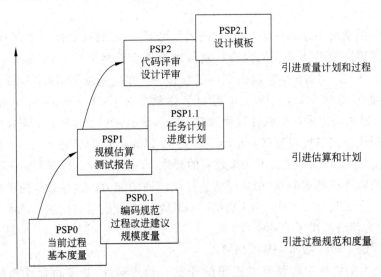

图 8.1 PSP 过程演化

8.7 PSP0 级

PSP0主要面向小规模的软件开发任务,同时也成为基线过程,是以后过程改进的比较基准。软件开发过程的流程如图8.2所示,过程脚本是PSP过程的工作指南,说明软件开发工作中具体的工作内容,明确输入和输出。

PSP0级过程管理(见表8.3)包括计划、开发和总结三个阶段,最终提交经过完全测试的程序和填写完成的项目计划总结表、时间和缺陷记录日志。

表 8.3 PSP0 级过程管理

步骤	活动	主 要 工 作
1	计划	需求描述 估计开发时间 填写项目计划数据 填写时间记录日志

续表

步骤	活动	主 要 工 作
2	开发	设计程序 实现设计 编译程序,修复并记录所发现的缺陷,并填写缺陷记录日志 测试程序,修复并记录所发现的缺陷,并填写缺陷记录日志 填写时间记录日志
3	总结	汇总时间、缺陷和规模数据填写完成项目计划总结表

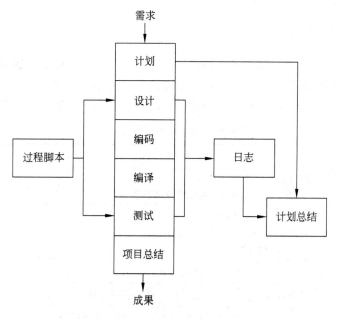

图 8.2 PSP 管理流程

8.7.1 计划过程管理

计划过程管理阶段的主要工作是对任务需求进行明确描述,最终形成文档形式的需求描述,并估算开发所需要的时间,部分完成项目计划总结表,并填写计划过程管理的时间记录等。其中程序需求描述要求"陈述清楚且无二义性",资源估算要求"尽可能精确"。本过程的输入、输出及处理过程见表 8.4。

表 8.4 PSP0 级计划过程管理

条 目	描 述
输入	问题描述
输出	文档形式的需求描述 部分完成的项目计划总结表 时间记录日志

续表

条目	描述	
过程活动	活动	活动内容
	任务描述	编写任务需求说明文档
	进度计划	估算开发需求时间,填写项目计划总结表如下内容: ① 整体任务计划进度:开始和结束时间 ② 阶段任务计划进度:计划、设计、编译、测试和项目总结阶段的开始和结束时间

8.7.2 开发过程管理

开发过程管理阶段的主要工作是根据任务需求说明文档及任务计划进度安排,开展程序设计,编写程序代码并进行测试,同时提交经过测试的程序代码,准确填写时间记录日志和缺陷记录日志。开发阶段一般包括设计、编码、编译和测试阶段,主要过程描述见表 8.5。

表 8.5 PSP0 开发过程管理

条目	描述	
输入	任务需求说明文档 项目计划总结表(已经完成资源估算)	
输出	程序(经过完全测试) 时间记录日志 缺陷记录日志	
过程活动	活动	活动内容
	任务描述	编写任务需求说明文档
	设计	评审需求,完成符合需求的设计 发现并改正需求描述,并填写缺陷记录日志 填写时间记录日志
	编码	实现设计 发现并改正需求和设计缺陷,并填写缺陷记录日志 填写时间记录日志
	编译	编译程序,确保程序无编译错误 发现并修复编码缺陷,填写缺陷记录日志 填写时间记录日志
	测试	编译程序,确保程序无运行错误 发现并修复设计和编码缺陷,填写缺陷记录日志 填写时间记录日志

8.7.3 总结过程管理

总结在过程管理中占有重要的地位,主要工作是对项目的实际完成时间、引入缺陷、排除进行记录总结,并修整其中可能出现的差错。总结的目的在于为以后的软件项目开发提供依据,同时提升程序员的计划和管理技能。总结阶段的主要活动见表8.6。

表 8.6 PSP0 总结过程管理

条 目	描 述	
输入	任务需求说明文档 项目计划总结表(已经填写资源估算的) 时间记录日志	
输出	程序(经过测试并正常运行) 程序(经过完全测试) 项目计划总结表 时间和缺陷记录日志	
过程活动	活动	活动内容
	任务描述	编写任务需求说明文档
	缺陷记录	评审项目计划总结表,确保所有缺陷已经记录 发现并补充遗漏缺陷记录
	缺陷检查	确保缺陷记录日志的准确性 发现和修正不准确的缺陷记录
	时间检查	确保时间记录日志的准确性 发现和修正不准确的时间记录

8.7.4 PSP0 过程文档

PSP0 级过程管理中使用到的管理文档包括项目计划总结、时间记录日志、缺陷记录日志和缺陷类型标准,参见表8.7。

表 8.7 PSP0 过程文档

文 档	内 容 要 求	指 标
任务需求说明	需求陈述清楚且无二义性,文档形式的需求描述	
项目计划总结	估算程序开发所需时间,包括开始和结束时间,要求"尽可能精确"	整体计划时间 阶段计划时间
	记录程序开发各个阶段的实际完成时间,并汇总整体时间。确保时间记录日志的准确性,及时发现和修正不准确的时间记录	整体完成时间 阶段完成时间
	按阶段记录所有缺陷,及时发现并补充遗漏缺陷记录	注入缺陷数量 排除缺陷数量
时间记录日志	记录开发任务的开始和结束开始时间、中断时间及净时间。并说明中断的原因	项目任务 所处阶段 开始时间 结束时间 中断时间 净时间 备注(说明中断原因)

续表

文　档	内容要求	指　标
缺陷记录日志	参考缺陷标准,记录缺陷类型、注入阶段、排除阶段、修复时间等信息,并描述缺陷注入的原因及阶段。同时记录缺陷之间的关系。例如在修复编号为1的缺陷时,引入了新的缺陷10,则要求在记录缺陷10时,在缺陷关系中说明来自于缺陷1	项目任务 记录时间 缺陷编号 缺陷类型 注入阶段 排除阶段 修复时间 缺陷关系 缺陷描述

缺陷类型标准信息包括类型号、类型名称和描述,如表8.8所示。

表8.8　缺陷类型标准

类型号	类型名称	描述
10	注释	文档注释
20	语法	标识符拼写、分割符

8.7.5　PSP0.1级

PSP0.1主要增加了编码规范、规模度量等内容。规模度量的主要目的是准确地估算软件开发时间。软件是程序及文档的组合,因此,进行规模度量时,不仅是代码度量问题,还包括文档度量。对于文档而言,采用页数度量是一种很好的方式。代码度量,则根据所用程序设计语言不同,其计算标准也不同。规模度量作为产品开发工作量计算的依据,必须满足精确性、特定性以及可计算性。

精确性指标是指对产品规模估计必须精确,不存在歧义或模糊及猜测的成分。特定性指标是指度量必须考虑程序设计问题。可计算性是指能够方便地度量,并提供相应的工具,毕竟一行一行地手工计算是一种低效而繁琐的工作。

1. 计算基准

实现代码度量的基础是建立代码计算标准,其中源代码逻辑行数(SLOC)满足多种程序规模的度量。但是其面临的挑战是逻辑行的标准问题,即建立什么样的代码计算标准。

表8.9两段代码在功能上一致,但编写的代码行数不同,如何建立代码计算标准?解决的方法如下:

(1)针对项目建立自己的代码计算标准,具体采用哪种标准可以由项目开发小组共同制定,并作为共同标准即可。

(2)以逻辑行(LOC)作为计算标准。例如对于C程序,简单语句以语句结束符作为标准,对于选择和循环结构,可以把循环条件或选择条件也作为单独的一行进行补充。其实上述两种代码风格在同一项目开发团队中不可能存在,在制定编码规范时必须二者选其一。因此,代码度量与编码规范密切相关。

(3)针对不同程序设计语言建立不同的编码规范和逻辑行计算标准。

表 8.9 代码对比

代码段 1	代码段 2

if(a>b)
{
    c=a;
}
else
{
    c=b;
}
	c=a>b?a:b;

物理行:
    8 行,物理行包括空行及注释
标准 1:
    2 行,标准是以分号数量来计算
标准 2:
    4 行,标准是以关键字和运算符来计算
	物理行:
	    1 行,物理行包括空行及注释
	标准 1:
	    1 行,标准是以分号数量来计算
	标准 2:
	    1 行,标准是以关键字和运算符来计算

2. 规模计算

在程序设计过程中,与代码规模相关的行为包括代码重用、编写新代码、修改现有代码以及删除代码。另外使用现有基础代码和开发重用代码行为也将影响到代码估算。

(1) 使用现有基础代码(简称基础)是指直接复制不属于当前阶段的,历史积累的基础代码,而不做修改,这些代码不纳入规模计算。

(2) 代码重用(简称复用)是指从直接当前项目的代码库或其他程序中复制过来的代码,而不做任何修改。

(3) 编写新代码(简称添加)是指新编写的代码,这部分代码全部纳入规模计算。

(4) 修改现有代码(简称修改)修改代码的工作量和新增代码工作量相近,因此修改代码与编写新代码的工作量相同。

(5) 删除代码(简称删除)删除现有的基础代码中的代码。

(6) 开发重用代码主要是指公共代码的开发,主要是为将来的代码重用。典型的例子是公共函数库的编写。此部分代码的度量同编写新代码。

例 8.1 某项目开发采用迭代开发,主要经历了版本 0、版本 1 和版本 2 三个阶段。其中,在版本 0 阶段,完成 600LOC 的代码,此部分代码是版本 1 的基础代码。在版本 1 阶段,增加代码 200LOC,删除代码 100LOC,修改 50 行。在版本 2 阶段删除代码 100LOC,修改基础代码 75LOC,增加代码 80LOC,从程序库中复用代码 400LOC,请完成代码估算。具体的计算过程参见表 8.10。

表 8.10 规模估算

产品规模	增加	减少	净值	基础
版本 0				0
添加	600		600	

续表

产品规模	增加	减少	净值	基础
删除		0	0	
修改	0	0	0	
复用	0	0	0	
小计	600		600	600
版本1				600
添加	200		200	
删除		100	−100	
修改	50	50	0	
复用	0	0	0	
小计	350	150	100	100
版本2				700
添加	80		80	
删除	0	100	−100	
修改	75	75	0	
复用	400		400	
小计	555	175	380	380
产品规模				1080

8.8 软件开发计划

软件开发计划是软件开发者、管理者和客户三者之间的一种契约,是保证项目在有限时间、有限资源以及有限资金条件下完成项目开发所采取的具体实施步骤。软件开发者根据开发计划合理组织开发过程,并按时提交开发成果。管理者根据开发计划为软件开发者配置相应的资源并提供资金。客户根据开发计划,配合软件开发工作,并作好部署准备。软件开发计划的制定和执行是项目成功完成的重要保证,按计划提交软件产品是软件组织成熟的标志之一。个人能够制定有效个人工作计划,并按照计划完成开发任务,同样是个体开发过程成熟的标志之一。

8.8.1 软件开发计划基本内容

介绍软件开发计划之前,先回顾项目计划的定义。项目计划定义了工作的内容及完成工作的方法和步骤,明确定义每一个任务,并对完成任务所需时间和资源进行估算。项目计划是项目管理者控制评审和控制项目的基础框架,同时也是制定计划者不断学习提高的工具。制定计划者在计划和实际完成情况的对比学习中,不断提高制定计划的能力。

PSP建议的个体软件开发计划涵盖了项目计划的全部要素,并针对软件开发项目特点进行细化。个体软件开发计划的用户包括开发者本人、管理者和客户。因此,在考虑三者对个体软件开发计划需求的基础上,确定个体软件开发计划的内容,如表8.11所示。

表8.11 软件开发计划需求

用 户	需 求
开发者	任务规模:评述任务的大小,预计完成任务的时间 任务计划:如何完成任务,包括相应的方法和步骤 任务状态:如何知道开发者处于何种状态,能否在规定的时间和有限的经费下完成 评估计划:如何评估此计划,以及具体的改进计划
管理者/客户	任务目标:完成结果、完成时间和总成本 产品质量:功能是否满足需求?是否提供相应的产品功能和质量的检查计划 任务进度:是否提供有效的进度监控策略以及出现风险后的处理措施 质量评估:是否提供评估项目完成情况方法和手段?是否可以在工作中评估产品质量并且能否将计划问题与管理问题分开

8.8.2 制定个人软件开发计划

制定个人工作计划的流程如图8.3所示。制定个人计划的基本步骤包括三个阶段:

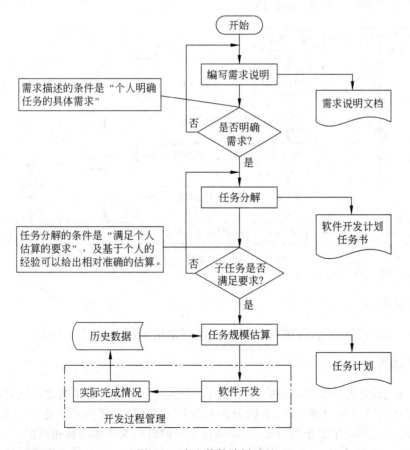

图8.3 个人软件计划过程

1. 需求描述

充分沟通,明确任务需求,并编写相应需求描述文档。

2. 任务分解

根据个人的能力水平和经验,将任务充分分解,直到可以准确地完成任务的估算。在任务分解中,要注重借鉴历史数据。同时在开发过程中不断积累历史数据,将实际的任务完成时间和估算数据写入历史数据库,作为日后改进的依据。

3. 计划变更

在修订计划时,充分和管理者、客户沟通,并就新计划达成一致。

8.8.3 PSP 软件开发计划过程

软件开发计划的制定建立在明确软件开发计划需求的基础上。PSP 建议的软件开发计划过程见图 8.4,整个过程包括定义需求、产品概念设计、规模估算、资源估算、进度计划制定等任务,并根据进度计划完成相关的开发,实际的规模、资源和进度情况写入历史数据,作为日后新产品估算的依据。

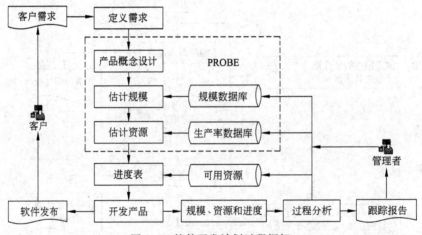

图 8.4 软件开发计划过程框架

1. 定义需求

对客户需求进行整理,并精确地描述,完成需求定义,出具相关的报告。

2. 产品概念设计

产品概念设计的主要目的是完成计划而不是实际的设计。为了制定出准确的规模估算,仍然要进行项目的功能分析、数据分析和设计方法研究,并将系统进行有效的分解。只有相应的功能模块足够小的情况下,即与设计者的管理水平和经验相匹配时,才能得到准确的估计。例如,针对一个学生管理系统的开发,如果让一个有过多年类似项目开发经验的设计师进行估计,其概念设计就相对简单,并且获得的估算结果也会很准确。而对一个新人,则需要非常详细的概念设计才能完成相关的估计工作。因此产品概念设计对于规模的估计非常必要。概念设计的详细程度,取决于设计者自身知识水平和能力。引入 PSP 的目的之一就是减少在概念设计上所花费的时间。

3. 规模估算

规模估算是在完成概念设计的基础上,估算产品规模和开发时间。这件工作是一项具有挑战性的工作。影响其准确性的因素包括不完全的分析、不完全的设计、不完全的预测以及不完全的风险评估。因此,在估算过程中会产生误差甚至错误。PSP 帮助设计者学会积累数据,并以历史数据为基础逐渐提高估算能力和水平,即"持续改进估算能力"。为此,PSP 推荐使用 PROBE 方法,如图 8.4 虚线框部分。PROBE 方法主要内容是"如何获得估算数据,如何使用这些数据进行估算,以及如何测量和改进估算的准确性"。

8.9 PSP1 级

在 PSP1 阶段,主要引入软件开发计划,包括任务计划、进度计划以及与之相关的规模估算,并开始关注软件质量,引入测试报告。

8.9.1 规模估算

规模估算是软件开发者基于个人技术能力水平和历史开发数据记录,依据任务需求说明文档,估算完成开发任务所需编写的逻辑行(LOC)。PSP 建议软件开发制定遵循 PROBE 方法完成规模估算。

PROBE 方法建立在回归分析基础上,基本思想是通过对类似产品的估算规模和实际计算的产品规模对比,以及通过类似产品的实际完成时间,计算新产品的实际完成时间。因此 PROBE 方法分为规模计算和时间计算两部分。

规模计算的重点是计算产品所需开发完成代码的逻辑行数。假设开发一个小型的学生管理系统,经过产品概念设计,数据处理模块包括插入、删除、更新和查询四个子功能模块。完成数据处理模块的规模估算需要经过如下的步骤:

(1) 从历史数据中抽取样本,分析插入、删除、更新和查询 4 个子功能的数据处理模块的规模,从而确定各个基本组件的平均规模。例如表 8.12,本系统的估计规模在 96 行。

表 8.12 历史样本数据

类似系统实际规模(逻辑行)	类似系统估计规模(逻辑行)	实际完成时间(小时)
100	100	8
120	80	9
80	90	8
90	100	9
100	110	10

(2) 在分析现有基础代码和可重用代码的基础上,累加计算整个产品的规模。

时间计算的重点是通过回归分析类似系统的规模和实际完成时间基础上,确定当前产品的完成时间。根据表 8.12,本系统开发时间为 8.8 小时。

产品规模计算完成后,开始制定项目计划和项目周期计划。项目计划指根据产品概念设计完成的功能分解,确定各个任务的具体开始和结束时间,一般表现形式为任务计划。项目周期计划是指项目具体开展的每个周期阶段的具体工作计划,例如周计划、月计划、年计划。

8.9.2 任务计划

任务计划的制定基于产品的概念设计和规模估算来实现。通过规模估算计算每个具体任务的规模和完成时间。例如上述学生管理系统的数据处理子系统规模为 96LOC,完成时间为 8.8 小时。

PSP 建议的任务计划中一般要包括如下信息:
(1) 阶段:任务所处阶段。
(2) 名称:任务名称。
(3) 计划小时数:计划完成任务所需时间。
(4) 累计小时数:相对项目整体,累计的小时数。
(5) 计划周:计划在第几周完成。
(6) 实际小时数:实际完成任务的时间。
(7) 实际周:实际在第几周完成任务。

8.9.3 进度计划

任务计划明确了完成任务所需的整体时间,但没有描述具体的进度计划。在具体的软件开发过程中,负责开发任务的软件设计者并不能保证每天 8 小时均从事开发工作。例如在实际过程中,需要处理诸如参加会议、会见客户代表、收发电子邮件等日常工作。一般来说,在一周 40 个小时的周期内,软件开发者用在任务完成上的任务小时数在 12~15 小时;经过严格 PSP 培训的人员,可以达到 15~17 小时;优秀人员可以达到 20 小时,但是他们每周的工作时间通常会超过 40 小时。

软件开发中,进度计划一般以周计划为代表,即制定每周的工作计划。在制定周计划时要充分考虑任务时间和工作质量。为了完成开发任务,需要提高每周的任务小时数,但是一味地提高任务小时数,将降低个体的工作质量。因此制定周计划的基本原则是在保证工作质量的前提下,努力提高任务小时数。进度计划制定中主要考虑如下因素:
(1) 日期:工作周开始时间。
(2) 周:第几个工作周。
(3) 计划小时数:本周计划投入在任务开发上的任务小时数。
(4) 累计小时数:累计计划任务小时数。
(5) 实际小时数:实际在本周投入的任务小时数。

(6) 累计小时数：累计实际投入的任务小时数。

8.10　PSP2 级

在 PSP2 级过程管理中，重点关注于软件质量的改进，并通过设计与代码评审的方法提高软件质量，降低改进软件缺陷所需的成本。

软件质量的定义是"符合需求"，即符合用户需求。质量本身是一个相对概念，指在多大程度上满足用户需求，因此需要明确用户是谁，用户对产品质量的要求是什么以及不同质量指标之间的先后次序是什么。

影响产品质量的因素很多，但软件设计者关心最多的是缺陷。主要原因是一个具有很多缺陷而不能完成合理的一致性功能的产品，不是一个合格的产品。由于缺陷的发现与修复关系到产品的研发进度和成本，因此缺陷管理是 PSP 软件质量管理的焦点。首先，缺陷的发现与修复需要时间，其次，缺陷发现的时机直接关系到修复工作所需投入的成本。来自 Xerox 公司的数据表明，代码评审阶段发现并修复缺陷的时间最少；设计评审阶段次之，修复缺陷的时间是设计评审阶段的 2.5 倍；设计评审阶段与代码审查阶段相当，修复缺陷的时间大概是代码评审阶段的 11 倍；单元测试阶段修复缺陷的时间是代码评审阶段的 16 倍，而系统测试阶段修复缺陷的时间是代码评审阶段的 700 多倍。设计阶段与代码阶段的缺陷发现与修复具有最小的成本，因此 PSP 建议在这两个阶段，通过设计评审和代码评审，处理掉大多数的缺陷问题。

实践数据表明，通过 PSP，在测试之前通过设计评审和代码评审发现缺陷，并通过 TSP 的设计和代码评审与审查，可以在测试前发现 99% 的缺陷，相对于传统方法，将减少 10 倍或更多的时间。

8.10.1　代码评审

评审软件产品的主要方法包括审查、走查和个人评审。审查是一种结构化的团队评审方法。走查是一种非正式的方法，主要的检查表面性的问题，形式包括问答等活动。个人评审则是个体将产品转交给其他人之前进行的检查行为。审查和走查是 TSP 中的内容，而个人评审是 PSP 的内容。个人评审遵循的基本原则如下：

(1) 在进入下一阶段前，评审所有个人工作。
(2) 在产品交付其他人前，尽量修复所有缺陷。
(3) 使用个人检查单，并遵循结构化的评审过程。
(4) 遵循合理的评审实践，在小的增量上进行评审，并将评审过程文档化。
(5) 精确记录评审时间、被评审产品规模，以及发现、修复和遗漏缺陷的类型及数目。

在产品设计时就要考虑评审问题，根据评审数据建立有效的缺陷预防措施。PSP 建议的代码评审过程见表 8.13。

表 8.13　PSP2 评审过程管理

条　目	描　　述	
输入	源程序 代码评审检查单 编码标准 缺陷类型 时间和缺陷记录	
输出	源程序(经过充分评审,所有发现的缺陷已经修复) 代码评审检查单 时间记录(记录发现与修复缺陷时间) 缺陷记录日志(记录发现与修复的缺陷)	
过程活动	活动	活动内容
	评审	按照类别分别评审整个程序,每个程序均有对应的代码评审检查单
	修复	修复所有缺陷 记录缺陷之间相互关系,并记录对缺陷的分析与描述
	检查	检查每个缺陷修复的正确性 重新评审所有的设计变更

代码评审检查单作为产品质量管理的重要文档,主要是针对编码规范逐一检查,并记录评审结果。

8.10.2　设计评审

设计评审是指对程序的设计进行评审,是在代码评审前必须要完成的一项工作,一个包含缺陷的设计一定会导致包含缺陷的代码。设计评审的前提是设计本身可以评审,如果设计不完整,则评审代码。设计评审的基本原则如下:

(1) 遵循明确的评审策略。

(2) 确认逻辑是否正确实现了需求。

(3) 注意安全和保密问题。

在设计评审过程要填写设计评审检查单,在设计评审检查单中,重点遵循团队制定设计评审准则,并合理记录。

8.10.3　缺陷预防

缺陷的发现与修复是一种被动的质量控制策略。而缺陷预防可作为一种主动的质量控制策略。缺陷预防建立的基础是分析缺陷产生的原因,并设计有效的方法进行防御。PSP 建议重点关注的缺陷类型包括:

(1) 最终测试阶段或使用阶段时发现的缺陷。

(2) 出现频率较高的缺陷。

(3) 容易发现和预防的缺陷。

(4) 发现与修复成本最高的缺陷。

PSP 建立的有效缺陷预防策略方法，是按照进度计划定期举行开展缺陷分析和预防方面的会议。

8.10.4 PSP2 改进

PSP2.1 级中，重点关注的是软件设计过程的管理，包括设计过程阶段的划分、设计策略以及相关的文档模版(详见文献[9])。

PSP 是一个不断积累，持续发展的过程。一个重要方法就是要持之以恒地积累数据、分析数据，并及时总结经验。

第 9 章

组件技术

9.1 概　述

随着计算机技术的不断发展,计算机已经应用到人类社会生活的各个方面,例如教育、医疗、商务、办公、设计、制造等。随着计算机应用的广泛深入,对计算机系统的要求,特别是计算机软件的功能、性能、规模和复杂度都提出了更高要求。

例如,在商品的生命周期中,首先,客户通过自己的计算机访问电子商务网站上的网上购物系统选择自己喜爱的商品,并通过银行卡在线支付。其次,供应商根据客户需求动态调整流水线,生产出合格商品,并交付物流公司。最后,物流公司负责将货物送至客户手中。另外,在产品使用过程中,产品中的智能程序通过网络端口将设备的运行信息发送给供应商,供应商根据设备运行情况,对设备进行远程维护。当此商品报废时,物品回收和处理企业根据产品的 RFID 标签,进入供应商的产品数据管理系统,了解产品的材料信息,有选择地回收这些材料或进行销毁处置。

在整个过程中,客户上网购物所用设备可能是一台普通的运行 Windows 系统的 PC,也可能是一部智能手机。电子商务网站可能运行在 Windows 服务器上,而数据库系统可能运行在 UNIX 服务器上。提供网络支付功能的银行系统,则可能运行在大型主机上。而在支付成功之后,用户可能会收到账务交易情况的短信。供应商的销售管理系统可能是运行 Windows 的普通 PC,而其流水线则可能是由嵌入式设备构成的机器人系统。物流公司通过 RFID 技术或 GPS 技术实现对商品运输情况的全程监控。

综上所述,整个计算机应用环境是由大型主机、工作站、PC、嵌入式设备等多种设备构成的复杂硬件环境,由多种操作系统或多种基础应用软件构成复杂软件环境,由Ethernet、FDDI、ATM、TCP/IP 等多种网络技术协议构成的复杂网络环境等组成。在这样的环境下,软件开发、使用和维护面临巨大挑战。

现在的计算机系统规模庞大,结构复杂,软件开发不再是"单兵作战",而成为"集团军作战"。因此在软件开发过程中,必须解决好分工合作和重用问题。分工合作是指如何将软件系统分解为独立的多子系统或独立模块。而重用是指在应用软件的开发过程,存在大量的重复开发问题,因此减少重复开发,提高软件的可重用性,可以大幅降低软件开发成本,提高产品质量。

软件可重用性分为两个层面的重用问题。首先是基于代码的重用,即将其他项目和系统的程序代码,直接添加到当前系统;其次是基于组件的重用,每个组件是一个可以独立工作的代码段或小程序。

在电子工业和机械工业中,每一元器件均是一个独立的功能单元,将这些功能单元通过设计好的电路连接起来,即可完成具有一定功能的电子产品。组件技术的基本思想来源于此,其实质是通过构建可以重用的软件组件来解决大规模软件开发问题。

9.2 代码重用技术

随着程序规模的扩大,首先面临的是开发任务的分解问题,在分解过程中,要求将软件系统分解为子系统,子系统再分解为功能模块。在规划功能模块过程中要求重点功能模块的独立性和可重用性。独立性是指模块与其他模块的相关性要小,因此可以进行独立的开发与测试。可重用性是指代码可用于多个子系统,重点解决代码的重复利用问题,目的是减少开发成本。

9.2.1 源程序文件

基于源程序文件可以实现源代码级别的代码重用,比较适合小的开放式开发团队。为了减少开发工作量,将部分公用代码编制为函数,并将这些公共函数的函数定义存放于一扩展名为.c 的源程序中,并编写函数的原型,保存在扩展名为.h 的头文件中。编写非公共模块的程序员,在得到公共函数源代码时,在自身的源代码中通过#include 指令将公共函数原型所在的头文件插入,并提交编译器编译链接即可。在此模式下,公共模块的源代码对整个团队均可见。

如图 9.1 所示,此工程的源程序由 file1.c、file2.c、filen.c 和 commfun.c 构成,

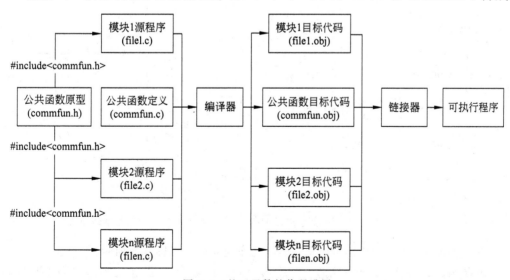

图 9.1 基于函数的代码重用

commfun.c 包含了整个工程中公共函数代码。

9.2.2 静态库

随着软件行业的分工细化,公共函数库将由四种企业完成。第一种是操作系统提供商,为基于其操作系统的应用程序开发提供函数库,例如 Windows、UNIX、Linux、Mac 等操作系统均提供了公共函数库供应用软件开发商使用。第二种是专门的软件工具开发商,为简化应用开发过程提供函数库,例如微软的 Microsoft Visual Studio 系列开发工具,为简化 Windows 应用系统开发提供了大量函数。第三种是专门的函数库开发商,例如,针对并行程序设计的 MPI,就是一组函数库。第四种是应用软件开发商,为了保证应用软件的二次开发和增值开发而提供的函数库,例如计算机辅助设计(CAD)领域的很多软件,均提供函数库。

为了保护自身的商业机密,函数库的提供者不希望其他人员了解函数具体的实现细节。由于二进制代码识别和反编译均存在较大的难度,因此采用二进制代码形式的分发函数库将有效保护开发者的知识产权。

二进制形式的分发,包括静态库和动态库两种。静态库开发模式如图9.2所示,单独地将 commfun.c 编译为 commfun.lib。当整个程序在链接时,将 commfun.lib 中的二进制代码再插入到可执行程序中。

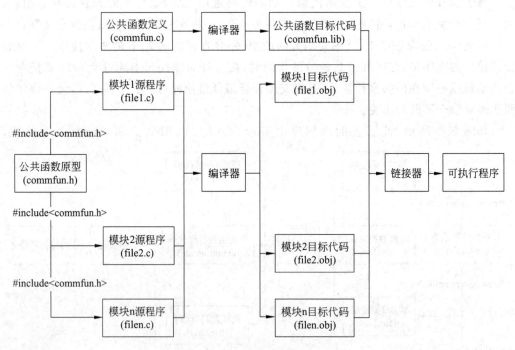

图 9.2 基于静态库的代码重用

基于 Microsoft Visual Studio 6.0 的静态库建立向导如图9.3所示。

包含函数原型声明的头文件(扩展名为.h)和包含函数定义的库文件(扩展名

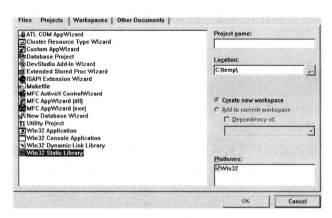

图 9.3　Microsoft Visual Studio 6.0 静态库建立向导

为.lib)是使用静态库所必需的两类文件。但是由于应用程序在链接时,将静态库内的二进制代码嵌入到应用程序中,因此在应用程序部署和安装时,不需要安装对应的.lib 文件。

例如基于 MPI 的并行程序设计中,需要名为 mpi.h 的头文件和对应的库文件 mpi.lib。在源程序中通过 #include "mpi.h" 将 mpi.h 插入到当前文件中。

```
#include "mpi.h"
double fun(double x)
{
    return 1.0/(x * x);
}
```

同时将 mpi.lib 文件添加到当前工程中,如图 9.4 所示。

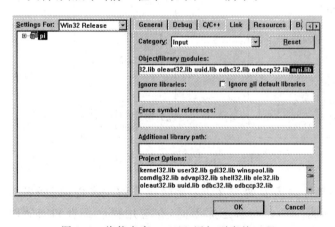

图 9.4　将静态库 mpi.lib 添加到当前工程

静态库的优点是实现了代码的封装和封闭,保护了开发者的技术秘密。不足是静态库在使用上有一定的限制。由于在编译和链接时,静态库中的二进制代码要添加到可执行程序中;如果静态库很大或很多,将造成可执行程序过大。另外静态库与具体的实现语言有关,在跨语言支持方面存在限制。例如,基于C语言编制的静态库,只能供C语言编写的程序直接调用。

9.2.3 动态链接库

动态链接库(Dynamic Link Library,DLL)实现了动态加载函数库,即根据需要,动态将函数库加载到内存。

采用动态链接库技术的开发模式如图9.5所示,将公共函数编译成二进制形式的动态库,在Windows系统下的扩展名为.dll。基于Microsoft Visual Studio 6.0的动态链接库建立向导如图9.6所示。

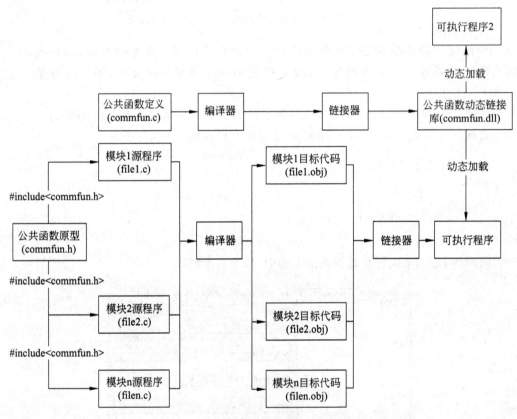

图 9.5 基于动态链接库的代码重用

使用动态链接库时需要两类文件:函数声明的头文件(扩展名为.h)和相应的动态链接库(扩展名为.dll)。与静态库不同,在应用程序部署和安装时,需要安装对应的动态链接库文件。一般来说,在典型的Windows应用程序开发中,需要将动态链接库文件安装到应用程序(扩展名为.exe)所在目录,或安装到Windows的system32目录下。

如果采用静态库技术,所需函数的二进制代码在程序链接时,已经成为程序的一部分加入到了可执行程序中,因此不需要部署.lib文件。

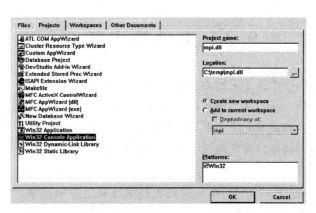

图 9.6　Microsoft Visual Studio 6.0 提供的动态链接建立向导

例如,如果 MPI 采用动态链接库技术构建,则需要提供一个包括全部 MPI 函数二进制代码的动态库 mpi.dll。在加载使用 MPI 动态库的应用程序时,并不立即加载 mpi.dll,只是第一次调用 MPI 函数时,才加载该动态链接库。

假设两个程序 mpi1.exe 和 mpi2.exe 均需要用到 MPI 函数库。若采用静态库技术,则 mpi1.exe 和 mpi2.exe 中各有一份 mpi.lib 的拷贝。如果两个程序均调入到内存中运行,将有两份 mpi.lib 的代码在内存中。而采用动态链接库技术,在内存中将只有一份 mpi.dll 的拷贝。

动态链接库技术具有静态库优点,在实现了二进制代码层次的代码重用的同时,实现了程序按需索取的动态加载,并实现了不同应用程序对动态链接库的共享,减低了内存等资源的消耗。此外,动态链接库技术还实现了对多语言的支持,例如应用 C 程序编写的动态链接库,可以被其他的语言如 Java、VB、C♯ 等调用。动态链接库技术与静态库技术的对比见表 9.1。

表 9.1　静态库与动态链接库的对比

项　　目	静　态　库	动态链接库
代码封装	支持	支持
代码封闭	支持	支持
加载方式	静态加载。在程序编译完成,已经成为应用程序的一部分。在应用加载时,自动加载	动态加载。在应用程序编译完成时,并没有成为应用程序的一部分。应用程序加载时,不是立刻加载,而是在需要时才加载
代码拷贝	由多少应用程序使用到此静态库就有多个这样的拷贝。	唯一拷贝。无论多少个应用程序使用此库
资源消耗	与基于文件的重用相同	相对静态库要少
部署与安装	简单	相对复杂
库更新	需要重性编译应用程序	只需更新动态链接库即可
多种语言的支持	不支持	有限支持

9.3 组件技术简介

无论采用静态库技术还是采用动态链接库技术,公共模块只是作为一个应用程序的附属物出现,不能独立运行,并高度依赖于可执行程序。而组件技术的出现,则可以解决构建独立可以执行的模块单元的问题,这些单元之间可以自由地相互调用。"一个软件组件是仅由契约性说明的接口和明确的上下文相关性组合而成的单元。一个软件组件可以被独立地部署"。

组件技术是 20 世纪 90 年代,在面向对象技术基础上发展起来的一种技术。其产生的原因是软件系统的规模越来越大,系统功能也越来越复杂。因此对软件的重用和集成提出了更高的要求。由于不存在标准的技术框架,不同厂商基于面向对象技术构建的对象不能在同一地址空间、线程空间和网络空间中实现交互操作。组件技术的出现主要解决此问题。组件技术借鉴了电子产品设计中的集成电路芯片(IC)技术思想,目的是通过简单的元件组装,即可完成产品的设计工作。组件技术的基本思想是建立一种可重用的单元级别软件,通过组件的创建和利用解决大规模软件的设计问题。一个组件相当于集成电路中的 IC,如图 9.7 所示。

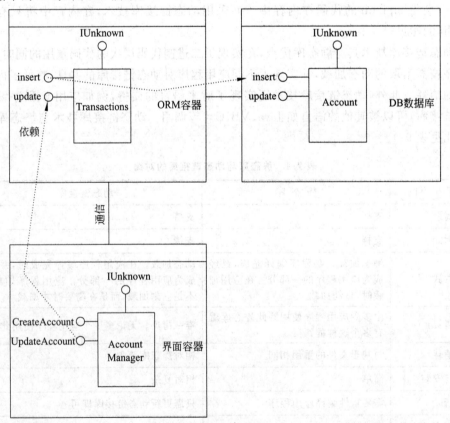

图 9.7 组件模型

在电子产品中,满足同一功能的 IC 其内部构造、所用加工工艺和原料可能都不同,但是只要其提供的功能和性能相同,即可互换。与之对应,软件产品中,组件应当满足类似的条件。即无论此组件采用何种程序设计语言开发,采用何种技术开发,只要其满足功能和性能指标,即可重用。因此组件技术是一种技术规范,满足此技术规范的组件才可以被其他软件使用。

组件技术的出现进一步推动了软件重用,特别针对不同厂商采用不同语言开发程序,在二进制级别的重用。组件技术的出现提高了开发速度、减低了开发成本,提高了软件灵活度,降低了软件维护成本。

9.4 体系结构与组件模型标准

组件技术的出现,为实现多厂商、多程序设计语言、多操作系统和多硬件环境的软件开发提供了基础,同时也对组件技术提出了更高的要求,组件技术必须解决组件的复用问题和组件的互操作性问题。

组件的互操作性是组件之间能够相互通信和调用。组件的复用问题重点要解决对多种程序设计语言和多操作系统的支持问题,相同功能的组件可以由不同的语言实现,甚至可以运行于不同的操作系统。互操作性重点解决组件的合作能力问题,即由不同编程语言实现、在不同操作系统下运行的组件可以相互调用。

在电子产品中,解决电子产品的重用和互操作问题是通过定义一组静态和动态的相容性规范来实现的。静态相容性是指电子电器产品在接头几何特征(接头数量、尺寸、形状)方面的约定。动态相容性是指电子电器产品在物理特性(电压、频率、电流等)方面的约定。

在软件开发领域,组件的静态相容性是指接口的名称、输入参数、输出参数满足类型检查的要求。动态相容性是指组件对输入数据的处理能力能够满足要求。

当电子产品之间存在不相容性问题时,一般通过增加适配器来解决。例如一般照明用电,电压为 220V,频率为 60Hz。只有满足此要求的电器产品才可以直接接入电网,否则就会出现问题。但是并不是所有的电器均采用 220V 的交流电源,例如一台录音机需要 9V 的直流电,为了能够使用交流电,需要引入电源适配器完成电压和交流的装换。同样,在组件开发中也存在类似问题。

基于上述分析,在组件开发过程中,必须遵循一定的技术规范和标准。在经济社会中,制定"标准"者,一般会获得更多收益。因此国际性大公司或独立提出,或与关联公司组成技术结盟,竞相提出组件技术标准。目前主流的组件技术包括 OMG 组织提出的 CORBA 技术、Microsoft 公司提出的 COM/DCOM 组件技术、Sun 公司提出的 EJB 技术等。

CORBA(Common Object Request Broker Architecture)全称为公用对象请求代理体系结构,是由 IBM、HP 等多家公司参与的 OMG(Object Management Group)组织负责执行和维护的组件体系结构和组件接口标准。1997 年发布 CORBA2.1 版本,2002 年发布 CORBA3.0 版本。OMG 作为开发型的国际性非营利组织,致力于建立面向多种技术、多种工业领域的企业信息集成标准。OMG 提出的中间件标准以 CORBA 技术为基础,支持广泛的工业领域。

与 CORBA 技术对应,Microsoft 独立设计与实现了 COM(Component Object Model)组件技术,并在 COM 基础上设计实现面向分布环境的 DCOM(Distributed Component Object Model)组件技术。COM/DCOM 组件技术主要用于 Windows 平台程序开发。一般来讲,CORBA 技术和 COM 是对立发展的。但是在 CORBA2.0 之后,OMG 建立了 CORBA 与 COM 之间的映射,从而将 COM 作为 CORBA 的一部分。

COM 组件技术于 1993 年发布,它借助 OLE 技术,用于实现二进制代码层次上的代码重用。COM 组件技术规范在设计上要求与平台无关,但是在实现方面,Microsoft 针对 Windows 平台的程序开发做了大量的工作,因此 COM 技术主要应用在 Windows 平台上。为了实现 COM 组件的分布式处理问题,引入了 DCOM 技术。Windows 2000 之后 Microsoft 引入了 COM+技术。随后,Microsoft 提出了.NET Framework 框架技术,旨在"提供一个一致的面向对象的编程环境,而无论对象代码是在本地存储和执行,还是在本地执行但在 Internet 上分布,或者是在远程执行的",因此 Microsoft 的组件模型提升为.NET 组件技术。随着 Vista 和 Windows 7 操作系统发布,Microsoft 更多建议基于.NET 技术开发 Windows 应用程序。为了保证实现与历史上形成的应用程序兼容,提出了.NET 组件与 COM 组件的互操作问题。因此,当前对于 Windows 系统下的组件技术学习重点应当转向.NET 组件。

EJB 技术是 Sun 提出的基于 Java Bean 的企业级组件技术,其主要解决基于 Java 虚拟机环境下,实现 Java Bean 组件重用和分布式调用问题。Microsoft 的.NET 组件与 Java 中的 EJB 技术类似,每一个.NET 组件均以中间语言 CLR,运行在.Net Framework 环境下。

CORBA 技术可以支持多种操作系统和多种程序设计语言,目前主要在大型系统开发中应用。COM/DCOM 组件技术目前已经升级为.NET 组件,此技术主要应用于 Windows 平台。EJB 技术随着 Java 技术的广泛应用,并可以支持多种平台,发展势头良好。总体来说,真正意义上实现跨平台、跨操作系统和跨语言的组件技术是 CORBA,下面以 CORBA 为例介绍组件技术的基本架构和实现方法。

9.5 CORBA 技术

9.5.1 CORBA 结构基础

整个 CORBA 结构分为四个层次:ORB(Object Request Broker)层、OS(Object Service)层、CF(Common Facilities)层和 BO(Bussiness Objects)层。

ORB 层的作用是帮助对象实现与网络上的另外一个对象进行交互,"负责截获用户请求,并负责查找实现其服务对象,传递参数及调用方法给服务对象,并负责返回结果"。在这个过程中用户并不知道此服务对象是否在同一计算机,也不知道此服务对象采用何种语言编写,以及其所运行的操作系统。OS 层负责对象的命名、创建和管理。CF 层提供用户对象可直接使用的公共功能。BO 为商业逻辑层,负责具体的业务逻辑。

CORBA 由 ORB Core、IDL(Interface Definition Language,接口描述语言) Stub、动态调用(Dynamic Invocation)、对象适配器(Object adapter)、静态 IDL 骨架(Static IDL Skeleton)和动态骨架(Dynamic Skeleton)构成(见图 9.8)。

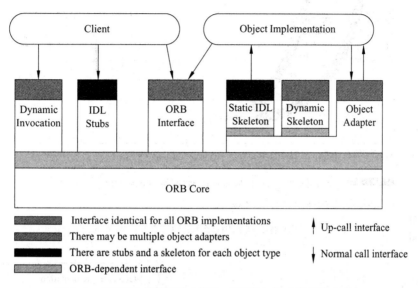

图 9.8 CORBA 技术架构(来源:CORBA 技术架构白皮书)

IDL Stub 作为 IDL 存根位于客户对象的本地,负责接受客户的请求。对于客户端程序来讲,调用远程对象相当于调用本地对象。IDL Stub 负责将客户端程序的请求向 ORB Core 提交。IDL Stub 为组件对象的静态接口,在编译时确定。另外在进行动态调用时,可通过组件的动态接口实现,动态接口作用与 IDL Stub 的作用相同。静态 IDL 骨架是组件静态接口的具体实现,负责实现解释处理客户请求,并返回结果。动态 IDL 骨架是组件动态接口的具体实现,功能与静态 IDL 骨架相同。对象适配器负责"产生及解释对象引用、安全交互"等功能。

ORB Core 完成远程对象的查找,执行用户请求,并返回结果。ORB Core 可以有多种实现,例如 Sun、HP、IBM、INOA 和 Borland 公司均有自己的 ORB。

9.5.2 CORBA 运行机制

CORBA 的基本运行机制是客户向组件对象提出请求,组件对象负责处理请求并返回结果。根据 CORBA 技术架构,组件对象的调用分为两部分实现。首先客户将请求发送到组件对象的 IDL Stubs 或 Dynamic Invocation,IDL Stubs 或 Dynamic Invocation 负责将请求发送给 ORB,ORB 负责找到相应的对象实现(见图 9.9)。对象实现通过静态 IDL 骨架(Static IDL Skeleton)和动态骨架(Dynamic Skeleton)从 ORB 接收请求,处理请求,并返回结果(见图 9.10)。其中对象实现是组件功能具体实现对象,是由确定的程序设计语言编写,并运行在确定操作系统上的功能模块。

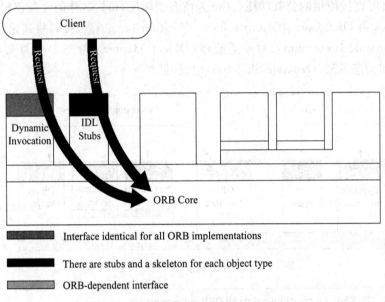

图 9.9　CORBA 客户端调用（来源：CORBA 技术架构白皮书）

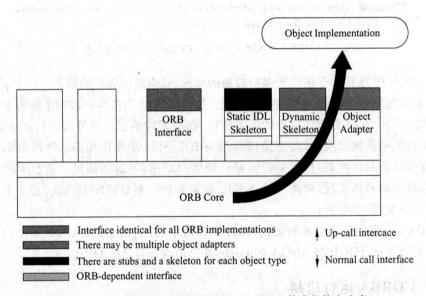

图 9.10　CORBA 服务端实现（来源：CORBA 技术架构白皮书）

1. 静态调用

静态接口调用是指通过 IDL Stubs 实现组件对象的调用。其基本过程是将组件的 IDL 描述通过编译链接或通过映射转换为客户应用程序可以使用的模块，此部分程序将成为客户应用程序的一部分。IDL Stubs 作为客户请求的直接接收者，负责将用户的请求打包处理，然后通过 ORB 传送给对象实现。对象实现利用 ORB 和 Static IDL Skeleton 实现解包，将请求转换为对象实现可以支持的程序。对象实现处理完请求后，再按相同的反方向将结果打包返回客户。

例如客户应用程序 C 采用 Java 语言编写,组件 A 的对象实现 A+通过C++ 实现。首先,将组件 A 的 IDL 描述编译为 Java 程序 A-,在 C 程序中,直接调用 A- 的相应方法;A- 将调用请求打包后通过 ORB 发送到 A+;A+ 通过 Static IDL Skeleton 和 ORB 解包,将调用转换为C++ 格式的调用,并利用 A++ 中的程序获得计算结果;然后,按照相反的方向传回结果。

根据上述描述,组件对象的 IDL 描述是事先定义好的,并且客户应用程序在编译时,已经将 IDL Stubs 作为其自身的一部分。如果组件对象的接口发生变换,则其 IDL 描述必然发生变化,自然 IDL Stubs 也会发生变化,应用程序适应此组件对象的变化,同样需要进行重新编译。基于客户应用程序维护成本的考虑,应用程序不可能随着组件接口的更新,而保持同步更新。为解决此问题,引入了动态调用技术。

2. 动态调用

动态调用的基本思想是动态查找所需要的类型信息。动态调用由三部分构成,动态调用接口(Dynamic Invocation Interface)、动态骨架(Dynamic Skeleton)和接口库(Interface repository)。动态调用接口负责支持客户端的动态调用请求,动态骨架动态地将请求发送给目标对象,接口库用于保存当前状态下系统的类型信息,并允许在运行时访问、增删和修改 IDL 类型。

客户端应用程序通过动态调用接口,利用 CORBA 中 Object 接口提供的基本方法 create_request 创建一个伪对象(pseudo-object),利用此伪对象实现对目标对象的引用。处理此对象之前,需要动态地从接口库 IR 中获得参数的类型。

动态骨架调用类似于动态调用接口,同样不需要将对象的骨架事先编译到应用系统,在接口库 IR 的支持下,实现将对象请求分发到目标对象的功能。

动态调用提供了一种更加灵活的调用机制,但是增加了与接口库之间远程调用的开销,因此效率相对较低。一般建议尽可能多地采用静态调用机制。

3. 对象适配器

对象适配器的主要用途是"将一个对象的接口适配为调用所需的接口",其提供的主要功能是对象注册、生成对象引用、服务进程激活、对象截获、请求复用、对象上调等。每一个对象适配器都对应一种编程语言的具体实现。

9.5.3 IDL 约定

接口定义语言(Interface Definition Language,IDL)的主要作用是描述 CORBA 对象的接口,基于 IDL 与编程语言(C、C++ 或 Java)的映射,构建具体的对象实现。

IDL 基本约定由标识符大小写敏感度、定义语法、注释语法和 C 预处理机制构成。

IDL 中所有的标识符(接口名称或方法名称)是大小写敏感的,myInterface 和

MYInterface 是两个不同的标识符。同时要求标识在同一范围内(如同一模块内部的两个接口,或在同一接口内的两个方法)不能只是大小写不同。例如在同模块内部不能出现 myInterface 和 MYInterface 两个接口,因为这两个接口名称在不考虑大小写的情况下,完全相同。

IDL 中所有定义均以分号(;)作为结束,这一点类似于 C、C++ 和 Java 中的语句定义语法。定义通过{}实现界定,并以分号(;)作为结束符。例如下面的定义:

代码段 1:

```
module Bookstore{
    interface Customer{
        ⋮
    };
    interface Account{
        ⋮
    };
    ⋮
};
```

IDL 中的注释遵循了 C、C++ 和 Java 中的注释规则,采用注释符/ * … * /实现文本块的注释,采用注释符//实现行注释。例如:

```
//StudentManager.idl
//学生管理器提供了学生成绩查询服务,通过此服务可以查询学生信息
//以及查询学生的总成绩。本文件用于构建学生管理系统
/*学生信息管理系统*/
```

IDL 可以使用 C 编译器提供的预处理功能,其假设 C 编译器可以处理宏定义、条件编译等机制。

模块(module)实现对一组接口对象的封装,由模块名称及其所包含的接口对象组成。例如代码段 1 中定义了一个名称为 Bookstore 的模块,其中包括了 Customer 和 Account 两个接口。

模块实现了将不同的接口打包,但是什么样的接口能打成一个包呢? 此问题涉及设计模式的问题,比较复杂,可以参考相关资料深入学习。有一个通用的原则可供参考,即"松耦合、紧内聚"。"松耦合"是指模块之间尽可能独立,相互之间尽可能没有或有较少的依赖。"紧内聚"是指在同一模块内部的接口紧密集成。

9.5.4 IDL 数据类型

1. 基本数据类型

与大多数程序设计语言类似,IDL 提供了一系列的基本数据类型,如表 9.2 所示。IDL 基本数据类型与 C、C++ 和 Java 中的相应数据类型对应。

表 9.2　IDL 基本数据类型

数据类型	中文名称	描述
void	空类型	用于声明方法（函数）类型，代表无返回值
boolean	布尔值	布尔值，IDL 定义了两个常量值 true 和 false，分别代表真和假
char	字符	基于 ASCII 码方案的单字节字符
wchar	宽字符	基于 Unicode 编码方案的双字节字符
float	单精度浮点数	占用 4 个字节
double	双精度浮点数	占用 8 个字节
long double	长浮点数	最少占用 8 个字节，具有 15 位以上的有效数字
long	长整型	占用 4 个字节
long long	超长整型	占用 8 个字节
unsigned long	无符号长整型	占用 4 个字节
unsigned long long	无符号超长整型	占用 8 个字节
short	短整型	占用 2 个字节
unsigned short	无符号短整型	占用 2 个字节
octet	八位位组	占用 1 个字节
string	字符串	与 C++ 和 Java 中 string 类类似，支持定长和变长字符串

2. 枚举类型

枚举类型实现创建代表一组预定义数据集合的数据类型。IDL 中的枚举类型与 C 和 C++ 中的枚举类型类似，其定义形式如下所示：

enum 类型名称{预定义值列表};

预定义值列表为用逗号分开的一组标识符。例如下面定义枚举类型 enum Week。

enum Week {Sunday,Monday,Tuesday,Wednesday,Thursday,Friday,Saturday};

3. 结构体类型

IDL 中提供了与 C 和 C++ 中类似的结构体（struct）类型，用户可以根据需要扩展新的数据类型。使用结构体的最大的优势是在于结构体类型数据作为参数时，遵循值传递机制，而不是引用传递机制。当将一个结构体变量传递到远程对象时，将创建此结构体变量的拷贝，并编码后传输。

结构体定义形式如下所示：

struct 类型名称{成员变量列表};

成员变量列表为用逗号分开的一组变量的定义，例如下面定义了 struct student 结构体。

```
struct student {
unsigned int id,
char name[64]
};
```

4. 公用体类型

IDL 中公用体（Union）的概念与 C 和 C++ 中公用体的概念类似，但是其形式比较特殊。定义形式如下：

```
Union 类型名称 switch(long){
Case 1:
    变量声明语句 1;
Case 2:
    变量声明语句 2;
    ⋮
Default:
    变量声明语句 n+1;
}
```

例如下面的结构体 MultipleValue 可能是一个 short 类型值，也可能是一个字符串，具体是何种类型的值由参数决定，此参数称为鉴别器。鉴别器可以是 long、long long、short、unsigned long、unsigned long long、unsigned short、char、boolean 或 enum 类型。在 union MultipleValue 的定义中采用了 long。

```
union MultipleValue switch(long) {
case 1:
short myShortValue;
case 2:
double myDoubleValue;
case 3:
default:
string myStringValue;
};
```

在实际应用中 IDL 公用体用得很少。

5. 接口类型

接口（interface）类型描述了 CORBA 对象提供的服务（简称 CORBA 服务），是一种广泛使用的万能类型。CORBA 服务类似 C++ 和 Java 中的方法，代表一定的操作。IDL 接口的主要功能是定义 CORBA 所提供的服务，但是不提供具体的服务实现，也就是说需要通过 C++ 或 Java 具体实现此服务。IDL 接口与 Java 中的 interface 类似，不同点在于 IDL 的接口中可以定义属性，而 Java 中的 interface 不可以。在 C++ 中没有直接与 IDL

接口对应的类型,因此在 C++ 实现中,需要将 IDL 接口映射为类的方法。可以将 C++ 的纯虚函数,理解为 IDL 接口。

类似于类中可以定义成员变量,IDL 接口中也可以包含属性和方法。IDL 中的方法均为公有方法。

IDL 定义了一套适用于远程调用的方法参数和返回值规则。方法参数分为输入和输出两类,可以为 IDL 基本数据类型、结构体、枚举和接口等。方法定义形式如下:

返回值类型 方法名称 (参数类型 数据类型 参数名称 1,
参数类型 数据类型 参数名称 2,…);

返回值类型为可选项。参数类型通过 in、out 或 inout 三个修饰符来确定此参数为何种参数。in 代表此参数为输入参数,out 代表此参数为输出参数,inout 代表此参数为输入输出参数。在远程调用时,所有 in 和 inout 参数将被编列,并通过网络传递给远程对象。当方法执行完后,所有 out、inout 和参数返回值将被编列,并传回调用者。数据类型描述参数为何种类型的变量,数据类型为已经定义的数据类型,包括基本数据类型和自定义数据类型。参数名称要求满足标识符命名规则。

远程方法调用分为阻塞(blocking)模式和应答(request)模式。阻塞模式是指当调用者对远程对象方法发起调用后,调用者将等待远程对象方法的执行,直到此方法执行完毕并返回后,再处理其他的操作。而应答模式是指当调用者对远程对象方法发起调用后,调用者不再等待远程对象方法的执行和结果的返回,而继续处理其他事情。

在 CORBA 程序设计中应答模式主要用于消息的通知,调用者在通知发出后,并不关心接收者是否接受或做出何种反应。

IDL 接口的属性类似于 C++ 或 Java 中类的属性,只是 IDL 属性必须为 public 属性。语法形式如下:

[readonly] attribute attribute_type attributeName;

当实现属性时,要构建两个方法分别用于属性的读和写。例如:

attribute short myChannel;

将映射为如下两个方法:

short myChannel();
void myChannel(short value);

其中 myChannel()用于属性的读,myChannel(short value)用于属性的写。

readonly 为可选项,代表此属性是否为只读属性。对 readonly 属性,在进行映射时,仅仅实现一个属性读方法即可。

与 C++ 中 Class 继承机制类似,IDL 接口支持接口继承。其定义如下:

interface Cycle {
    ⋮
};

```
interface Bicycle: Cycle {
  ⋮
};
```

其中,Bicycle 是 Cycle 的子接口。

另外,IDL 接口支持类似于 C++ 类的多重继承机制,例如:

```
interface Cycle{
  ⋮
};
interface Motor{
  ⋮
};
interface motorcycle: Motor, Cycle {
  ⋮
};
```

在 IDL 中不包括构造器和析构器。

6. 序列类型

大多数的程序设计语言均提供了数组、向量等集合类型,同样在 IDL 中提供了序列(sequence)和数组(array)两种集合类型。

序列是一种动态数组,可动态地向序列中添加元素,以及动态地从序列中移出元素。定义序列的语法如下:

sequence<数据类型>序列名称;

数据类型为已定义的数据类型,可以为基本数据类型,也可以是用户自定义数据类型。例如下面语句定义了一个浮点型序列对象 scoreSequence。

sequence<float>scoreSequence

7. 数组类型

IDL 数组(Array)与 C、C++ 中的数组概念相同,并与之对应。数组的长度是预先设定的,不可改变。定义数组的语法如下:

数据类型 数组名称[数组长度]

其中数组长度为大于 0 的正整数。例如:

```
struct student {
  ⋮
  char name[64]
};
```

8. 异常

在C++和Java程序设计中，均提供了异常捕获和处理机制。当方法（函数）执行过程中触发异常，将自动结束当前语句的执行，进入异常处理程序。CORBA和IDL全面支持标准异常和用户自定义异常的捕获和处理机制。允许用户自定义异常，并指定由何种方法触发何种异常。

异常触发时，ORB负责将异常传递给调用对象的ORB，并最终传递给调用对象。与C++和Java不同，IDL的异常不允许继承。

IDL异常与C、C++中结构体类似，可包含多个成员。例如下面的异常定义：

```
exception FileNotFoundException {
    string fileName;
};
```

当触发 FileNotFoundException 时，可以通过 FileNotFoundException 类型对象的 fileName 属性获得出现异常时的文件名称。

除了允许用户自定义异常外，IDL还提供了许多标准的异常，在表9.3中给出了部分标准异常的说明。

表 9.3　IDL 标准异常

异 常 类 型	描　　述
UNKNOWN	未知异常
BAD_PARAM	传递参数无效
NO_MEMORY	动态分配内存错误，一般是内存空间不足
IMP_LIMIT	实现限制
COMM_FAILURE	通信失败
INV_OBJREF	无效的对象引用
NO_PERMISSION	不允许操作
INTERNAL	ORB 内部错误
MARSHAL	错误序列化的参数或结果
INITIALIZE	ORB 初始化错误
NO_IMPLEMENT	方法实现不可用
BAD_TYPECODE	错误类型码
BAD_OPERATION	无效操作
NO_RESOURCES	无充足的资源处理请求
NO_RESPONSE	请求响应不可见
PERSIST_STORE	持久化存储错误
BAD_INV_ORDER	例行触发故障

9. any 类型

在有些情况下,某些特定方法需要接受多种可能对象作为其参数。为解决此问题,IDL 提供了 any 类型。any 类型可用作方法的参数,也可用于方法返回值。当方法接受 any 类型参数时,一般要先判定此参数是何种类型的对象,然后再处理。这一点类似于 C++ 或 Java 的参数传递中采用基类对象作为方法参数,从而实现对多种类型参数的传递。例如下面的程序:

```
interface ObjectBrowser {
exception UnknownObjectType {
string message;
};
void browseObject(in any object) raises (UnknownObjectType);
};
```

browseObject 方法可以接受任意类型的参数,当此方法出错时,将触发 UnknownObjectType 类型的异常。

10. 类型码准型(TypeCode pseudotype)

any 类型引入后,随之引入了类型码(TypeCode)准型的概念。类型码不是一种 IDL 类型,在 CORBA 中的主要作用是提供类型信息。对于一个明确类型的参数传递过程,可通过方法的原型获得参数对象的具体类型。而对于 any 类型的参数传递过程,参数对象的具体类型是未知的。引入类型码主要用途就在于通过此类型码准型获得对象的具体数据类型信息。CORBA 中所有数据类型均有唯一的类型码与之对应,作为信息对象的一部分。因此通过对象的类型码,即可获得对象的具体类型。

11. typedef

在 C、C++ 中可以利用 typedef 为现有数据类型定义一个别名,IDL 提供了类似的机制。例如下面的语句:

```
//定义学生类型
typedef string Student;
//StudentList 学生列表
typedef sequence<Student>StudentList;
```

其中 Student 类型为 string 类型的别名,与 string 等价。

9.5.5 构建 CORBA 应用程序

构建 CORBA 应用程序,包括构建服务器端和客户端两部分。构建服务器端的基本步骤如下:

(1) 应用 IDL 定义服务器的接口。

(2) 选择一种实现服务器接口的方法。
(3) 使用 IDL 编译器产生服务器接口的客户存根(stubs)和服务器骨架 (skeletons)。
(4) 实现服务器的接口。
(5) 编译应用程序。
(6) 运行应用程序。

构建客户端的过程相对简单,将客户存根添加客户端程序中后,直接调用即可。

1. 定义服务器端对象接口

在定义服务器端对象接口前,首先要根据系统需求,选择合理设计模式,并将系统设计映射为 IDL 定义。简单起见,本部分不讨论设计模式内容。下面以学生信息管理服务为例说明 CORBA 应用程序的构建过程。

学生信息管理系统中一个典型的服务是查询学生总成绩,当输入学生信息(以学生对象形式出现)后,系统返回此学生在特定学期的总成绩。为了方便操作,还应当提供根据用户请求,返回所有学生成绩信息的服务。

基于上述分析,定义 ScoreServer 接口实现此服务器,此服务器包括两个方法:getTotalScore()和 getStudents()。getTotalScore 接收一个学生信息(Student 类型对象),返回总成绩(float 类型对象)。getStudents 则不接收任何参数,而返回学生列表。基于上述分析,建立 ScoreServer 接口的 IDL 定义文件(StudentManager.idl),内容如下:

```
//StudentManager.idl
//学生管理器提供了学生成绩查询服务,通过此服务可以查询学生信息
//以及查询学生的总成绩。本文件用于构建学生管理系统
module StudentManager {
    //Student 学生信息,本例中仅仅存储学生序号
    typedef string Student;
    //StudentList 学生列表
    typedef sequence<Student>StudentList;
    //ScoreServer 接口提供学生成绩服务
    interface ScoreServer {
        //getTotalScore 返回给定学生的学习成绩。如果此学生存在,
        //则返回该学生成绩,否则返回不确定值。
        float getTotalScore(in Student student);
        //getStudents() 返回全部学生的清单
        StudentList getStudents();
    };
};
```

首先完成 StudentManager 模块的整体定义如下,然后在其中添加接口信息:

```
module StudentManager {
};
```

考虑到 StudentManager 接口将用到学生信息和成绩列表信息,因此首先完成学生信

息(Student)和学生列表(StudentList)的定义。

学生信息(Student)中最重要的信息为学号,学号为字符串类型。为了简单起见,这里没有定义结构体 Student,而是通过 typedef string Student 实现学生信息的定义,学生信息等同于学号。学生列表(StudentList)表示学生的集合,因此通过 typedef sequence <Student> StudentList 实现学生列表的定义。

getTotalScore 方法具有一个输入 Student 类型参数,返回一个 float 类型总成绩信息。getStudents 方法没有参数,返回 StudentList 类型的学生集合。

2. 选择实现方法

完成接口定义后,接下来的工作是选择实现方法。CORBA 支持两种实现方法:继承机制和委派机制。继承机制是指将接口映射为一个接口类,而此接口的实现则通过一个派生于此接口类的具体实现类完成。委派机制是指将接口映射为一个接口类,然后接口直接调用实现类中的具体方法。两者的主要区别在实现类是否从接口类继承,委派机制中实现类不必从任何类继承。

在大多数情况下,两个方法的选择由个人设计习惯决定。在特殊情况下,例如当所选择的 IDL 编译器本身不生成接口对应的接口类时,就不能使用继承机制,而需要选择使用委派机制。在具体的程序设计中,最好预先选择合适的实现方法,避免后期调整带来的繁琐工作。

3. 使用 IDL 编译器

当准备好接口定义的 IDL 文件之后,就可以选择 IDL 编译器进行编译了。不同的 IDL 编译器,在处理两种实现机制时所选择的参数是不同的,在具体实现时,要参考编译器的说明文档进行操作。下面以 Sun Java IDL 编译器(JDK1.6)为例来进行说明,将前文所述 IDL 文件 StudentManager.idl 编译的命令如下:

```
idlj -fall StudentManager.idl
```

其中-fall 代表生成服务和客户端代码。另外也可以选择-fclient 和-fserver 选项。-fclien 代表生成客户端代码,-fserver 代表生成服务器端代码。当需要生成与 J2SE1.4 以前版本兼容模式的 CORBA 服务时,可以添加-oldImplBase 参数。例如当以兼容模式生成服务器端代码,可以采用如下命令:

```
Idlj -oldImplBase -fserver StudentManager.idl
```

在 1.3 版本以前的 JDK 中,选用的命令格式如下:

```
idltojava -fno-cpp -fserver StudentManager.idl
```

IDL 编译器的作用是将接口的 IDL 定义映射为具体实现语言的类。IDL 编译器产生的文件包括帮助类、客户端存根类和服务器骨架类。由不同 IDL 编译器生成的具体类名称可能不同,但是内容基本相同。

4. 实现服务端接口

下面以 Java 语言实现来说明服务端接口的实现过程。Java IDL 编译器编译 StudentManager.idl 文件后,生成如下文件:

```
ScoreServer.java
ScoreServerHelper.java
ScoreServerHolder.java
ScoreServerOperations.java
ScoreServerPOA.java
StudentHelper.java
StudentListHelper.java
StudentListHolder.java
_ScoreServerStub.java
```

ScoreServer 为 Java 接口,继承于 ScoreServerOperations 接口,为 IDL 接口 ScoreServer 的 Java 语言映射。ScoreServer 通过 ScoreServerOperations 和 ScoreServer 两个类实现。

ScoreServerOperations.java 内容清单如下:

```
package StudentManager;
//ScoreServer
public interface ScoreServerOperations
{
    //getTotalScore
    float getTotalScore (String student);
    //getStudents()
    String[] getStudents ();
}       //interface ScoreServerOperations
```

StockServer.java 内容清单如下:

```
package StudentManager;
//ScoreServer
public interface ScoreServer extends ScoreServerOperations, org.omg.CORBA.Object,org.omg.CORBA.portable.IDLEntity
{
}       //interface ScoreServer
```

ScoreServerOperations 接口类,没有从任何接口派生。此接口包括的两个方法与 IDL 文件 StudentManager.idl 中的两个方法相对应。并且 IDL 数据类型 Student 映射为 String,IDL 序列 sequence<Student>映射为 String[],IDL 数据类型 float 映射为 float。

下面定义 ScoreServer 的实现类 ScoreServerImpl,此类从 ScoreServerPOA 类派生,ScoreServerPOA 类为 ScoreServer 的服务器存根,从 ScoreServerPOA 类继承构建实现类 ScoreServerImpl,即可完成对 ScoreServer 接口的实现。

ScoreServer 的定义在 ScoreServer.java 文件中,其内容清单如下:

```java
package StudentManager;
import java.util.Vector;
import org.omg.CORBA.ORB;
import org.omg.CosNaming.NameComponent;
import org.omg.CosNaming.NamingContext;
import org.omg.CosNaming.NamingContextHelper;

public class ScoreServerImpl extends ScoreServerPOA {
    //学生信息集合
    private Vector students;
    //成绩信息 集合
    private Vector totalScores;
    //学生学号信息,本例简化处理,以静态数组存储学生信息。读者可以
    //利用文件或数据库来存储学生信息
    private static String studentIds[]={"20080101","20080102","20080103"
        ,"20080104","20080105","20080106","20080107","20080108"
        ,"20080109","20080110"};
    private static float totalScores[]={301.0f,320.5f,280.0f
        ,260.0f,298.0f,302.5f,303.4f,220.0f
        ,265.5f,298.5f};
    //服务名称
    private static String serverName="ScoreServer";

    public ScoreServerImpl() {
        students=new Vector();
        totalScores=new Vector();

        for(int i=0;i<10;i++){
            students.addElement(studentIds[i]);
            totalScores.addElement(totalScores[i]);
        }

        System.out.println("成绩清单:");
        for(int i=0;i<10;i++) {
            System.out.println(" "+students.elementAt(i)+": "+
                totalScores.elementAt(i));
        }
        System.out.println();
    }

    @Override
    public String[] getStudents() {
```

```java
        String[] tempStudents=new String[students.size()];
        students.copyInto(tempStudents);
        return tempStudents;
    }

    @Override
    public float getTotalScore(String student) {
        int studentIndex=students.indexOf(student);
        if(studentIndex!=-1) {
            return((Float)totalScores.elementAt(studentIndex)).floatValue();
        } else {
            return 0f;
        }
    }

    /**
     * @param args
     */
    public static void main(String[] args) {
        try {
            // 初始化 ORB.
            ORB orb=ORB.init(args,null);
            //获得根 POA 的引用
            org.omg.PortableServer.POA rootPOA=
                org.omg.PortableServer.POAHelper.narrow(
                    orb.resolve_initial_references("RootPOA"));
            //获得 POAManager
            org.omg.PortableServer.POAManager manager=
                rootPOA.the_POAManager();
            //激活 POAManager
            manager.activate();
            //创建 ScoreServerImpl 类对象,并注册到 ORB
            ScoreServerImpl scoreServerImpl=new ScoreServerImpl();
            //通过 POA 对象的_this 方法获得对象的应用
            ScoreServer scoreServer=scoreServerImpl._this(orb);
            //获得名称服务对象
            org.omg.CORBA.Object obj=orb.resolve_initial_references("NameService");
            //获得名称服务的上下文
            NamingContext namingContext=NamingContextHelper.narrow(obj);
            //绑定 ScoreServer 到 名称服务
            NameComponent nameComponent=new NameComponent(serverName,"");
            NameComponent path[]={nameComponent};
            namingContext.rebind(path,scoreServer);
            orb.run();
```

```
        } catch(Exception ex) {
            System.err.println("不能绑定到名称服务："+ex.getMessage());
        }

    }

}
```

在本实现中，利用 java. util. Vector 类作为存储集合数据的容器。在 CORBA 程序开发中会使用到 org. omg. CORBA. ORB、org. omg. CosNaming. NameComponent、org. omg. CosNaming. NamingContext 和 org. omg. CosNaming. NamingContextHelper 对象，因此首先通过 import 导入上述类。

为简单起见，本例中采用静态数组来存储学生信息和学生成绩信息，以模拟实际过程。在实际的软件开发中学生信息和学生成绩要通过文件和数据库来存储，在此不深入阐述。

```
//学生学号信息,本例简化处理,以静态数组存储学生信息。读者可以利用文件或数据库来存储
//学生信息
private static String studentIds[]={"20080101","20080102","20080103"
    ,"20080104","20080105","20080106","20080107","20080108"
    ,"20080109","20080110"};
private static float totalScores[]={301.0f,320.5f,280.0f
    ,260.0f,298.0f,302.5f,303.4f,220.0f
    ,265.5f,298.5f};
```

为了实现学生信息和成绩信息的存储，定义两个成员变量 students 和 totalScores，均为私有成员变量。

```
//学生信息 集合
private Vector students;
//成绩信息 集合
private Vector totalScores;
```

客户端在查找服务器对象时，首先要通过 CORBA 提供的名称服务查找服务对象。因此需要为 ScoreServer 接口定义一个服务名称，在此通过下面的语句实现。

```
private static String serverName="ScoreServer";
```

ScoreServerImpl 构造器 ScoreServerImpl() 的主要功能是将 studentIds 和 totalScores 中数据添加到成员变量 students 和 totalScores 中，具体实现相对简单，仅仅需要通过一个单层循环即可实现。

```
for(int i=0;i<10;i++){
    students.addElement(studentIds[i]);
    totalScores.addElement(totalScores[i]);
}
```

下面重要的工作是在 ScoreServerImpl 中重载两个方法 getStudents 和 getTotalScore，此两个方法即为 ScoreServer 接口中两个方法的具体实现。getStudents 的实现相对简单，只需把 students 内容拷贝到一个 String[]对象中，并返回即可。getTotalScore 的实现中，要通过 students.indexOf(student)表达式来确定要查询的学生是否存在。如果存在，则通过学生信息在学生列表中的位置（index），对应通过 totalScores.elementAt(studentIndex)找到其总成绩。

```
@Override
public String[] getStudents(){
    String[] tempStudents=new String[students.size()];
    students.copyInto(tempStudents);
    return tempStudents;
}

@Override
public float getTotalScore(String student){
    int studentIndex=students.indexOf(student);
    if(studentIndex!=-1){
        return((Float)totalScores.elementAt(studentIndex)).floatValue();
    }else{
        return 0f;
    }
}
```

到此，ScoreServerImpl 类基本内容就结束了。下面的工作是构建服务的启动代码，这里通过 ScoreServerImplmain 的 main 方法实现。main 方法主要构成包括初始化 ORB、获得并激活 POAManager、创建 ScoreServerImpl 类对象、注册 ScoreServerImpl 到 ORB 和运行等。

初始化 ORB 主要通过 ORB 类的静态方法 init 方法实现，形式如下：

```
//初始化 ORB.
ORB orb=ORB.init(args,null);
```

init 方法的第一参数用于确定 ORB 运行的运行位置和端口信息，第二参数用于决定 ORB 的运行方式。

要获得并激活 POAManager，首先要获得根 POA 的引用，可使用 POAHelper 的静态方法 narrow，通过名称 RootPOA，获得根 POA 的引用。

```
org.omg.PortableServer.POA rootPOA=
    org.omg.PortableServer.POAHelper.narrow(
        orb.resolve_initial_references("RootPOA"));
```

然后通过根 POA 获得 POAManager，并调用 activate 方法激活 POAManager。

```
org.omg.PortableServer.POAManager manager=
```

```
rootPOA.the_POAManager();
//激活 POAManager
manager.activate();
```

下面的工作是创建 ScoreServerImpl 类对象,并注册到 ORB。创建 ScoreServerImpl 对象,通过如下语句实现。

```
ScoreServerImpl scoreServerImpl=new ScoreServerImpl();
```

由于 ScoreServerImpl 从 ScoreServerPOA 中派生,因此可以通过 ScoreServerPOA 类的方法_this()获得 ScoreServer 的服务器存根对象。下面的工作是将此存根对象注册到 CORBA 名称服务中。

首先使用 NamingContextHelper 类的静态方法 narrow 获得 NameService 服务对象。

```
//获得名称服务对象
org.omg.CORBA.Object obj=orb.resolve_initial_references("NameService");
//获得名称服务的上下文
NamingContext namingContext=NamingContextHelper.narrow(obj);
```

其次构建服务路径,并绑定 ScoreServer 到名称服务

```
NameComponent nameComponent=new NameComponent(serverName,"");
NameComponent path[]={ nameComponent };
namingContext.rebind(path,scoreServer);
```

注册结束后,调用 orb.run()运行服务等待客户端请求。

5. 运行服务端

首先编译 ScoreServerImpl.java 文件,可通过命令行直接调用 javac 或使用集成开发工具进行编译。利用 javac 编译此文件的命令行如下:

```
javac StudentManager\ScoreServerImpl.java
```

在准备运行服务端程序之前,首先要启动名称服务器(Name Server)。Sun JDK1.4 以上的版本都提供 tnameserv 名称服务。Tnameserv 是一种简单透明的 COS 命名服务。其启动参数如下:

```
tnameserv -ORBPort <port>
```

其中 port 为 tnameserv 绑定的端口号,默认值为 2506。

另外可选择 orbd 来启动名称服务器。Orbd 是 CORBA 环境中保证客户端透明的定位和调用服务器端持久对象的一个守护进程。Orbd 提供一个持久化的和透明的名称服务,同时提供 COS 名称服务。Orbd 优势是可以为具体的服务对象引用指定端口。此种机制的好处在于名称服务内的对象独立于服务器的生命周期。例如将一个对象的引用注册到服务器后,将于服务器的启动和关闭次数没有关系,Orbd 为客户端提供一致的对象

引用。此种机制的另外一个好处在于客户端在查找对象引用时,仅仅需要从名称服务中检索一次,即可保持对对象引用的重用。

Orbd 的启动命令如下:

orbd -ORBInitialPort nameserverport -ORBInitialHost host

其中,nameserverport 为名称服务的端口号,host 为服务器地址,可以为 IP 和计算机名。

在 Windows 下可以通过如下命令启动 Orbd,将名称服务绑定到 1050 端口。

start orbd -ORBInitialPort 1050

本例题中采用命令如下:

start orbd -ORBInitialPort 1050 -ORBInitialHost localhost

成功启动名称服务器后,就可以启动 CORBA 服务了。本例中采用的指令如下:

java StudentManager.ScoreServerImpl -ORBInitialPort 1050 -ORBInitialHost localhost

运行后,如果输出如下信息,说明服务端启动成功。

成绩清单如下:

```
20080101: 301.0
20080102: 320.5
20080103: 280.0
20080104: 260.0
20080105: 298.0
20080106: 302.5
20080107: 303.4
20080108: 220.0
20080109: 265.5
20080110: 298.5
```

6. 实现客户端

如上所述,在编译 StudentManager.idl 时,ScoreServer 接口的客户端存根 _ScoreServerStub 已经生成。只需将如下文件复制到客户端程序中,一起打包即可。

```
ScoreServer.java
ScoreServerHelper.java
ScoreServerOperations.java
StudentHelper.java
StudentListHelper.java
StudentListHolder.java
_ScoreServerStub.java
```

下面的工作是构建客户端程序,实现对远程服务的调用,本例通过 ScoreClient 类来实现客户端。

```java
package StudentManager;

import org.omg.CORBA.ORB;
import org.omg.CosNaming.NameComponent;
import org.omg.CosNaming.NamingContext;
import org.omg.CosNaming.NamingContextHelper;

public class ScoreClient {
    //ORB 对象
    public static ORB orb;
    //成绩服务
    private ScoreServer scoreServer;
    /**
     * 调用远程对象,获得学生成绩信息
     */
    private void run(){
        connect();
        if(scoreServer !=null){
            printScores();
        }

    }
    /**
     * 打印所有学生的总成绩
     */
    private void printScores(){
        try{
            String[] students=scoreServer.getStudents();
            for(int i=0; i<students.length; i++){
                System.out.println(students[i]+":" +
                    scoreServer.getTotalScore(students[i]));
            }
        }catch(org.omg.CORBA.SystemException ex){
            System.err.println("致命错误: "+ex);
        }

    }
    /**
     * 连接到CORBA服务,并获得远程服务对象
     */
    private void connect(){
        try{
            org.omg.CORBA.Object obj
                =orb.resolve_initial_references("NameService");
```

```
            NamingContext namingContext=NamingContextHelper.narrow(obj);
            NameComponent nameComponent=new NameComponent("ScoreServer","");
            NameComponent path[]={ nameComponent };
            scoreServer=ScoreServerHelper.narrow(namingContext.resolve(path));
        } catch(Exception ex){
            System.err.println("不能解析 ScoreServer 服务："+ex);
            scoreServer=null;
            return;
        }
        System.out.println("Succesfully bound to a StockServer.");

    }
    /**
     * @param args
     */
    public static void main(String[] args){
        orb=ORB.init(args,null);
        ScoreClient scoreClient=new ScoreClient();
        scoreClient.run();
    }

}
```

ScoreClient 类有两个私有成员变量 ORB orb 和 ScoreServer scoreServer，用于储存 ORB 对象和 ScoreServer 对象。

```
//ORB 对象
public static ORB orb;
//成绩服务
private ScoreServer scoreServer;
```

ScoreClient 类实现了三个方法，即 run()、printScores()和 connect()。

run()为 ScoreClient 类的主要方法，通过调用 connect 方法连接到 CORBA 服务，并获得远程服务对象 scoreServer，然后再调用 printScores 方法打印所有学生的总成绩。

```
private void run() {
connect();
if (scoreServer!=null) {
    printScores();
}
}
```

Connect 方法的作用是连接到 CORBA 服务，并获得远程服务对象 scoreServer。CORBA 名称服务负责完成远程服务对象的注册和查找工作。当服务对象启动后，将本身注册到 CORBA 名称服务中。然后客户端即可通过 CORBA 名称服务定位此对象，并绑定到此对象上，以使用此对象的服务。

客户端连接到服务器端程序中的第一步就是绑定到远程服务对象。通过查找 NameService 对象,并绑定到 CORBA 名称服务。

```
org.omg.CORBA.Object obj
        =orb.resolve_initial_references("NameService");
NamingContext namingContext=NamingContextHelper.narrow(obj);
```

如果绑定成功,则利用远程对象的名称,继续绑定远程对象 StockServer。远程对象名称为远程对象的注册名称,本例中为 StockServer。

```
NameComponent nameComponent=new NameComponent("ScoreServer","");
    NameComponent path[]={nameComponent};
    scoreServer=ScoreServerHelper.narrow(namingContext.resolve(path));
```

绑定成功后,客户端即可调用此远程服务了。

printScores 方法相对简单,只是调用远程服务对象 scoreServer 输出所有学生的信息即可。

```
String[] students=scoreServer.getStudents();
for (int i=0; i<students.length;i++){
    System.out.println(students[i]+":"+
        scoreServer.getTotalScore(students[i]));
```

客户端程序的启动,通过 main 方法实现。主要步骤是启动 ORB,然后创建 ScoreClient 对象,并调用 run 方法即可。

```
orb=ORB.init(args,null);
ScoreClient scoreClient=new ScoreClient();
scoreClient.run();
```

编译 ScoreClient 的过程可以通过 javac 或使用集成开发环境。使用 javac 的命令行如下:

```
javac StudentManager\scoreClient.java
```

运行客户端程序的命令行如下:

```
java StudentManager. ScoreClient -ORBInitialPort 1050 -ORBInitialHost localhost
```

综上所述,本节从 CORBA 技术架构入手,介绍了 CORBA 的运行机制、IDL 语法和基本类型,并结合学生管理系统开发的例题,介绍如何构建一个简单的 CORBA 应用程序。这些内容是 CORBA 知识体系的初级部分,深入学习 CORBA,还需要掌握面向对象分析和设计模式、异常与错误处理、回调过程(callback)、CORBA 设计原则、动态调用接口、CORBAService 和 CORBAfacilities、基于 CORBA 的C++ 和 Java 混合程序设计,以及基于 CORBA 的 Web 程序设计等相关内容。

参 考 文 献

[1] 周之英. 现代软件工程(第 1 册). 北京：科学出版社，1999.
[2] 周之英. 现代软件工程(第 2 册). 北京：科学出版社，1999.
[3] Petzold Charles. Windows 程序设计. 5 版. 北京：北京大学出版社，1999.
[4] Wilkinson B et al. 并行程序设计：技术与应用. 北京：高等教育出版社，2002.
[5] Brookshear J C. 计算机科学概论. 7 版. 王保江，等译. 北京：人民邮电出版社，2003.
[6] 曾平，等. 操作系统教程. 北京：清华大学出版社，2006.
[7] Priestley Mark. 面向对象设计 UML 实践. 2 版. 龚晓庆，卞雷，等译. 北京：清华大学出版社，2005.
[8] 石峰，宋红. 面向对象方法. 北京：高等教育出版社，2008.
[9] Humohery W S. PSP 软件工程师的自我改进过程. 吴超英，等译. 北京：人民邮电出版社，2006.
[10] 杨开城. 数据结构：C 语言. 北京：电子工业出版社，2009.
[11] 唐国民，王国钧. 数据结构：C 语言. 北京：清华大学出版社，2009.
[12] 李春葆，喻丹丹. 数据结构习题与解析. 3 版. 北京：清华大学出版社，2006.
[13] 李春葆. 数据结构习题与解析：C 语言篇. 北京：清华大学出版社，2000.
[14] Brookshear J G. 计算机科学概论. 8 版. 俞嘉惠，译. 北京：清华大学出版社，2005.
[15] 黎剑兵. 计算机软件技术基础学习指导. 西安：西安电子科技大学出版社，2007.
[16] 周大为. 软件技术基础. 西安：西安电子科技大学出版社，2008.
[17] 李红. 数据库原理与应用. 北京：高等教育出版社，2003.
[18] 李春葆. 数据库原理与应用. 北京：清华大学出版社，2001.
[19] 李春葆，曾平. 数据库原理与应用：基于 Access 2003. 北京：清华大学出版社，2008.
[20] 麦中凡. 计算机软件技术基础. 2 版. 北京：高等教育出版社，2003.
[21] 徐士良，葛兵. 计算机软件技术基础. 2 版. 北京：清华大学出版社，2007.